新工科建设·大数据技术与数据分析系列

云计算与大数据技术

张冰峰 编 著

电子工业出版社
Publishing House of Electronics Industry
北京·BEIJING

内 容 简 介

本书分为两大部分，第一部分是云计算及云服务关键技术，第二部分是大数据应用开发实践技术。第一部分介绍大数据应用的基础——云计算，其中第1章主要介绍云计算的基础知识；第2～4章介绍云服务实现的关键技术，包括虚拟化技术、数据存储与管理技术、网络虚拟化技术；第5章介绍开源的云服务产品管理工具，重点介绍OpenStack。第二部分以大数据技术为主线，第6章介绍大数据的基础知识；第7章以搭建开源大数据分析平台为需求，介绍大数据分析平台与技术栈；第8～15章以大数据应用实践流程为主线，按分层技术栈介绍数据采集工具与消息队列、Hadoop分布式系统基础架构、Spark计算平台、Spark平台的安装部署与实践、Flink计算平台与实践、NoSQL数据库、Hive数据仓库与实践、数据可视化；第16章给出了综合实践的案例。

本书配套在线课程"云计算与大数据技术"已在"学堂在线"和"智慧树"在线平台上线，同步提供实践实验手册和录屏实操视频，方便读者将理论和实践相结合。本书配套PPT等教学资源可在华信教育资源网（www.hxedu.com.cn）免费下载。

本书可作为本科和高职院校计算机、软件、大数据相关专业的教材，也可为对云计算与大数据技术感兴趣的初学者提供参考。

图书在版编目（ＣＩＰ）数据

云计算与大数据技术 / 张冰峰编著. -- 北京 ：电子工业出版社，2024.6
　　ISBN 978-7-121-48022-5

　　Ⅰ．①云… Ⅱ．①张… Ⅲ．①云计算－高等学校－教材②数据处理－高等学校－教材 Ⅳ．①TP393.027②TP274

中国国家版本馆 CIP 数据核字(2024)第 111903 号

责任编辑：刘　瑀
印　　刷：三河市良远印务有限公司
装　　订：三河市良远印务有限公司
出版发行：电子工业出版社
　　　　　北京市海淀区万寿路 173 信箱　　　邮编：100036
开　　本：787×1092　1/16　　印张：19　　字数：487 千字
版　　次：2024 年 6 月第 1 版
印　　次：2024 年 6 月第 1 次印刷
定　　价：69.00 元

前言

PREFACE

随着云计算技术的成熟和快速普及，云计算已经深入并改变着人们的生活，云服务器、存储设备、在线办公、在线会议、地图导航等应用都离不开云计算。基于云计算的大数据应用也影响和改变着人们的生活，比如，电商行业中的商品推荐和精准营销、互联网和移动互联网中的广告投放、自媒体平台上的内容推送等都是在大数据技术的帮助下完成的。在制造、金融、生物医药、电力、物流、交通、教育等行业中充分利用大数据技术，能够发掘数据的价值，提高运营效率，拓展新的业务机会。

很多国家都非常重视云计算平台建设和大数据应用，甚至把云计算平台基础设施建设提高到了国家战略的高度。云计算与大数据是我国促进数字经济发展、提升新基建水平的重点内容。新时代要求高校结合信息化发展方向，培养云计算和大数据方面的专业人才，而计算机、软件或大数据相关专业的学生需要掌握云计算和大数据应用涉及的关键技术。

通过学习本书，读者能够了解云计算和大数据的基础知识和基本理论，并通过云计算与大数据的初步技术实践，加深对基本理论的理解。为了让读者能够将理论和实践相结合，本书将介绍当前业界主流的技术和平台，如云计算管理工具 OpenStack、分布式系统基础架构 Hadoop、大数据处理通用计算平台 Spark 和 Flink、基于 Hadoop 的数据仓库工具 Hive 等，对读者以后从事云计算和大数据相关行业的开发和运维工作打下一定的基础。

本书分为两大部分，第一部分是云计算及云服务关键技术，第二部分是大数据应用开发实践技术。全书以云计算为开端、以大数据应用为终点，介绍云计算及云服务实现关键技术，以及大数据分析平台搭建与应用开发关键技术，主要内容如下。

第 1～5 章介绍云计算及云服务关键技术。其中：

第 1 章为云计算概述，主要介绍云计算的定义、演进过程、特点、应用、安全、产业生态及其涉及的关键技术。

第 2 章为虚拟化概述，主要介绍虚拟化的定义、特点，虚拟化与云计算的关系，虚拟化模式，服务器虚拟化、存储虚拟化和网络虚拟化，以及一些虚拟化软件。

第 3 章为数据存储与管理技术，主要介绍分布式存储系统，包括分布式文件系统、分布式对象存储、分布式数据库、云存储等。

第 4 章为网络虚拟化技术，主要介绍虚拟化环境下的物理网络、虚拟网络，虚拟交换机，云计算与网络虚拟化，SDN 的系统架构与特点，OpenFlow 协议，网络功能虚拟化，Overlay 技术。

第 5 章为云服务产品管理工具，主要介绍云服务产品 IaaS 云方案、云计算组件、云计算管理工具，重点讲解 OpenStack 架构与组件。

第 6~16 章介绍大数据及大数据分析平台的搭建与技术栈。其中：

第 6 章为大数据概述，主要介绍大数据的定义、特点、系统架构、应用，以及大数据关键技术、大数据与云计算、大数据与人工智能、大数据与物联网。

第 7 章为大数据分析平台与技术栈，主要介绍大数据分析平台的选择，重点介绍开源大数据分析平台的搭建。

第 8~15 章在第 7 章的基础上，介绍大数据分析平台搭建可选择的不同分层的工具。其中：

第 8 章为数据采集工具与消息队列，主要介绍日志采集工具 Flume、数据迁移工具 Sqoop、流数据采集框架 Kafka，以及消息队列的基本知识。

第 9 章为 Hadoop 分布式系统基础架构，包括 Hadoop 系统简介、Hadoop 生态圈、HDFS 概述、MapReduce 计算框架、YARN 概述、Hadoop 的部署与实践。

第 10 章和第 11 章主要介绍大数据处理通用计算平台 Spark。第 10 章为 Spark 计算平台，包括 Spark 概述，Spark 架构，Spark 的部署模式、运行流程，Spark 数据处理模型 RDD，Spark 与 Scala。在第 10 章的基础上，第 11 章介绍 Spark 平台的安装部署与实践，首先介绍 Scala 编程语言，然后介绍 Spark 的安装与部署及 Spark 编程实践。

第 12 章为 Flink 计算平台与实践，包括 Flink 简介，Flink 软件栈，Flink 程序，Flink 运行时架构，Flink 时间处理机制，Flink 状态和容错机制，Flink 的安装、配置和启动。

第 13 章为 NoSQL 数据库，包括 NoSQL 数据库简介、NoSQL 数据库的分类。

第 14 章为 Hive 数据仓库与实践，包括 Hive 简介、Hive 的工作流程和数据存储模型，Hive 的安装和部署，Hive 客户端连接和 Hive 操作。

第 15 章为数据可视化，主要介绍面向用户的数据可视化，包括什么是数据可视化、数据可视化的特点、数据可视化的常用工具、数据可视化的常用方式。

第 16 章为综合实践。

本书配套在线课程"云计算与大数据技术"已在"学堂在线"和"智慧树"在线平台上线，同步提供实验手册和录屏实操视频，方便读者将理论和实践相结合。本书配套 PPT 等教学资源可在华信教育资源网（www.hxedu.com.cn）免费下载。

本书在编写过程中，参考了一些网站的最新内容，限于篇幅不能一一列出，在此向相关作者表示感谢。

由于作者水平有限，书中难免存在疏漏和不妥之处，还请业内专家和广大读者不吝指教。

作者

目 录

CONTENTS

第一部分 云计算及云服务关键技术

第二部分　大数据应用开发实践技术

第一部分

云计算及云服务关键技术

第 1 章
云计算概述

1.1 云计算简介

人们如今之所以能够享受经济、便捷的云计算服务（简称"云服务"），主要得益于两个核心因素的推动。一是技术进步，随着硬件、软件和网络技术的不断革新，云服务逐渐成为主流。特别是虚拟化、容器化、微服务等技术的成熟与应用，使得计算资源的池化和共享成为可能，人们能够根据实际需求对计算资源进行合理调配和高效利用。二是市场需求的推动，云计算的规模经济效应使得成本大幅降低，计算资源得以"按需付费"的方式提供给用户，个人、中小企业和机构都能够使用高性能计算服务，从而实现计算资源的随时随地可用，并使得大型昂贵软件的普及化成为可能。这种变革降低了能耗且提高了 IT 设备的使用率。

1.1.1 云计算的定义

云计算（Cloud Computing）是分布式计算的一种，指的是通过网络（可以是互联网、广域网、局域网等）将各种计算资源统一管理和调度，为用户提供按需使用、弹性扩展、高可靠性、安全可信赖的计算和存储服务。

云计算的基本原理是，首先将大型计算机的计算任务拆分成无数个较小的子任务，然后将这些子任务通过网络"云"自动分配给多台计算机进行处理，最后将处理结果汇聚到中央数据中心进行存储和管理。这种计算模式，可以在很短的时间（几秒）内处理数以万计的数据，从而提供强大的网络服务功能。

云计算是指把有形的产品（服务器、存储设备、网络设备、各种软件等）转化为服务产品，如基础设施即服务（Infrastructure as a Service，IaaS）、平台即服务（Platform as a Service，PaaS）、软件即服务（Software as a Service，SaaS），并通过网络让人们远程在线使用，使产品的所有权和使用权分离。用户在不需要购买、安装和维护硬件设备的情况下，可以使用各种软件应用程序和数据存储服务，只需要按照实际使用的计算资源和存储容量支付费用。常见的云服务如图 1.1 所示。

图 1.1 常见的云服务

1.1.2 云计算的演进过程

1. 单机或 PC 时代

在单机或 PC（Personal Computer，个人计算机）时代，用户可以在 PC 上安装操作系统和应用软件，完成自己想要完成的工作，但是没有联网功能。PC 的主要资源包括计算资源和存储资源，计算资源是指 CPU 和内存，存储资源是指硬盘。单机或 PC 时代如图 1.2 所示。

图 1.2 单机或 PC 时代

2. 网络时代

随着信息技术（Information Technology，IT）的发展，计算机之间进行数据交换的需求变得更加迫切，人类开始进入网络时代。通过网络（Network）连接，计算机之间可以进行数据交换和共享，以实现资源的有效利用。在网络时代，资源不仅包括 PC 的计算资源、存储资源，还增加了网络资源。网络时代如图 1.3 所示。

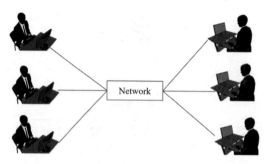

图 1.3　网络时代

3．数据中心-机房时代

数据中心通常提供大量的服务器、存储设备、网络设备等资源，以支持各种计算机应用和服务。企业可以把一些应用软件（如财务软件、人事管理软件、邮箱服务软件等）部署在不同的服务器上，让用户通过内部局域网访问服务器上的应用软件或服务器资源。数据中心-机房时代如图 1.4 所示。

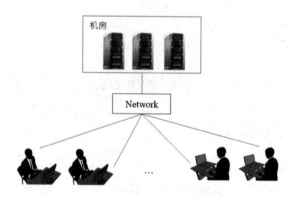

图 1.4　数据中心-机房时代

4．互联网时代

随着网络技术的成熟，小型网络变成了大型网络，人类进入了互联网（Internet）时代。用户可以通过广域网访问网络上的资源，包括网站、公共邮箱等。互联网时代如图 1.5 所示。

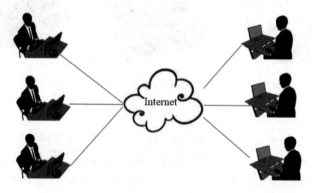

图 1.5　互联网时代

5．IDC 时代

随着互联网的普及和发展，小型机房变成了大型机房，为了提供更加便捷、高效、安全的数字化服务，出现了 IDC（Internet Data Center，互联网数据中心）。IDC 利用通信运营商已有的互联网通信线路、带宽资源，建立标准化的数据中心机房环境，为企事业单位、政府机构和个人提供主机托管、网络带宽租用、企业网站建设等安全可靠的增值服务。IDC 时代如图 1.6 所示。

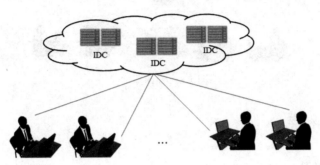

图 1.6　IDC 时代

6．数据中心虚拟化时代

随着虚拟化技术的出现，数据中心为了提高资源的利用率，通过虚拟化技术将服务器虚拟化，从而将不同的应用部署在一台服务器上，让用户通过局域网访问虚拟机上的应用。服务器虚拟化能够有效减少服务器数量，节约供电与冷却成本，简化集群的资源管理与使用，使企业数据中心更安全、更容易更新。数据中心虚拟化时代如图 1.7 所示。

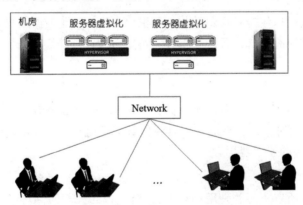

图 1.7　数据中心虚拟化时代

数据中心虚拟化是指通过虚拟化技术将物理资源抽象整合，动态进行资源分配和调度，实现计算、存储和网络等资源的统一管理与调度，从而降低数据中心的运营成本，提高系统的使用效率和灵活性。

7．云计算时代

随着虚拟化技术的成熟、网络带宽技术的发展、费用的降低，人类进入了云计算时代。云服务的实现主要依赖于编程模型技术、海量数据管理技术、数据存储技术、虚拟化技术、云计算平台管理技术等关键技术的支持。云服务提供商通过网络提供云服务产品，包括云主机、云存储空间、云开发、云测试和综合类产品等。云计算时代如图 1.8 所示。

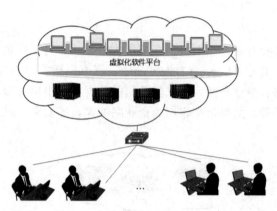

图 1.8　云计算时代

1.1.3　云计算的特点

1．按需自助服务

用户不需要或很少需要云服务提供商的协助，就可以单方面按需获取云计算资源。

2．虚拟化

云计算支持用户在任意位置使用各种终端获取应用服务。虚拟化技术实现了资源虚拟化和应用虚拟化，实现了资源的按需提供、动态扩展和快速释放，突破了时间和空间的限制，满足了时间和空间的弹性需求。

3．资源的池化

云计算资源通过虚拟化技术实现池化、多租户共享，以及根据用户的需求动态分配或再分配各种物理的和虚拟的资源。云计算不针对特定应用，同一个"云"可以同时支撑不同的应用运行。

4．快速、弹性

用户可以通过网络快速获取资源来提高计算能力。云计算资源对于单个用户来说具有高度的可扩展性，可以随时申请并获取任何数量的计算资源，也可以迅速释放资源来降低计算能力，从而减少 资源的使用费用。

5．资源使用可测量

虚拟化技术使得所有资源的使用均可测量并计费，比如根据某类资源（如计算资源、存储资源、网络资源等）的使用量和使用时间计费。云服务提供商监视和控制资源的使用情况，并及时输出各种资源的使用报表。

6．安全可靠、稳定性强

利用数据多副本容错、计算节点同构可互换措施可以保障云服务的高可靠性。当单点服务器出现故障时，可以通过虚拟化技术将分布在不同物理服务器上的应用恢复或者利用动态扩展功能部署到新的服务器中进行计算。专业机构负责建设并管理云端，可降低因天灾人祸导致的财产损失，使得中小企业和机构专注于自己的核心业务和市场。

7．性价比高

将资源放在虚拟资源池中统一管理在一定程度上优化了物理资源，用户使用较少的费用就可以享受具备大型主机性能的服务,不仅提升了用户体验,而且随时随地可用,实现了大型昂贵软件平民化,让个人、中小企业和机构都能够用得起高性能计算。

1.1.4 云计算的应用

云计算的主要用户集中在互联网、金融、政府等领域,互联网相关行业仍然是云计算的主流应用行业。在政策驱动下,中国的政务云近年来实现高速增长,交通物流、金融、教育、科研、电信、装备制造、网络安全、能源、军事、医学、天文学等领域的云计算应用水平正在快速提高,云计算规模也在迅速增长,逐渐占据更重要的市场地位。

生活中的云存储(如网盘、企业网盘、混合云存储、日志服务、云备份等)、在线办公(如钉钉、腾讯会议)、医疗信息分析(如 DNA 信息分析、海量病历存储分析、医疗影像处理)、云音乐、地图导航(如百度地图、高德地图)、电子商务、搜索引擎、在线实时翻译、海量图片检索、云输入法等,都是在生活中被广泛使用的云服务。IT 领域中的 IDC 云、企业云、云存储系统、虚拟桌面云、开发测试云、海量大数据处理与分析、协作云、游戏云、云杀毒等,都是云服务在企业中的应用场景。云计算应用厂商或产品如图 1.9 所示。

图 1.9　云计算应用厂商或产品

1.1.5 云计算安全

云计算安全也称为云安全(Cloud Security),是计算机安全和网络安全的一个子领域。云计算的安全责任主要涵盖云服务提供商和云服务用户两个方面。云计算安全通过利用云架构下的安全策略和技术产品,旨在保障云计算服务的可用性、数据的保密性和完整性,从而成为一种有效的安全防护手段。云计算安全如图 1.10 所示。

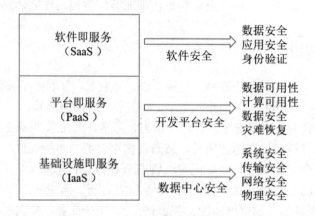

图 1.10　云计算安全

云计算安全一方面是指云计算自身的安全，即为云服务提供安全防护，比如云计算应用系统及服务安全、云计算用户信息安全等；另一方面是指以云服务方式提供安全服务，即采用云计算技术提升网络信息安全系统的服务效能，如基于云计算的防病毒技术、挂马检测技术等，以及阿里云平台上的云防火墙、DDoS 防护等安全产品或安全设备。云计算安全是云计算时代企业数字化转型面临的最大挑战之一，也是用户决定是否选择云服务的主要考虑因素。

1．云计算自身的安全

云服务涉及大量的数据和信息，一旦发生安全事故，就会造成严重的损失。因此，云服务提供商需要采取多种安全措施来保障云服务的安全性。

（1）数据加密：对于内部的数据，云服务提供商应当采取加密措施，以保证数据的机密性和完整性。常见的加密算法包括 AES、RSA 等。

（2）防火墙：云服务提供商应当设置防火墙，以限制外部用户对其系统的访问，同时，还应当对防火墙进行实时监控，以便及时发现和处理安全威胁。

（3）安全认证：云服务提供商应当要求用户进行身份认证，以确保只有合法用户才能访问其系统。云服务器可采用一次性密码、手机认证、智能卡保护等多种认证形式，也可采用进入检测和安全方面的编码检查。

（4）数据备份和恢复：云服务提供商应当对数据进行备份，以防止数据丢失或损坏，同时，还应当制订数据恢复计划，以便在数据丢失或损坏时快速恢复数据。

（5）监控和报告：云服务提供商应当对系统进行实时监控，以便及时发现和处理安全威胁，同时，还应当定期向相关监管机构提交安全报告，接受监管机构的监管和审查。

（6）安全培训和教育：云服务提供商应当对员工进行安全培训和教育，提高员工的安全意识和技能，以减少安全事件的发生。

2．云安全服务

云安全服务是指以云服务方式提供的安全服务，比如针对个人用户提供的一些可免费下载的云安全服务，如云服务器安全服务、云网站安全服务等；针对企业提供的收费的云安全服务,如云防火墙服务、SSL 证书服务、服务高防 IP(抗 DDoS)云服务、Web 应用防火墙服务、(云)主机安全云服务、网页防篡改云服务、云堡垒机服务、日志审计及态势感知服务、微隔离云服务、容器安全防护服务、云数据库审计服务、网站安全监测服务等。

针对个人用户提供的云服务器安全服务,可以有效地防止病毒入侵、恶意攻击及服务器文件被篡改,并查杀各类木马文件,实时保障网络安全,同时,可以分析服务器环境,加固服务器,避免配置风险项暴露。针对个人用户提供的云网站安全服务,可以定期检查和修复网站漏洞,防止 CC(DDoS)攻击网站;可以对网站资源进行实时监控和保护,防止任何形式的篡改;可以定期扫描和查杀网站后门等潜在的威胁;可以优化网站性能和提高响应速度,实现网站加速等功能。

针对企业提供的 Web 应用防火墙服务,可以对网站或 App 的业务流量进行恶意特征识别及防护,将正常、安全的流量回源到服务器中,避免网站服务器被恶意入侵,保障业务的核心数据安全,解决因恶意攻击导致的服务器性能异常问题。

阿里云安全服务产品如图 1.11 所示。

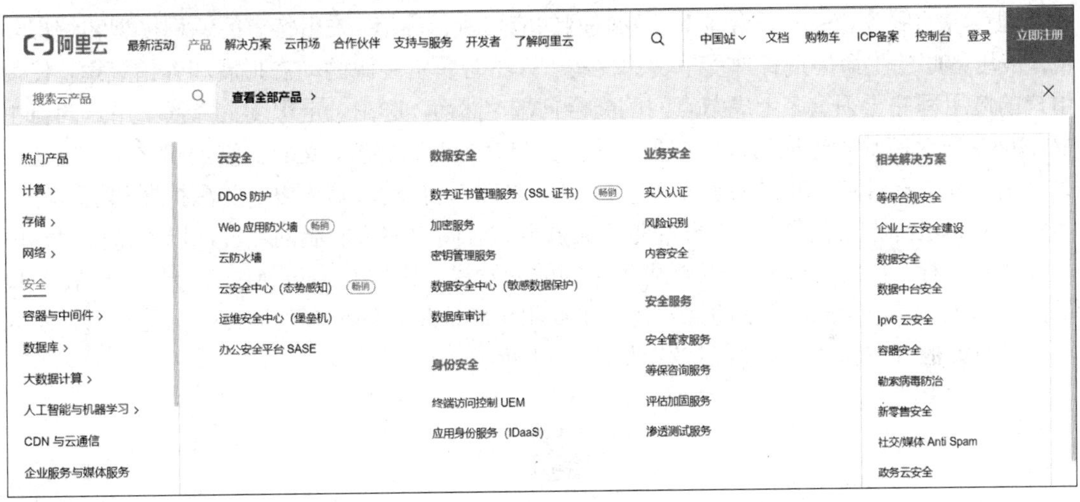

图 1.11 阿里云安全服务产品

1.2 云计算的产业生态

1.2.1 云服务的分类

按照云计算的交付资源或服务类型划分,云服务可以分为 3 类。

(1)基础设施即服务(IaaS):云服务提供商将 IT 基础设施(包括服务器、虚拟机、存储设备、网络设备和操作系统等)当作一种服务并通过网络对外提供。用户通过租用的方式使用云服务提供商提供的 IT 基础设施,并且可以根据实际需求选择不同规模和性能的服务器、存储设备与网络设备,按照实际使用量或占用量付费。IaaS 服务提供商有亚马逊、微软、阿里巴巴、华为等。IaaS 示意图如图 1.12 所示。

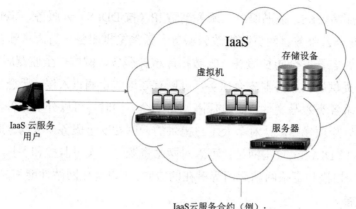

图 1.12　IaaS 示意图

（2）平台即服务（PaaS）：在云计算平台上为用户提供应用程序开发、测试、交付、运行和管理环境的服务。PaaS 平台是基于互联网的应用执行环境，采用特定的编程模型和编程环境，应用程序的生命周期管理受平台的控制。该平台负责资源的动态扩展和容错管理，使得用户的应用程序无须过多考虑节点间的配合问题。然而，这在一定程度上降低了用户的自主权。PaaS 平台能够管理应用程序的各个阶段，包括创建、部署、运行、维护和终止，以及相关的资源分配和管理，并提供了版本控制、实时监控、自动故障恢复、资源扩展和缩减等方面的支持。这种方式使得 PaaS 平台能够提供可靠、高效和可扩展的环境，以支持应用程序的开发和运行。同时，PaaS 产品提供了不同的开发栈，比如 Google App Engine（GAE）提供的基于 Java 和 Python 环境的开发栈，主要用于解决特定的计算问题，并且能够为开发人员提供更好的开发体验。PaaS 示意图如图 1.13 所示。

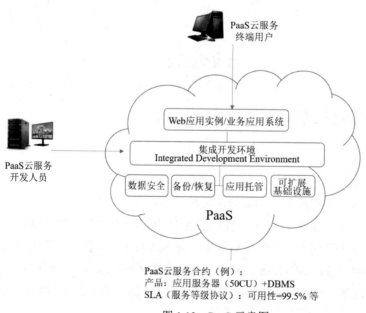

图 1.13　PaaS 示意图

除了 Google App Engine（GAE）、Microsoft Azure 等，PaaS 产品还包括阿里云平台提供的边缘计算 PaaS、安全技术 PaaS、大数据 PaaS 等，百度智能云提供的智能大数据 PaaS、物联网 PaaS 等。

（3）软件即服务（SaaS）：一种基于云的软件交付模式，即通过网络提供软件服务。具体而言，就是由云提供商开发和维护云应用软件，支持自动软件更新功能，并通过互联网以即用即付费的方式将软件提供给用户。在这种情况下，云提供商托管并管理软件应用程序和基础结构，同时负责软件升级和安全修补等维护工作。SaaS 示意图如图 1.14 所示。

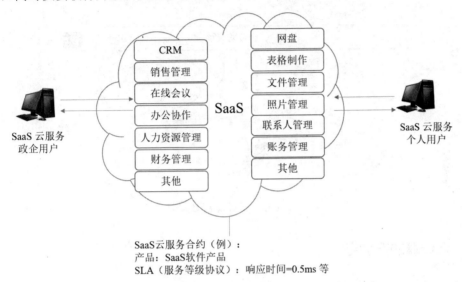

图 1.14　SaaS 示意图

用户可以通过任何设备，借助互联网直接连接应用程序，如搜狗云输入法、腾讯会议、钉钉、Office365，以及 Citrix 的 GoToMeeting 和 Salesforce 的 CRM 等。

按照云计算的部署类型划分，云服务也可以分为 3 类。

（1）公有云：被第三方云服务提供商拥有和运营，通过互联网向用户提供计算资源和存储资源。在公有云中，所有软硬件和其他支持性基础结构均被云提供商拥有和管理。国内公有云提供商有阿里云、腾讯云、华为云、百度云等。公有云主要用户分布于游戏、在线视频、直播、教育等行业。

（2）私有云：专供一个企业或组织使用的云计算资源。私有云可以位于企业自己的数据中心内，或者托管在第三方云服务提供商处。将私有云部署在企业内部，适用于有众多分支机构的大型企业或政府部门，以确保其数据安全性、系统可用性都由自己控制。但其缺点是投资较大，尤其是一次性的建设投资较大。国内私有云方案提供商有华为、VMware 等。私有云主要用户包括金融、医疗、政务部门等。

（3）混合云：将公有云和私有云连接在一起，在两者间共享移动数据和应用程序。混合云可以为企业提供更高的灵活性和更丰富的部署选项。用户可以根据自己的基础用量采购自有 IT 资产，自己运营私有云，而短期波动的增量则可以通过公有云服务满足，待需求高峰过去，就可以省去这部分开支。比如，2015 年，阿里云承接了 12306 网站 75%的春节购票任务，12306 网站再也没有因为同时登录的用户过多而崩溃。微软、亚马逊、IBM、Google

等领先的云计算应用厂商都推出了自己的混合云解决方案。

云计算部署类型如图 1.15 所示。

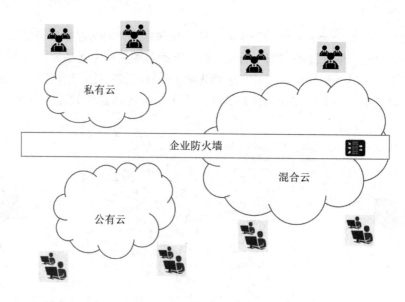

图 1.15　云计算部署类型

1.2.2　云计算的产业链

云计算的产业链根据服务市场定位分为上游产业链，包括核心硬件和基础硬件设备；中游产业链，包括云服务、基础软件和应用软件；下游产业链，包括云生态服务。

1. 上游产业链

核心硬件主要涉及芯片（如 CPU 芯片、GPU 芯片、交换机芯片、光芯片等）和内存制造厂商。基础硬件设备主要涉及服务器、存储设备、路由器、交换机、防火墙等网络设备厂商。

国内服务器芯片的自主研发主要有以下几个方向：Alpha 架构、ARM 架构、MIPS 架构、x86 架构、Power 架构，其中 x86 架构在服务器市场占据主导地位。例如，基于 MIPS 的龙芯在某些特定领域有应用，基于 x86 架构的兆芯是基于 Intel 授权的修改版本，基于 ARM 架构的天津飞腾和华为鲲鹏 920 在服务器和数据中心领域有着广泛的应用，而基于 Alpha 架构的成都申威则在一些高性能计算领域有所应用。

2. 中游产业链

云服务可以根据其服务类型分为基础设施即服务（IaaS）、平台即服务（PaaS）和软件即服务（SaaS）三大类别。这些类别针对不同的用户需求提供了相应的服务。同时，云服务可以根据其部署方式分为公有云、私有云和混合云三种主要类型。提供这些服务和构建方案的厂商包括云提供商、云服务提供商、云应用提供商。

云提供商负责采购硬件及基础软件，为云服务提供商提供构建公有云的解决方案，为企业机构用户提供构建私有云的解决方案。云服务提供商是指采用云提供商的方案提供各种云服务和不同部署类型云的供应商。云应用提供商只需将应用部署在云平台上，提供云应用服务。公有云提供商包括阿里云、亚马逊云、腾讯云等，私有云提供商则包括华为、新华三（H3C）、VMware 等。

在传统软件领域中，金蝶、用友、广联达、汇纳、石基等龙头厂商都在大力向云化转型，提供传统软件领域的 CRM、ERP 等 SaaS 软件服务。而国内云服务提供商则包括阿里云、腾讯云、华为云、百度云、金山云、天翼云等。此外，电信、浪潮、华为、海康等厂商主要致力于政务云方面。

在云计算产业链的中游，还涉及云计算基础软件的开发与供应，比如操作系统、虚拟化软件、数据库软件、研发设计类软件及开发工具类软件等。这些基础软件为上层的云应用服务提供了强大的技术支持和运行环境。

3．下游产业链

下游产业链主要涉及云计算延伸产业及增值服务商，如云计算规划咨询服务商、云计算实施/交付/外包服务商、云计算系统集成服务商、云计算运维服务商、行业解决方案服务商、云计算终端设备服务商等。这些企业主要提供云计算相关的咨询、实施、培训、运维等服务。

1.2.3　云服务提供商及产品

1．阿里云及产品

阿里云是国内领先的云服务提供商，属于阿里巴巴集团旗下公司，是全球领先的云计算及人工智能科技公司，可提供云服务器、云数据库、云安全、云存储、企业应用及行业解决方案服务。

阿里云以网站方式提供云服务，其云服务产品类别包括计算、存储、网络、安全、容器与中间件、数据库、大数据计算、人工智能与机器学习、CDN 与云通信、企业服务与媒体服务等，如图 1.16 所示。

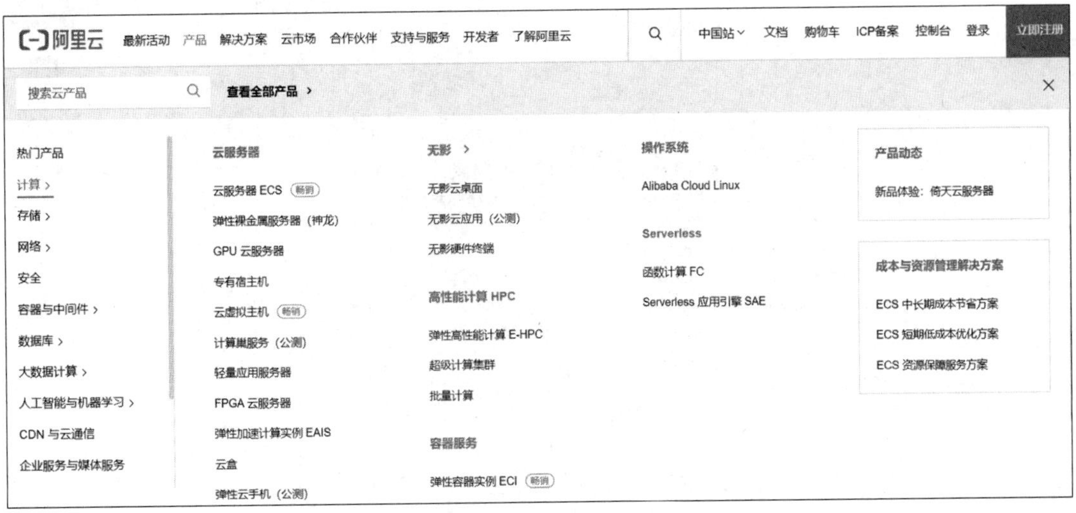

图 1.16　阿里云提供的云服务产品类别

2. 华为云及产品

华为云是华为的云服务品牌，致力于为全球用户提供领先的公有云服务，包括弹性云服务器、云数据库、云安全、软件开发服务和场景化的解决方案。

华为云提供的云服务产品类别包括计算、容器、存储、网络、CDN 与智能边缘、数据库、人工智能、大数据等，如图 1.17 所示。

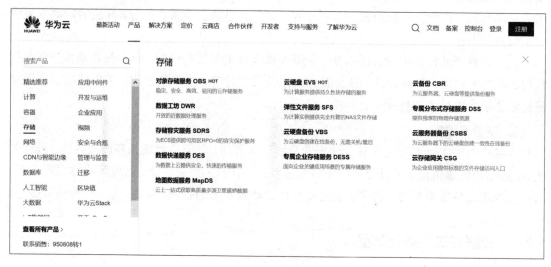

图 1.17　华为云提供的云服务产品类别

3. 腾讯云及产品

腾讯云是腾讯打造的云服务品牌，致力于帮助各行各业进行数字化转型，为全球用户提供领先的云计算、大数据、人工智能服务，以及定制化行业解决方案和可靠的企业上云服务。

腾讯云提供的云服务产品类别包括计算、容器与中间件、存储、数据库、网络与 CDN、视频服务、安全等，如图 1.18 所示。

图 1.18　腾讯云提供的云服务产品类别

4．亚马逊云及产品

亚马逊云是全球云计算的开创者和引领者品牌，目前为全球用户提供超过 200 项全功能的服务，涵盖计算、存储、数据库、网络、数据分析、机器人、机器学习与人工智能、物联网、安全，以及应用开发、部署与管理等方面，基础设施遍及 26 个地理区域的 84 个可用区，并计划新建 8 个地理区域和 24 个可用区。

亚马逊云提供的云服务产品类别包括分析、应用程序集成、区块链、计算、容器、数据库、游戏技术、物联网等，如图 1.19 所示。

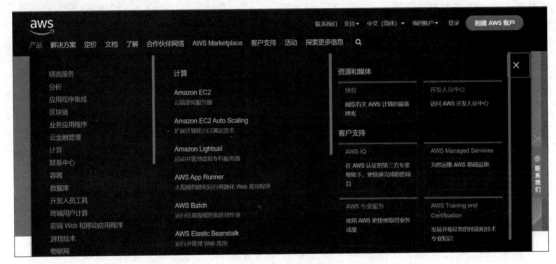

图 1.19　亚马逊云提供的云服务产品类别

5．微软云及产品

微软云是由微软提供的一种基于云计算的服务平台，旨在为企业和个人用户提供各种云服务。微软云为全球用户提供多种计算服务、数据服务、应用服务及网络服务。微软云提供的云服务产品类别如图 1.20 所示。

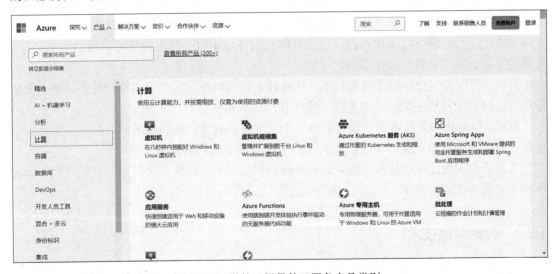

图 1.20　微软云提供的云服务产品类别

1.3 云计算的关键技术

云服务主要是通过分布式编程模型、虚拟化技术、数据存储技术、数据管理技术、网络通信技术、数据中心建设技术、云安全技术、云计算平台管理工具等云计算关键技术的支持来实现的。其中，虚拟化技术及云计算平台管理工具是云计算产业发展的技术基础。下面重点介绍几种云计算的关键技术。

1.3.1 分布式编程模型

云计算是一种新兴的计算模式，基于云计算的服务和应用的背后是大规模集群和海量数据，新的应用场景需要新的编程模型来支撑。在云计算模式下，新的编程模型应当能够方便、快速地分析和处理海量数据，并提供安全、容错、负载均衡、高并发和可伸缩性等机制。

为了能够低成本、高效率地处理海量数据，主要的互联网公司都在大规模集群系统上研发了分布式编程模型。分布式编程模型具有可加快运算速度、提高吞吐量、降低成本的优点。Hadoop 的 MapReduce 计算框架、Spark 计算框架、Flink 数据处理引擎和框架等通用计算模型作为高效任务调度模型，主要用于数据集并行运算和并行任务的调度处理。

1.3.2 虚拟化技术

虚拟化技术主要用于实现将单个资源划分成多个虚拟资源的裂分模式，或者将多个资源整合成一个虚拟资源的聚合模式，以及软件应用与底层硬件相隔离。虚拟化技术包括服务器虚拟化、存储虚拟化和网络虚拟化等，其中服务器虚拟化是最常用的。虚拟化是云计算的一个技术前提，服务器虚拟化是云计算底层架构的重要基石。

云计算的虚拟化技术涵盖了多个层面，从资源管理到调度，再到应用程序的打包和部署。首先，通过虚拟化资源管理和调度技术，云服务提供商能够有效地管理和调度虚拟资源，为每个用户或应用分配适当的计算、存储和网络资源。

其次，云服务将应用程序及其依赖项打包成一个独立的容器，这是轻量级虚拟化的一种实现方式。这种容器化技术使得应用程序能够在云环境中以一种轻量且可移植的方式运行，无须过多考虑底层硬件和操作系统的限制。

再次，云服务支持微服务架构技术，这种技术将应用程序拆分成多个微服务。每个微服务都可以独立运行和更新，从而提高了应用程序的可维护性和可扩展性。

最后，自动化部署技术是云服务的另一个重要支持技术。这种技术可以自动化地将应用程序和系统部署到云计算环境中，大大简化了应用程序的部署和管理过程。

总的来说，通过这些技术手段，云服务能够提供高效、灵活且可扩展的计算环境，满足各种不同类型的应用需求。

1.3.3 数据存储技术

为了满足大量用户的需求，并行地为大量用户提供服务，云计算的数据存储技术采用分布式存储的方式来存储数据，采用冗余存储的方式来保证数据存储的可靠性，即对同一份数据存储多个副本。云计算用户不需要考虑数据的存储位置、数据的安全性和可靠性。存储类型包括对象存储、块存储、文件存储等。云计算数据存储技术的典型代表有 Hadoop 的 HDFS（Hadoop Distributed File System）、OpenStack 的 Ceph 块存储和文件存储，以及 Swift 对象存储和 Google 的 GFS（Google File System）等。

云服务还提供云存储、云备份和云存储网关等服务。云存储是一种将数据存储在互联网上的技术，可以通过存储设备、云服务器和云存储软件等方式实现。云存储服务提供商可以将数据存储在其数据中心中，并提供数据的访问权限和元数据管理等功能。用户可以通过 Web 浏览器访问云存储服务，并上传、下载和删除数据。云备份是一种将数据备份到云端的技术。云备份服务提供商可以将数据备份到云服务器上，并提供备份数据的访问权限和元数据管理等功能。云备份通常使用云备份服务（Cloud Backup Service，CBS）来实现。云存储网关是一种将数据存储在多个云服务器上的技术。云存储网关服务提供商可以将数据存储在多个云服务器上，并提供数据的访问权限和元数据管理等功能。云存储网关通常使用负载均衡器和路由器来实现。

1.3.4　数据管理技术

云计算系统在实现对海量数据的存储后，还要实现对大规模数据集的读取、处理、分析等，并向用户提供高效的海量数据管理服务，因此，数据管理技术必须支持高效地管理大量数据，以及在大规模数据集中进行高效检索和查找。为了支持云计算系统对海量数据的存储、读取、处理和分析，可以采用一些特殊的技术来解决数据管理的问题，包括分布式数据存储、数据管理、数据加密、数据压缩、数据备份和恢复、数据安全管理、数据存储池和数据去重等方面的技术。这些技术能够提高数据的可靠性、安全性、完整性和可用性，为用户提供更加高效、可靠、安全的云服务。

数据管理工具主要用于数据的分类、分析、处理、存储等方面的管理，以提高数据管理的效率和准确率。DataWorks 是微软提供的一个云数据管理平台，可以帮助用户进行数据管理、存储和分析。它提供了多种数据管理工具，包括数据仓库、数据集市、数据挖掘工具等，可以实现数据的快速构建和查询。同时，Google 的云存储服务 Google Cloud Storage、Google Cloud Object Storage，微软的云存储服务 Microsoft Azure Blob Storage，开源的云存储服务 OpenStack Swift 等，都可以在云端存储和管理大量数据，并提供多种存储方式，包括对象存储、文档存储和数据库存储，而且可以实现高可靠性和可扩展性。Amazon S3 Client for Java 是一个 Java 客户端，可以用于访问 Amazon S3 对象存储系统。数据管理工具还包括可以在大型分布式系统中存储和管理大量数据的 MongoDB 开源分布式数据库、可以构建在 Hadoop 之上的大数据分析和统计工具 Hive。

1.3.5　云计算平台管理工具

云计算资源规模庞大、服务器数量众多且分布在不同的地理位置，同时运行着成百上千种应用。有效地管理这些服务器，保证系统提供不间断的达到标准管理水平的服务是云计算平台管理工具的主要任务和功能。云计算平台管理工具能够使大量的服务器协同工作，方便进行业务部署和开通，并快速发现和恢复系统故障，运营和维护云数据中心，保证云服务的可靠性。

云计算平台管理工具主要用于管理和监控云计算平台上的各种资源，包括虚拟机、服务器、存储设备、网络设备、安全设备等。这些资源通常需要进行高效的管理和维护，以保障云计算平台的稳定和可靠运行。常见的云计算平台管理工具软件包括 VMware vCloud Director、Azure Virtual Machine Manager、OpenStack、CloudStack 等。国内的云服务提供商，如阿里云、华为云、腾讯云、中国电信云等也都自主开发或基于开源云计算平台管理工具提供了一些云计算平台管理工具软件。这些软件提供了各种管理和监控功能，包括虚拟机和服务器的管理、存储设备的管理、网络设备的管理、安全设备的管理等。通过这些功能，云计算平台管理工具软件可以实现对云计算平台管理工具的高效管理和维护，包括自动化部署、故障排除、性能监控等。

第2章

虚拟化概述

虚拟化是云计算的基石，是实现云计算的底层技术支撑。无论是操作系统与底层硬件，还是操作系统与其他应用程序，都需要依赖外部接口实现交互，这种基于接口的设计为虚拟化提供了理论基础。虚拟化通过在物理硬件层之上添加虚拟化层，将物理硬件层的资源抽象成虚拟资源，并通过虚拟化软件模拟硬件接口，以供上层的操作系统或其他应用调用，达到共享物理硬件的目的。在通常情况下，操作系统感知不到使用的接口到底是来自真实的物理硬件的，还是来自虚拟化软件的，只要其符合接口规范即可。借助虚拟化技术，可以屏蔽物理设备的差异，将不同的硬件设备资源池化，最终形成标准化、多样化的资源形态。虚拟化技术根据对象可以分为服务器虚拟化、存储虚拟化、网络虚拟化等。

2.1 虚拟化简介

2.1.1 什么是虚拟化

虚拟化在本质上是指从逻辑角度出发的资源配置方案，是对物理资源的一种抽象。抽象的结果是，将一台物理服务器分割成多个虚拟机，每个虚拟机可以运行独立的操作系统和应用程序，实现资源的共享和利用。所以说虚拟化实现了对底层硬件资源的抽象池化，从而可以通过虚拟化层来屏蔽底层硬件差异所带来的影响。这种技术可以提高硬件资源的利用率，降低 IT 系统的成本，同时还可以提供更好的灵活性、可靠性和安全性。

虚拟机监控器（Virtual Machine Monitor，VMM）是一种工具软件，可以在一台物理计算机上创建多个虚拟机（Virtual Machine，VM），并且可以同时运行多个操作系统和应用程序。VMM 可以将物理计算机的硬件资源分配给不同的虚拟机，这样每个虚拟机都能够获得所需的计算资源。配备 VMM 的主机如图 2.1 所示。

在一个完整的虚拟化环境中，虚拟机和 VMM 都运行在物理计算机上。每个虚拟机都被认为是一个独立的计算机系统，它们共享物理计算机上的硬件资源，但是在逻辑上相互隔离。配备了 VMM 的物理硬件被称为宿主机（Host Machine），而使用其资源的虚拟机则被称为虚拟客户机（Virtual Guest Machine），这些虚拟客户机将计算资源（如 CPU、内存、I/O 设备）和存储器视为一组可重新分配的资源。

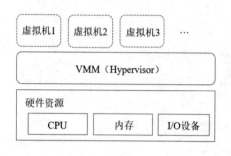

图 2.1 配备 VMM 的主机

2.1.2 虚拟化技术的特点

虚拟化技术是一种将计算机资源进行抽象化和隔离化的技术，其主要特点包括以下几方面。

（1）分区。虚拟化技术将一台物理服务器的硬件资源通过 VMM 分别分区给多个虚拟机，在单一的物理服务器上同时运行多个虚拟客户机。

（2）隔离。虚拟化技术可以提供强大的隔离性，即在一台物理服务器上可以同时运行多个操作系统，且每个系统中均可以部署各自的应用，系统间互相隔离，互不影响，合理利用了服务器的硬件资源。

（3）封装。整个虚拟机都被保存在文件中，可以通过移动和复制这些文件的方式来实现虚拟机迁移、负载均衡等功能，提高整个系统的可用性和容错性。当一台物理服务器故障时，虚拟化技术可以将虚拟机无缝迁移到其他正常运行的物理服务器上，保证业务的连续性和稳定性。

（4）灵活。在复制或移动虚拟机文件后，无须修改该文件即可在任何物理服务器上运行该虚拟机。在不影响底层硬件的情况下，可以灵活地调整虚拟机的配置。

2.1.3 虚拟化与云计算

虚拟化是一种技术，其关键技术是实现硬件资源的池化，主要目的是提高资源利用率。云计算是业务模式，是一种服务，属于商业模型的一种，可以提供 3 个层面（IaaS、PaaS、SaaS）的服务，其主要目的是按需提供不同层面的服务。

虚拟化技术与云计算相互依存，云计算通过虚拟化技术提供服务，而虚拟化技术则为云计算提供技术基础。但是虚拟化的用处并不仅限于云计算，云计算是虚拟化应用的扩展，这只是虚拟化强大功能中的一部分。

云计算并不仅仅依赖于虚拟化技术，美国国家标准与技术协会描述了云计算的 5 种功能，即一个网络、池化资源、一个用户界面、置备功能、自动化控制和分配资源。也就是说，使用虚拟化技术创建了网络和池化资源，但还需要使用其他管理软件和操作系统软件创建一个用户接口（用户界面）、置备虚拟机、自动化控制/分配资源。

2.2　虚拟化模式

　　抽象的虚拟化层 VMM 负责为虚拟机统一分配 CPU、内存和外部设备，调度虚拟资源。当 VMM 与操作系统"合二为一"时，一般称为 Hypervisor。

2.2.1　虚拟机监控器

　　VMM 通常也被称为 Hypervisor（超级监视程序），它是一种在物理计算机和虚拟机之间进行调度和协调的中间层。当一个虚拟机需要访问硬件资源时，它会向 VMM 发送请求，之后 VMM 会将请求转发到物理计算机的硬件资源上。

　　VMM 运行在最高权限级，负责将底层硬件资源进行抽象，提供给上层运行的多个虚拟机使用，并且为上层的虚拟机提供多个隔离的、安全的、独立的运行环境，使每个虚拟机都以为自己独占整个计算机资源。

2.2.2　虚拟化模式的分类

　　根据 VMM 在物理系统中的位置，可以将虚拟化模式分为裸机模式、宿主机模式、混合模式。

1．裸机模式

　　裸机模式中的 VMM（又称 Hypervisor）本身就是一个操作系统，被直接安装在裸机上，所以裸机模式中的 Hypervisor 可以直接管理硬件资源，调用流程是虚拟机内核→Hypervisor→硬件，这使得虚拟机能够获得更好的性能、扩展性与稳定性。Hypervisor 不可能一一实现每种设备的驱动，所以此模式支持有限的设备。这种模式适用于企业数据中心，一般 IDC 都是运行这类系统的。裸机模式如图 2.2 所示。

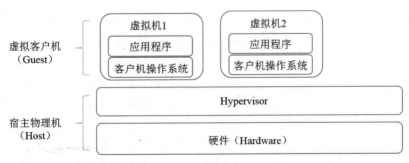

图 2.2　裸机模式

裸机虚拟化软件包括 VMware ESXI、Proxmox VE、Microsoft Hyper-V。

2．宿主机模式

　　宿主机模式是指在裸机上先安装一个操作系统，然后在该操作系统上安装和运行虚拟化软件，如 Windows 上的 VMware Workstation 或 VirtualBox，以及 macOS 上的 Parallels Desktop 等。在这些软件中，Hypervisor 作为关键层，位于宿主机操作系统和虚拟机之间。Hypervisor 负责管理虚拟机与物理资源（如 CPU、内存和 I/O 设备）之间的交互，确保它们能够正常运行。

在宿主机模式下，虚拟机通过 Hypervisor 与宿主机操作系统进行通信，而不是直接访问硬件。这种模式的调用流程是：虚拟机内核→Hypervisor→宿主机操作系统→硬件。这种模式的优点在于它允许用户在现有的操作系统环境中轻松创建和管理虚拟机，无须对底层硬件进行特殊配置。

然而，宿主机模式也存在一些局限性。由于虚拟机需要通过宿主机操作系统和 Hypervisor才能访问硬件，这可能会产生一定的性能开销。相比之下，裸机模式能够提供更好的硬件兼容性和性能，因为它直接在硬件上运行虚拟化软件，无须经过宿主机操作系统的层次。宿主机模式如图 2.3 所示。

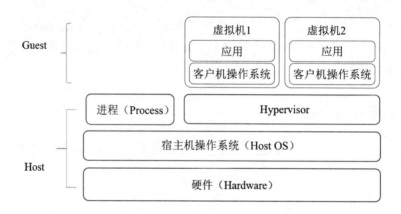

图 2.3　宿主机模式

3. 混合模式

混合模式中的 Hypervisor 相对小得多，它只负责向客户机操作系统（Guest OS）提供一部分基础的虚拟化服务，如 CPU、内存及中断等，而把 I/O 设备的虚拟化交给一个特权 VM（Privileged VM）来执行。由于混合模式充分利用了原操作系统中的设备，因此 Hypervisor 本身并不包含设备的驱动。Xen 所采用的就是混合模式，如图 2.4 所示。

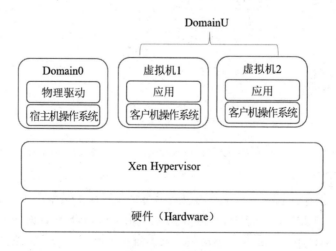

图 2.4　混合模式

在 Xen 所采用的混合模式中，Domain0 是一个特殊的虚拟机，也称为特权域或管理域。它负责管理和监控其他虚拟机（称为 DomainU 或用户域）的运行。DomainU 是用户使用的虚拟机，它们运行在不同的隔离环境中，并通过 Domain0 进行资源分配和管理。每个 DomainU 可以运行不同的操作系统和应用程序，与其他虚拟机完全隔离，从而提供更高的安全性和灵活性。

Domain0 具有访问底层硬件资源的权限，可以执行诸如内存管理、设备驱动和 I/O 操作等任务。它运行着一个修改过的操作系统（通常是 Linux），并提供用于管理其他虚拟机的工具和接口。在 Domain0 中运行的物理驱动程序通过与 Hypervisor 的协作，可以将物理设备虚拟化为多个设备以供其他虚拟机（DomainU）使用。

2.3　服务器虚拟化

服务器虚拟化就是将服务器的物理资源抽象成逻辑资源，通过一台物理服务器虚拟出几台甚至上百台相互隔离的虚拟服务器，让用户不再受限于物理位置，让 CPU、内存、I/O 设备、磁盘等硬件变成可以动态管理的"资源池"，从而提高资源的利用率，简化系统管理，实现服务器整合，让 IT 对业务的变化更具适应力。服务器虚拟化需要通过 CPU 虚拟化、内存虚拟化和 I/O 设备虚拟化等来实现。

2.3.1　CPU 虚拟化

CPU 虚拟化是一种硬件增强方案，它通过在物理 CPU 上添加额外的指令集来支持虚拟化操作。这些指令集专门用于管理和监控虚拟化环境中的各种操作，使得 VMM 可以更高效地管理虚拟机的运行。

CPU 的架构有 x86、ARM 等。x86 架构（The x86 Architecture）是微处理器执行的计算机语言指令集，x86 是一个 Intel 通用计算机系列的标准编号缩写，也标识一套通用的计算机指令集。对虚拟化技术而言，"虚拟"实际上就是指虚拟这些指令集。大多数 CPU 厂商（如 AMD、Intel）生产的就是 x86 架构 CPU。ARM 处理器属于嵌入式 RISC 微处理器，多用于手机和平板计算机。

1. x86 架构 CPU 的特点

x86 架构 CPU 为操作系统和应用程序提供了 4 个不同级别的权限来管理对硬件的访问，分别为 Ring0、Ring1、Ring2、Ring3。操作系统内核的代码运行在最高权限级 Ring0，可以使用特权指令来控制终端、修改页表和访问设备等。应用程序的代码运行在最低权限级 Ring3，如果要访问硬件和内存，比如访问设备、写文件等，就需要执行相关的系统调用。在应用程序访问系统资源时，需要进行用户态到内核态的切换。

Ring0（Kernel Mode，内核态）是操作系统内核的执行状态（运行模式），运行在内核态的代码可以无限制地对系统内存、设备驱动程序、网卡接口、显卡接口等外部设备进行访问。

所有的应用程序都应该运行在最低权限级 Ring3（User Mode，用户态）。当应用程序需要访问外围硬件设备时，CPU 会通过特别的接口调用内核态的代码。用户态程序代码需要接受 CPU 的检查，只能访问内存页表项中规定的、能被用户态程序代码访问的页面虚拟地址（受限的内存访问），而且只能访问 I/O Permission Bitmap 中规定的能被用户态程序代码访问的端口，不能直接访问外围硬件设备、不能抢占 CPU。x86 架构 CPU 如图 2.5 所示。

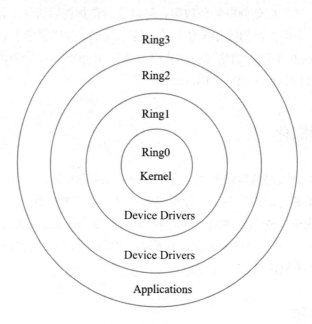

图 2.5　x86 架构 CPU

2．x86 架构的虚拟化

x86 架构的虚拟化要求在操作系统（运行在最高权限级 Ring0）中放置一个提供共享资源的虚拟化层（Hypervisor）来创建和管理虚拟机。虚拟化在这里就遇到了一个难题，因为宿主机操作系统是工作在最高权限级 Ring0 下的，客户机操作系统就不能工作在最高权限级 Ring0 下了，但是它不知道这一点，以前执行什么指令，现在依然执行什么指令，这时没有执行权限，就会出现"非法指令"等异常错误信息。那么，虚拟机就需要通过 VMM（或 Hypervisor）来避免上述错误的发生。根据实现原理的不同，有 3 种技术可以用来实现 x86 架构 CPU 敏感指令和特权指令的虚拟化。

1）使用二进制转换的全虚拟化

全虚拟化是指虚拟机系统和底下的物理硬件彻底解耦。对于不能虚拟化的特权指令，可以通过二进制转换（Binary Translation，BT）的方式将其转换为同等效果的指令序列。用户级指令可以直接运行。

全虚拟化无须更改虚拟机操作系统，虚拟机具有较好的隔离性和安全性。全虚拟化使移植变得简单，因为同样的虚拟机系统可以运行于虚拟化环境或真实物理硬件上。典型代表是 VMware Workstation、ESX Server 早期版本、Microsoft Virtual Server。使用二进制转换的全虚拟化如图 2.6 所示。

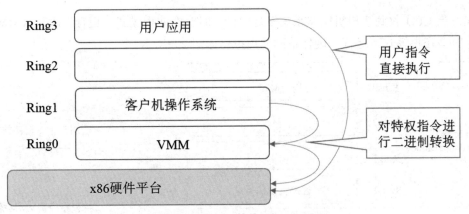

图 2.6 使用二进制转换的全虚拟化

特权指令（敏感指令）：读写时钟寄存器、中断寄存器、访问存储保护系统、地址重定位系统及所有的 I/O 指令，这些指令可以在非最高权限级执行。

2）操作系统辅助的半虚拟化

半虚拟化是指在虚拟客户机操作系统中加入特定的虚拟化指令，将不能虚拟化的特权指令、敏感指令替换为直接与虚拟化层交互的超级调用（Hypercall）。Hypercall 会直接将指令发送到 VMM 中执行。操作系统辅助的半虚拟化如图 2.7 所示。

半虚拟化涉及修改客户机操作系统内核来实现在 x86 架构下将不能虚拟化的指令替换为直接与虚拟化层交互的超级调用，其价值在于更低的虚拟化代价，但很难支持闭源操作系统，如 Windows，因此其兼容性和可移植性较差。半虚拟化的典型代表有 Microsoft Hyper-V、VMware 的 vSphere 和 Citrix 的 Xen。

开源的 Xen 使用一个经过修改的 Linux 内核来虚拟化处理器，并使用另一个定制客户机操作系统的设备驱动来虚拟化 I/O 设备。

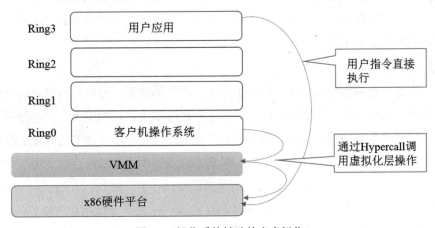

图 2.7 操作系统辅助的半虚拟化

3）硬件辅助的虚拟化

CPU 在最高权限级 Ring0 下提供了一个根模式，使特权指令和敏感指令调用自动陷入 VMM，不再需要进行二进制转换或调用 Hypercall。CPU 工作在两种模式下，即根模式和非根模式，当 CPU 收到客户机操作系统发送的指令时会在非根模式下运行，收到 VMM 发送的指令时会在根模式下运行。硬件辅助的虚拟化如图 2.8 所示。

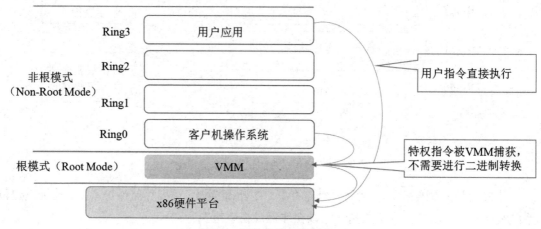

图 2.8　硬件辅助的虚拟化

目前，Intel 和 AMD 的主流 CPU 都支持虚拟化技术（VT-x 和 AMD-V），配套的主板 BIOS 中都自带了开启虚拟化技术的功能，但是主板出厂时默认禁用虚拟化技术，如果用户需要使用 CPU 虚拟化，那么需要在主板 BIOS 中开启。

2.3.2　内存虚拟化

内存虚拟化是一种虚拟化技术，用于将物理内存抽象和转换为虚拟机可以使用的虚拟内存。通过内存虚拟化，多个虚拟机可以共享物理内存，并且每个虚拟机都有自己独立的虚拟内存空间。内存虚拟化涉及对系统物理内存的共享和动态地为虚拟机分配内存，以满足虚拟机的需求。内存虚拟化通过硬件和软件的结合实现，提供了对物理内存的抽象和管理，从而提高了内存的利用率和灵活性。

1．虚拟内存

虚拟内存是一种内存管理技术，用于扩展物理内存的容量，使得应用程序可以使用比实际物理内存更多的内存空间。虚拟内存通过将部分数据和代码从物理内存交换到磁盘上的交换区来释放出物理内存空间，以供其他应用程序使用。当应用程序需要访问被交换出去的数据或代码时，虚拟内存会自动将它们重新加载到物理内存中。虚拟内存的实现需要硬件和操作系统的支持，包括页式存储管理、请求调页等机制。

目前，大多数操作系统都使用虚拟内存，如 Windows 的"虚拟内存"和 Linux 的"交换空间"等。在日常使用 Linux 或 Windows 的情况下，程序并不能直接访问物理内存。程序都是通过 MMU（Memory Management Unit，内存管理单元）把虚拟地址转换成物理地址来获取数据的。CPU 在访问主存时，只有将虚拟地址（Virtual Address）使用 MMU 转换成物理地址（Physical Address）后才能访问。MMU 如图 2.9 所示。

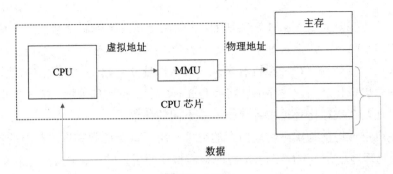

图 2.9　MMU

要想把虚拟内存地址转换为物理内存地址，最直观的方法就是创建一个映射表。这个存放在主存中的映射表在计算机中叫作页表（Page Table）。带页表的虚拟内存地址转换为物理内存地址如图 2.10 所示。

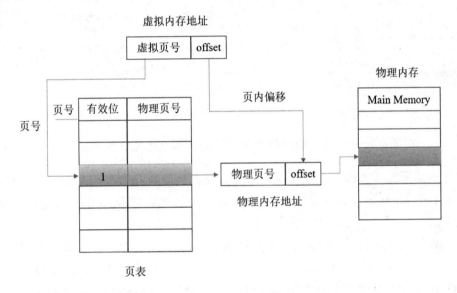

图 2.10　带页表的虚拟内存地址转换为物理内存地址

2．内存虚拟化技术

云服务中的虚拟机是通过虚拟化技术运行的，而虚拟机的操作系统称为 Guest OS。与传统的操作系统不同，Guest OS 的虚拟内存并不是物理内存的直接映射，而是通过虚拟化技术进行虚拟化的。为了在一个系统上运行多个虚拟机，还需要另外一层的内存虚拟化。这通常由 VMM 来实现，它负责管理虚拟化资源和提供虚拟化资源给虚拟机使用。在虚拟化环境中，每个虚拟机都有自己的虚拟地址空间，而宿主机也有自己的地址空间。因此，在引入虚拟化技术后，内存地址空间变得更加复杂。

为了使虚拟机能够访问宿主机上的物理地址，内存虚拟化技术被引入。这种技术通过将虚拟地址转换为物理地址来实现对物理内存的访问。在虚拟化环境中，每个虚拟机都有自己的虚拟地址和物理地址，而宿主机也有自己的虚拟地址和物理地址。因此，内存虚拟化技术使得虚拟机可以访问宿主机的物理地址，从而实现了虚拟机和宿主机之间的通信。

内存虚拟化主要是通过 VMM 来实现的，它采用分块共享的思想来虚拟计算机的物理内存。在 VMM 的帮助下，机器的内存被分配给各个虚拟机，并维护着机器内存和虚拟机内存之间的映射关系。这些内存在虚拟机看来是一段从地址 0 开始的、连续的物理地址空间。

在进行内存虚拟化之后，内存地址将会有 3 种：宿主机物理地址、中间物理地址和虚拟地址。这 3 种地址在虚拟化环境中各自扮演着不同的角色。

（1）宿主机物理地址是实际物理内存的地址，用于直接访问物理内存中的数据和指令。

（2）中间物理地址是 VMM 为了实现内存虚拟化而引入的一种地址。它映射了虚拟机内存和物理内存之间的关系，使得虚拟机可以访问物理内存中的数据和指令。

（3）虚拟地址是虚拟机内部看到的地址，它与宿主机物理地址和中间物理地址之间存在映射关系。VMM 负责维护这种映射关系，使得虚拟机可以访问它所需的物理内存。

传统系统和虚拟化系统的虚拟地址与物理地址如图 2.11 所示。

图 2.11　传统系统和虚拟化系统的虚拟地址与物理地址

虚拟机地址转换：当 Guest OS 运行在虚拟机上时，它看到的物理地址称为中间物理地址（Intermediate Physical Address，IPA）。这个地址实际上是 VMM 为每个虚拟机分配的虚拟物理地址。

为了获取真正的宿主机物理地址（Host Physical Address，HPA），VMM 需要进行地址转换。从 VMM 的角度来看，Guest OS 中的虚拟地址被称为客户机虚拟地址（Guest Virtual Address，GVA），而中间物理地址则被称为客户机物理地址（Guest Physical Address，GPA）。

因此，如果使用 VMM 并且 Guest VM 中的程序使用虚拟地址，那么需要经历两次地址转换：第一次是将 GVA 转换为 GPA，第二次是将 GPA 转换为 HPA。

第一次转换是由 VMM 完成的，它将 GVA 转换为 GPA。第二次转换是通过硬件的内存管理单元（MMU）完成的，它将 GPA 转换为 HPA。

通过这两次转换，Guest OS 可以使用虚拟地址来访问物理内存，而无须直接接触真正的物理地址。这样，每个虚拟机都可以独立地运行在自己的虚拟内存中，而不会干扰其他虚拟机的运行。两次虚拟机地址转换如图 2.12 所示。

MMU 是处理器/核（Processer）中的一个硬件单元，通常每个核都有一个 MMU。MMU 由两部分组成，即 TLB（Translation Lookaside Buffer，旁路转换缓冲）和 TWU（Table Walk Unit，表遍历单元）。前文说过，为了在一个系统上运行多个虚拟机，还需要另外一层内存虚拟化。也就是说，MMU 需要被虚拟化来支持虚拟机系统。

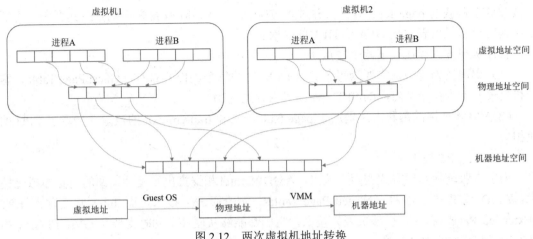

图 2.12　两次虚拟机地址转换

　　影子页表和 NPT/EPT 都属于内存虚拟化技术，影子页表是一种通过软件实现内存地址翻译的技术，而 NPT/EPT 是硬件辅助的内存虚拟化技术，它们都实现了内存地址的转换，使得虚拟机可以在虚拟化环境中无缝运行。

　　1）影子页表技术

　　影子页表（Shadow Page Table，SPT）技术通过软件实现内存地址翻译，主要用于 x86 架构的完全虚拟化。这种技术的引入，使得客户机操作系统无须修改源码就能实现虚拟化。

　　对于客户机应用程序来说，访问一个具体的物理地址需要进行两次地址转换：首先从 GVA 到 GPA，然后从 GPA 到 HPA。在不考虑宿主机应用程序的情况下，可以忽略 HVA（Host Virtual Address，宿主机虚拟地址）。

　　当硬件不支持内存虚拟化扩展（如 AMD 的 NPT 和 Intel 的 EPT 技术）时，硬件只有一个页表基址寄存器（如 x86 下的 CR3 或 ARM 下的 TTBR 寄存器组）。这意味着硬件无法感知是进行从 GVA 到 GPA 的转换还是从 GPA 到 HPA 的转换。实际上，硬件只能完成一次地址转换。

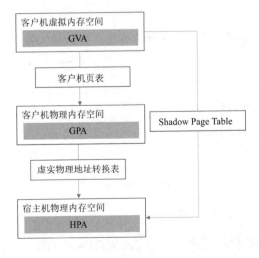

图 2.13　影子页表技术

　　为了解决这个问题，影子页表技术应运而生。其原理是在 VMM 中创建一个客户机页表的影子页表。这个影子页表能够一步完成从 GVA 到 HPA 的转换，从而避免了硬件的限制。通过这种方式，VMM 可以管理客户机的虚拟地址空间，并将其映射到宿主机的物理地址空间。影子页表技术如图 2.13 所示。

　　客户机页表不是静态的，在运行时需要修改，而客户机页表的修改需要同时修改 VMM 中对应的影子页表，因此客户机页表的修改需要被 VMM 截获。为了实现每次客户机页表的修改都能通知 VMM，可以将客户机页表设置为只读权限，这样每次修改时都会产

29

生被 VMM 截获的 page fault 异常，并进入 VMM，由 VMM 代替客户机修改其页表，之后更新其自身影子页表中从 GVA 到 HPA 的映射关系。

软件实现方式存在以下两个缺点。

（1）实现较为复杂，需要为每个 Guest VM 中的每个进程的 GPT（Guest Page Table，客户机页表）都维护一个对应的 SPT，增加了内存的开销。

（2）VMM 使用的截获方法增加了 page fault 异常和 trap/vm-exit 的数量，加重了 CPU 的负担。

2）NPT/EPT 技术

为了克服软件实现方式的两个缺点，AMD 和 Intel 相继推出了硬件辅助的内存虚拟化技术，AMD 将其称为 NPT（Nested Page Tables，嵌套页表）技术，而 Intel 将其称为 EPT（Extended Page Tables，扩展页表）技术，它们都能够从硬件上同时支持从 GVA 到 GPA 和从 GPA 到 HPA 的地址转换。

从 GVA 到 GPA 的地址转换依然是通过查找 GPT 来实现的，而从 GPA 到 HPA 的地址转换则是通过查找 NPT 或 EPT 来实现的，每个 Guest VM 都有一个由 VMM 维护的 NPT/EPT。其实，NPT/EPT 就是一种扩展的 MMU（以下称为 EPT/NPT MMU），它可以交叉地查找 GPT 和 NPT/EPT 两个页表。带 NPT/EPT 技术的 CPU 硬件如图 2.14 所示。

不同于影子页表中的一个进程需要一个 SPT，EPT/NPT MMU 解耦了从 GVA 到 GPA 的地址转换和从 GPA 到 HPA 的地址转换之间的依赖关系，一个虚拟机只需要一个 NPT/EPT，减少了内存开销。如果 Guest VM 中发生了 page fault 异常，则可以直接由 Guest OS 处理，不会产生 vm-exit，减少了 CPU 的开销。

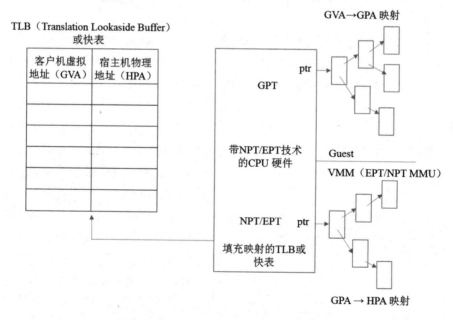

图 2.14　带 NPT/EPT 技术的 CPU 硬件

NPT 和 EPT 都是两级地址转换技术，即在虚拟化环境中，可以实现从 GVA 到 GPA，再从 GPA 到 HPA 的地址转换过程。通过使用这些技术，VMM 不再需要保留影子页表，从而避免了额外的地址转换过程。因为硬件指令集是专门为虚拟化而设计的，可以更高效地处理地址转换，并且减少了潜在的错误和漏洞，所以使用硬件指令集进行地址转换比虚拟化软件更可靠和稳定。此外，使用 NPT/EPT 技术还可以降低虚拟机切换时的性能损耗。这是因为这些技术可以在一次地址转换中完成从 GVA 到 HPA 的转换，使得虚拟机在运行时不需要频繁地进行地址转换，从而提高了系统的整体性能。

2.3.3　I/O 设备虚拟化

在虚拟环境下，I/O 设备面临的问题是，现实中 I/O 设备资源是有限的，为了满足多个客户机操作系统访问 I/O 设备的需求，VMM 必须通过 I/O 设备虚拟化的方式复用有限的 I/O 设备资源。虚拟化系统下的 I/O 访问需要在客户机操作系统、VMM、设备驱动程序、I/O 设备的共同参与下才能完成。所谓虚拟 I/O 设备，就是由 VMM 创建的，提供给客户机操作系统进行 I/O 访问的设备。

客户机操作系统只能看到属于它的虚拟 I/O 设备，客户机操作系统的所有 I/O 访问都被发往它的虚拟 I/O 设备，之后由 VMM 从虚拟 I/O 设备中获取客户机操作系统的访问请求，从而完成真正的 I/O 访问。

由于 I/O 设备具有异构性强、内部状态不易控制等特点，因此 I/O 虚拟化比较复杂，VMM 针对 I/O 设备虚拟化主要有全虚拟化、半虚拟化、硬件辅助虚拟化等设计思路。

1．全虚拟化

全虚拟化，即软件精确模拟与物理设备完全一样的接口，客户机操作系统设备驱动无须修改就能驱动虚拟设备。优点是没有额外的硬件开销，可重用现有驱动程序；缺点是为了完成一次操作需要进行多个寄存器的操作，使得 VMM 需要截获每个寄存器的访问并进行相应的模拟，这会导致多次上下文切换，性能较低，从而无法满足高吞吐量的负荷。VMware I/O 设备全虚拟化解决方案如图 2.15 所示。

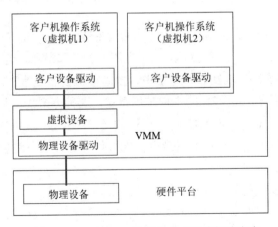

图 2.15　VMware I/O 设备全虚拟化解决方案

常见仿真软件有 QEMU、VMware Workstation、VirtualBox。

2．半虚拟化

可以通过前端驱动/后端驱动模拟实现 I/O 虚拟化。客户机中的驱动程序为前端，宿主机提供的与客户机通信的驱动程序为后端。前端驱动将客户机的请求通过与宿主机之间的特殊通信机制发送给后端驱动，后端驱动在处理完请求后发送给物理驱动。

virtio 是当前主流的 I/O 设备半虚拟化解决方案，其主要目标是在虚拟机和各种 Hypervisor 虚拟设备之间提供一个统一的通信框架和编程接口，减少跨平台所带来的兼容性问题，提升驱动程序开发效率。virtio 是一种前/后端架构，包括前端驱动和后端设备，以及 virtio 定义的传输协议。通过传输协议，virtio 可以被应用到不同的虚拟化方案中，如 QEMU/KVM 等，并且允许实现不同的前/后端。I/O 设备半虚拟化解决方案如图 2.16 所示。

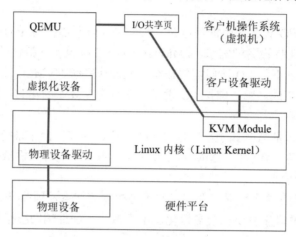

图 2.16　I/O 设备半虚拟化解决方案

在半虚拟化解决方案中，客户机操作系统中的驱动程序为前端（Front-End，FE），而 VMM 中的驱动程序为后端（Back-End，BE）。也就是说，前端将来自其他模块的请求通过客户机之间的特殊通信机制直接发送给后端，后端在处理完请求后发回通知给前端。这种方式基于请求/事务，可以在很大程度上降低上下文切换的频率，提供更大的优化空间。

3．硬件辅助虚拟化

设备直接分配（Device Assignment）也被称为设备透传（Device Pass-Through），即俗称的 I/O 直通虚拟化技术。在这种情况下，实际上不存在设备模拟，就是将宿主机中的物理 PCI/PCIe 设备直接分配给客户机操作系统使用，由虚拟机独占这个物理 PCI/PCIe 设备，使用效率几乎等同于将硬件插入虚拟机的主板扩展槽中。这种方式需要硬件平台具备 I/O 透传技术，目前与此相关的技术有 IOMMU（Intel 的 VT-d、PCIe 的 SR-IOV 等），旨在建立高效的 I/O 虚拟化直通通道。优点是直接访问减少了虚拟化开销；缺点是仍然会受到最大可用资源的限制，需要购买额外的硬件。

I/O 设备硬件辅助虚拟化解决方案如图 2.17 所示。

最初的 DMA 地址是物理地址，直到 Intel 为支持虚拟机而设计的 I/O 虚拟化技术 DMA Remapping（DMA 重映射硬件）出现，I/O 设备访问的 DMA 地址不再是真正的物理地址，需要通过 DMA Remapping 进行转译。DMA Remapping 会把 DMA 地址转译成物理地址，并检查访问权限等。负责 DMA Remapping 操作的硬件被称为 IOMMU。IOMMU 和 MMU 技术原理如图 2.18 所示。

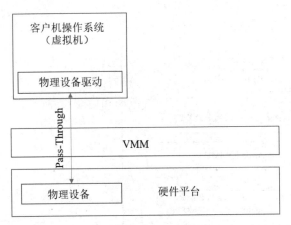

图 2.17　I/O 设备硬件辅助虚拟化解决方案

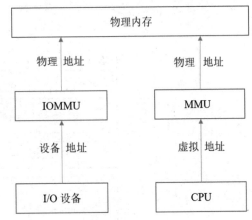

图 2.18　IOMMU 和 MMU 技术原理

IOMMU 的功能是把设备访问的虚拟地址转译成物理地址，IOMMU 适用于设备访问内存，MMU 适用于 CPU 访问内存。

1）Intel 的 VT-d

在 Intel 平台上的设备直接分配采用 VT-d（Virtualization Technology for Directed I/O，I/O 的虚拟化技术）。VT-d 是在 VT-x 的基础上对硬件辅助虚拟化的扩展。VT-d 是一个位于 CPU、内存和 I/O 设备之间的硬件设备。

普通 MMU 只能完成一次从虚拟地址到物理地址的映射。在虚拟环境下，经过 MMU 转换所得到的"物理地址"并不是真正的机器地址，当设备使用 MMU 转换所得到的"物理地址"发出 DMA 请求时肯定会失败。若需要得到真正的机器地址，则必须再一次将 MMU 转换所得到的"物理地址"转化为真正的主机物理地址，才能得到总线上真正的机器地址。而 VT-d 完成的就是这样一项工作，在芯片组中引入 DMA Remapping，以提供设备重映射和设备直接分配的功能。

2）PCIe 的 SR-IOV

VT-d 技术和 Pass-Through 技术通过减少 I/O 操作中 VMM 的参与，提升了虚拟机的 I/O 性能。虽然可以将物理网卡直接透传到虚拟机中，但是一台服务器的物理网卡数量毕竟有限，因此，SR-IOV 技术应运而生。通过 SR-IOV（Single Root I/O Virtualization，单根 I/O 虚拟化）技术，一个物理网卡可以虚拟出多个网卡，并分配给虚拟机使用，从而让每个虚拟机都能直接和物理网卡通信，获得接近物理网卡的网络性能。

SR-IOV 只是提供了一种共享 PCIe 设备的方法，每个 SR-IOV 设备都可以有一个物理功能（Physical Function，PF），并且每个物理功能最多可以有 64 000 个与其关联的虚拟功能（Virtual Function，VF）。

SR-IOV 的两种功能如下。

（1）物理功能：完整的带有 SR-IOV 功能的 PCIe 设备功能。物理功能可以像普通 PCIe 设备那样被发现、管理和配置。

（2）虚拟功能：简单的 PCIe 设备功能，只能处理 I/O 操作。每个虚拟功能都是从物理功能中分离出来的。一个物理功能可以能被虚拟成多个虚拟功能，用于分配给多个虚拟机。

SR-IOV 技术原理如图 2.19 所示。

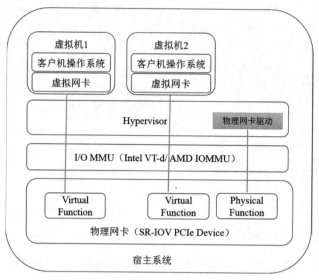

图 2.19　SR-IOV 技术原理

2.4　存储虚拟化

2.4.1　存储虚拟化的定义

存储虚拟化是指将物理存储资源通过虚拟化技术抽象成逻辑资源，并集中到一个大容量资源池中，由管理员实行单点统一管理，通过逻辑层访问或调整存储资源，提供更好的性能和易用性，提高存储资源利用率。在存储虚拟化环境下，无论后端物理存储采用什么设备，服务器及其应用系统看到的都是其物理设备的逻辑映像。

存储虚拟化是通过存储虚拟化引擎来实现的。存储虚拟化引擎可识别来自多个阵列和存储媒介的可用存储容量，对其进行聚合、管理并将其呈现给应用程序。存储虚拟化引擎将物理请求映射到虚拟存储池，并从相应的物理位置访问请求的数据。存储虚拟化的实现原理如图 2.20 所示。

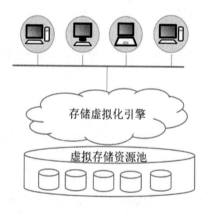

图 2.20　存储虚拟化的实现原理

2.4.2　存储虚拟化分类

网络存储工业协会（Storage Networking Industry Association，SNIA）根据实现方式、实现位置、实现结果进行 3 个层次的存储虚拟化界定和分类。存储虚拟化分类如图 2.21 所示。

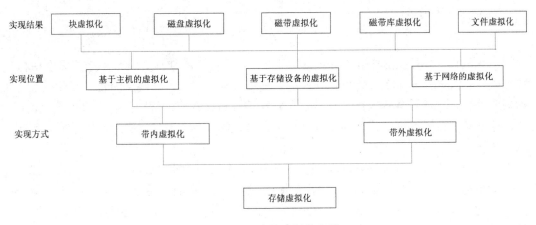

图 2.21　存储虚拟化分类

存储虚拟化根据实现方式分为带内虚拟化和带外虚拟化：带内虚拟化技术会在数据读写的过程中，在主机到存储设备的路径上实现存储虚拟化；而带外虚拟化技术在数据读写之前，就已经做好了虚拟化工作，且实现虚拟化的部分并不在主机到存储设备的路径上。所以，带内虚拟化技术可以基于主机、设备和网络实现，而带外虚拟化技术则只能基于存储网络实现。

逻辑卷和物理实体之间的映射关系，由安装在应用服务器上的卷管理软件管理，称为基于主机的虚拟化；由存储子系统控制器管理，称为基于存储设备的虚拟化；由加入存储网络 SAN 的专用装置管理，称为基于网络的虚拟化。

2.5　网络虚拟化

网络虚拟化是指在一个物理网络上模拟出多个逻辑网络。网络虚拟化技术通过将物理网络资源划分为多个虚拟网络，使不同用户能够使用相互独立的网络资源，从而提高网络资源的利用率，实现弹性的网络。云计算的本质就是将计算任务分布在多台计算机上，通过网络互联实现资源共享和协同工作。在云计算中，网络虚拟化技术是实现弹性云计算的核心技术之一，它可以将物理网络资源划分为多个虚拟网络，使得不同用户可以共享同一台物理服务器或者云服务器所提供的计算、存储、网络等资源。

虚拟交换机和 VLAN 技术是网络虚拟化的核心技术。虚拟交换机（Virtual Switch）是一种在虚拟化环境中使用的技术，它允许将物理网络交换机的功能在软件层面进行模拟，从而提供虚拟机（VMs）之间的网络连接。它可以实现虚拟机间通信的隔离与安全，支持灵活调度，同时提高网络可靠性和性能，允许管理员在不干扰物理网络的情况下配置和管理虚拟机网络。VLAN 技术是一种可以将物理网络隔离成多个逻辑网络的技术。它可以将不同的设备和用户组成多个 VLAN，实现隔离和安全防护，提高网络的管理效率和安全性。同时，网络虚拟化还需要认证计费技术、控制平面技术等其他技术的支持，以确保网络的安全性和可管理性。SDN 是网络虚拟化的一种实现方式，它采用软件定义的方式将网络设备的控制平面与数据转发平面分离，从而实现了网络流量的灵活控制和智能管理。

2.6　虚拟化软件

虚拟化软件（Virtualization Software）可以让一台宿主机建立与执行一个或多个虚拟化环境（Virtual Environment）。虚拟化软件通常使用模拟技术，先将底层的物理硬件资源（如处理器、内存、存储设备等）虚拟化，然后将这些虚拟化的资源提供给多个操作系统使用。这样，每个操作系统都可以被认为是运行在一台独立的、完整的计算机上，从而实现了资源的共享和管理。

常见的虚拟化软件有 VMware、Hyper-V、VirtualBox、KVM、Xen 等。其中，VirtualBox、KVM、Xen 是开源的，这些虚拟化软件各有特点，适用于不同的应用场景。Hyper-V、VMware vSphere、思杰 XenServer 属于裸机模式的虚拟化软件，也被称为虚拟机管理程序，可以直接在计算机硬件上运行。VirtualBox、KVM 和 VMware WorkStation 属于宿主机模式的虚拟机管理程序，是安装在宿主机上的，在宿主机的操作系统上运行的应用程序。PC 中使用较多的虚拟化软件有 VMware 的 Workstation、Oracle 公司的 Virtual Box。企业级服务器中使用较多的虚拟化软件有 VMware 服务器端虚拟化工具 vSphere、开源的 KVM 和 Xen。

微软的 Hyper-V 主要支持在 Windows 系列的操作系统上作为宿主操作系统运行，并在其上创建和运行虚拟机。VirtualBox 是一个跨平台软件，可以支持市面上所有主流的操作系统作为宿主操作系统，并在其上创建和运行多种客户机操作系统。

Linux 服务器首选 KVM，国内的阿里云和国外的 AWS 等云服务提供商仍然使用 Xen。KVM（Kernel-Based Virtual Machines）是一种基于 Linux 内核的虚拟化技术，它在虚拟机和硬件之间增加了一个 Hypervisor 软件层。KVM 的 Hypervisor 是直接运行在物理硬件上的。KVM 架构可分解为 Linux Kernel 的一个模块——KVM 驱动和 QEMU。QEMU 用于模拟虚拟机的用户空间组件，提供 I/O 设备模型和访问外部设备的途径，其最大的优势在于 KVM 是与 Linux 内核集成的，所以速度较快。同时，KVM 是完全虚拟的，所以不需要区分 PV（Paravirtual）和 HVM（Hardware Virtual Machine），可以安装各种 Linux 发行版和 Windows 发行版，可以运行在支持虚拟化扩展的 x86 和 x86-64 硬件架构上。

Xen 是一种采用半虚拟化技术的虚拟化平台，也被称为 Paravirtualization。它建立在全虚拟化的基础上，通过修改客户机操作系统并引入专门的 API 来实现虚拟化。与全虚拟化技术不同，半虚拟化技术不需要对应用程序进行重新编译或引起陷阱，因为操作系统自身能够与虚拟进程进行高效的协作。采用半虚拟化技术的 Xen 并非传统意义上的完整虚拟机，因为它并未完全模拟真实的硬件环境。在 Xen 中，客户机操作系统相当于运行了一个内核的实例。这赋予了客户机操作系统加载内核模块、管理虚拟内存和 I/O 等功能。由于客户机操作系统直接与虚拟化层进行交互，因此它可以更加灵活和高效地管理虚拟资源，进而提供更稳定且可预测的性能。Xen 需要区分 Xen PV 和 Xen HVM 两种类型。Xen PV 只支持 Linux，而 Xen HVM 支持 Windows。

第 3 章

数据存储与管理技术

云计算的数据存储与管理技术主要涉及海量数据的分布式存储技术和海量数据管理技术。云计算系统的基础设施部分由大量服务器组成，同时为大量用户服务，因此云计算系统采用分布式存储的方式存储数据，采用冗余存储的方式保证数据的可靠性。云计算系统中广泛使用的分布式文件系统有 Google 的 GFS 和 Hadoop 的 HDFS，以及 OpenStack 云计算管理平台的 Swift 分布式对象存储等。云计算需要对分布式的海量数据进行处理和分析，因此，数据管理技术必须能够高效地管理大量的数据。云计算系统中的数据管理技术有 Google 的 BigTable 数据管理技术和 Hadoop 分布式数据库 HBase 等。

3.1 集中式存储与分布式存储

3.1.1 常见存储分类

根据存储数据的服务器类型，可将存储分为封闭系统的存储和开放系统的存储。封闭系统是指大型机，如 IBM z15™。大型机使用专门的处理器指令集、操作系统和应用软件。开放系统是指基于 Windows、UNIX、Linux 等操作系统的服务器。

大型机（或称大型主机）的英文名为 mainframe。大型机是高性能的计算机，具有大量内存和处理器，能够实时处理数以十亿计的计算和事务。大型机是商用数据库、事务服务器和关键应用的重要承载平台，这些应用通常需要运行在具有高度弹性、安全性和敏捷性的环境中。大型机一般应用在银行、政府机构、IT 厂商的数据中心中。

大型机服务厂商有 IBM、思科、联想等。IBM 大型机如图 3.1 所示。

图 3.1　IBM 大型机

封闭系统的存储是指大型机本身的存储。开放系统的存储分为内置存储和外挂存储。内置存储指的是服务器内置的本地磁盘，它与操作系统和存储设备紧密耦合。外挂存储指的是独立于服务器之外的存储设备，它通过特定的连接方式（如线缆、网络等）与服务器相连。外挂存储根据连接方式的不同，分为直连式存储（Direct-Attached Storage，DAS）和网络化存储（Fabric-Attached Storage，FAS）两种。网络化存储根据传输协议分为网络附加存储（Network Attached Storage，NAS）和存储区域网络（Storage Area Network，SAN）。常见存储分类如图 3.2 所示。

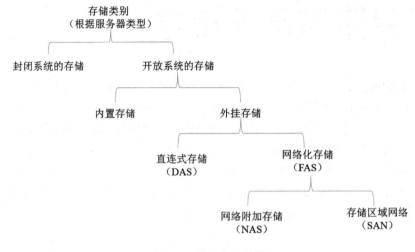

图 3.2　常见存储分类

3.1.2　集中式存储

集中式存储是一个支持基于文件的网络附加存储及基于数据块的存储区域网络的网络化存储架构。由于其支持不同的存储协议为主机系统提供数据存储，因此也称为多协议存储。集中式外挂存储分为直连式存储、网络附加存储、存储区域网络。集中式外挂存储类型如图 3.3 所示。

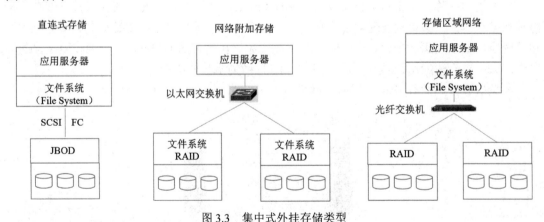

图 3.3　集中式外挂存储类型

1. 直连式存储

直连式存储是指存储设备通过 SCSI 线缆或光纤通道直连到服务器，I/O 请求被直接发送到存储设备中。这种存储设备适用于服务器地理位置分散，通过网络附加存储和存储区域网络互联存在困难的情况。使用这种存储类型可以提高读写效率和系统可用性。

2．网络附加存储

网络附加存储是一种专用的数据存储设备，它基于局域网（LAN），按照 TCP/IP 通信，以文件 I/O 方式进行数据传输。这种存储类型的本质是将本地主机的文件系统迁移到 IP 网络的设备上，使多个用户节点可以共用一个网络附加存储上的同一个文件系统。网络附加存储可应用在任何网络环境中，主服务器和客户端可以非常方便地在网络附加存储设备上存储任意格式的文件，网络附加存储系统可以根据服务器或客户端发出的指令完成对网络附加存储设备的管理。网络附加存储具有不受地域限制、高扩展性、低功耗、高度自动化、高可用、数据备份安全精确等特点。

3．存储区域网络

存储区域网络（SAN）旨在优化直连式存储（DAS）的局限性。虽然 SAN 并没有在物理层面上将应用服务和存储服务完全解耦，但它通过在服务器与存储设备之间构建专用的高速网络，实现了存储资源的高度共享和集中管理。SAN 使用专用的、高可靠的基于光纤通道或 IP 的存储网络，允许独立增加存储容量，并简化了管理和集中控制。SAN 主要用在光纤通道和 IP 环境中，有 FC-SAN 和 IP-SAN 两种连接架构。FC-SAN 通过光纤通道协议转发 SCSI 协议，而 IP-SAN 则通过 TCP/IP 协议转发 SCSI 协议（如 iSCSI）。

SAN 提供了接近于主机内部内存的访问速度，而网络附加存储（NAS）则通过以太网进行访问，速度相对较慢。SAN 可以被看作网络上的硬盘，而 NAS 则可以被看作网络上的文件系统。NAS 具有网络文件系统的优势，如易于共享和访问，而 SAN 则提供了底层高速数据块的存储优势，适用于需要高性能存储的应用场景。

集中式存储技术成熟，架构简单，表现出较强的稳定性，可以很好地支持高 IOPS（Input/Output Operations Per Second，每秒读写次数）、低延迟和数据强一致性。集中式存储的特性决定了其适合作为金融、医疗等核心业务系统的数据库存储。但是集中式存储的架构决定了其扩展能力有限，无法很好地支持高并发访问性能。随着大数据时代的到来，集中式存储的提升空间越来越有限。

3.1.3　分布式存储

分布式存储是指将数据分散存储在多台独立的设备上。分布式存储采用可扩展的系统结构，利用多台存储服务器分担存储负荷，利用位置服务器定位存储信息。分布式存储不但提高了系统的可靠性、可用性和存取效率，还易于扩展。分布式存储包含分布式文件存储、分布式块存储、分布式对象存储、分布式数据库、分布式缓存等。分布式存储如图 3.4 所示。

分布式文件存储使用分布式文件系统（Distributed File System，DFS）来实现数据的存储、检索和删除操作，这种系统可以以键-值对的形式进行数据的存取。目前，比较有名的分布式文件系统有 Google 的 GFS（未开源）和 Hadoop 平台的 HDFS（Hadoop Distributed File System）。分布式文件存储非常适合多客户端需要访问具有目录结构的数据的场景，它的典型应用场景包括日志存储、多个用户需要共享有目录结构的文件存储的情况等。目前，分布式文件系统主要用于大数据的存储场景。

分布式块存储适合客户端使用，典型应用场景有 Docker 容器、虚拟机远程挂载磁盘存储、日志存储等。

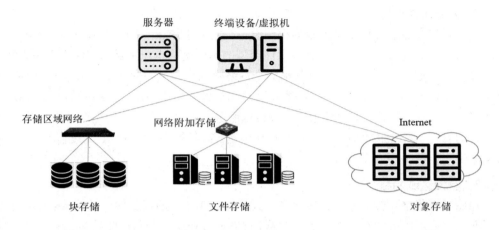

图 3.4　分布式存储

分布式对象存储适合更新较少的数据，没有目录结构，不能直接打开/修改文件，典型应用场景有图片存储、视频存储、文件存储、软件安装包存储、数据归档等。

分布式数据库都支持存入、取出和删除操作。分布式数据库涉及精练的数据，传统的分布式关系数据库都会定义数据元组的 Schema，所以存入、取出和删除操作的粒度较小。目前，比较有名的分布式数据库有 Hadoop 平台的 HBase、阿里巴巴的 OceanBase。其中 HBase 是基于 HDFS 的，而 OceanBase 采用自己内部实现的分布式文件系统作为基础存储。

3.2　分布式文件系统

3.2.1　网络文件系统

网络文件系统（Network File System，NFS）是分布式的客户端/服务器文件系统，其实质是用户间计算机的共享，允许网络中的计算机通过 TCP/IP 网络共享资源。在 NFS 的应用中，本地 NFS 的客户端应用可以透明地读写位于远端 NFS 服务器上的文件，就像访问本地文件一样。NFS 适用于实现 Linux 与 UNIX 之间的文件共享，但不能实现 Linux 与 Windows 之间的文件共享。虽然传统 NFS 的文件的确放在远端（单一）的服务器上，但是它不是一种典型的分布式系统。客户端/服务器架构的网络文件系统如图 3.5 所示。

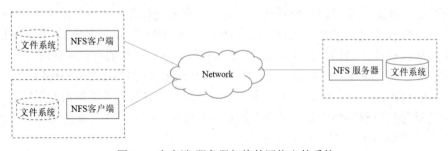

图 3.5　客户端/服务器架构的网络文件系统

3.2.2　分布式文件系统的实现

分布式文件系统定义为"网络连接的相互依赖的计算机之间共享信息"，它是分布在多个文件服务器或多个位置上的文件系统，通过计算机网络进行通信或信息交换。

分布式文件系统把大量数据分散到不同的节点上存储，大大减小了数据丢失的风险。分布式文件系统具有冗余性，部分节点的故障并不影响整体的正常运行，而且即使出现故障的计算机所存储的数据已经被损坏，也可以由其他节点将损坏的数据恢复出来。因此，安全性高是分布式文件系统最主要的特征。

分布式文件系统通过网络将大量零散的计算机连接在一起，形成一个巨大的计算机集群，使各主机均可以充分发挥其价值。此外，分布式文件系统具有极强的可扩展能力，集群之外的计算机只需要通过简单的配置就可以加入分布式文件系统。

分布式存储可根据架构分为以下 3 种。

（1）中间控制节点架构：以 HDFS 为代表，NameNode 节点用于存放管理数据，DataNode 节点用于存放业务数据。

（2）完全无中心架构—计算模式：以 Ceph 为代表，客户端通过设备映射关系的 CRUSH 数据分布算法（CRUSH 数据分布算法和一致性哈希算法思想相同），明确写入位置，从而实现客户端与存储节点的直接通信。

（3）完全无中心架构——一致性哈希：以 Swift 为代表，通过将设备指定为哈希环，并通过数据名称计算出对应的哈希值，从而映射到哈希环的某个位置来实现数据定位。

3.3　分布式对象存储

由于文件系统空间组织的特点，当用户访问一个文件时，首先需要找到文件对应的元数据，然后根据元数据信息找到数据的位置，并读取数据。这个过程可能会涉及多次磁盘访问。对于互联网应用来说，多次磁盘访问会显著降低应用的性能，影响用户体验。比如，国内的今日头条、淘宝、京东等互联网应用会产生海量的图片访问请求，文件系统很难满足它们的性能和扩展性需求，为了保证横向扩展能力、降低访问延时，对象存储应运而生。对象存储在数据处理层面的特点是将待处理的数据视为一个整体。

3.3.1　Swift 对象存储

Swift 是 OpenStack 开源云计算项目的一个子项目，提供高可用分布式对象存储的服务，在 OpenStack 中为 Nova 组件提供虚拟机镜像存储服务。Swift 的特点是存储大对象，典型的应用是作为网盘类产品的存储引擎；适合存储的数据类型包括虚拟机镜像、图片、邮件、存档备份和日志文件等。因为没有中心单元或主控节点，Swift 提供了无限扩展能力、冗余和持久性。

Swift 主要有 3 个组成部分，分别是 Proxy Server、Storage Server 和 Consistency Server。其中，Storage Server 和 Consistency Server 允许运行在 Storage Node 上。Proxy Server 为客户端提供 RESTful API，将客户端请求转发给某个存储节点上的 Account、Container 或 Object

服务。Consistency Server 提供 Replicators（复制服务）、Updaters（更新服务）和 Auditors（审计服务）等后台服务，用于保证 Object 的一致性。Swift 总体架构如图 3.6 所示。

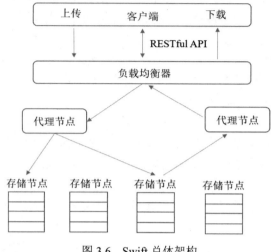

图 3.6　Swift 总体架构

3.3.2　Haystack 对象存储

Facebook 的业务场景是对大量图片只写入一次，从不进行更新操作，不定期进行读取操作，极少进行删除操作。Facebook 对其照片应用开发了 Haystack 对象存储。Haystack 与 Swift 的差异是其存储的是小对象。因为图片通常在 10MB 以下，大部分在 KB 级，所以 Haystack 除保证系统的横向扩展能力外，最主要的是实现对小文件的处理。对于小文件的处理，普通文件系统的问题在于多次读盘操作，而 Haystack 对象存储解决了该问题。

Haystack 包含 3 个组件，分别是 Haystack Store、Haystack Directory 和 Haystack Cache。Haystack 总体架构如图 3.7 所示。

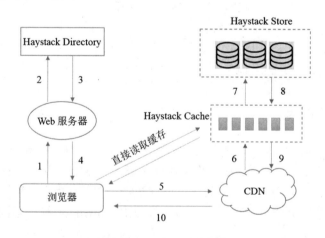

图 3.7　Haystack 总体架构

（1）Haystack Store：用户保存图片数据的地方，类似于分布式存储系统的数据服务器。Haystack Store 负责管理图片元数据与图片数据持久化；将文件存储在物理卷上，每台机器可以有多个物理卷；不同机器中的多个物理卷对应一个逻辑卷；在将图片写入一个逻辑卷中的同时会将其写入对应的多个物理卷中，用于避免磁盘故障。

（2）Haystack Directory：维护图片对应的逻辑卷，维护逻辑卷的空闲空间，维护应用元数据，维护逻辑卷到物理卷的映射关系；提供逻辑卷到物理卷的映射，为读请求分配的逻辑卷和物理卷提供负载均衡，决定一个请求应该被发送到 CDN 中还是由缓存处理，标注哪些卷是只读的。

（3）Haystack Cache：缓存服务。Haystack Cache 收到的请求包含两部分，即用户 Browser 的请求及 CDN 的请求。Haystack Cache 只缓存用户 Browser 发送的请求且要求请求的 Haystack Store 存储节点是可写的。一般来说，Haystack Store 存储节点在执行写入操作一段时间并达到容量上限以后会变为只读的，因此，可写节点的图片为最近增加的图片，通常会在一段时间内被频繁访问，是热点数据。

3.4　分布式数据库

3.4.1　数据库架构模型

数据库常用的架构模型分为共享计算和存储资源（Shared-Everything）的架构、共享存储（Shared-Storage）的架构、不共享资源（Shared-Nothing）的分布式架构。数据库架构模型如图 3.8 所示。

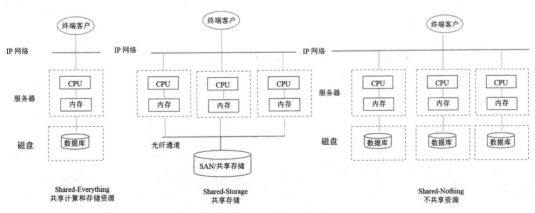

图 3.8　数据库架构模型

1．共享计算和存储资源的架构

共享计算和存储资源的架构指单机集中式数据库架构，可完全透明地共享 CPU、内存和硬盘等 I/O 资源。这种架构的并行处理能力是最差的，典型代表有 SQL Server、单机版 Oracle 和 MySQL，一般不考虑大规模的并发需求，比较简单，一般的应用需求基本都能满足。

2．共享存储的架构

共享存储的架构指每个处理单元的 CPU 和内存都是独立的，共享磁盘系统。典型代表有 Oracle RAC，它是数据共享的，可以通过增加节点来提高并行处理能力，扩展能力较好。

共享存储的架构可使用存储区域网络，通过光纤通道连接到多台服务器的磁盘阵列，降低网络消耗，提高数据读取的效率，常用于并发量较高的 OLTP（On-Line Transaction Processing，联机事务处理过程）应用。这种架构类似于 SMP（Symmetric Multi-Processing，对称多处理）模式，但是当存储器接口达到饱和状态时，增加节点并不能获得更高的性能。

Oracle RAC 是典型的大型商业解决方案，且为软硬件一体化解决方案。底层存储使用了 ASM 镜像存储技术，提供横向扩展功能，使其看起来像一块完整的大磁盘。

3. 不共享资源的分布式架构

不共享资源的分布式架构指每个处理单元的 CPU、内存和硬盘资源都是独立的，不存在共享资源。这种架构类似于大规模并行处理数据库，各处理单元之间通过协议通信，并行处理和扩展能力较好。各个节点相互独立，各自处理自己的数据，处理后的结果可能向上层汇总或在节点间流转。典型代表有 DB2 企业版 DPF（Database Partitioning Feature，数据库分区功能）、带分库分表的 MySQL 集群、以 Hadoop 为代表的大数据技术和基于 HDFS 存储数据的 HBase 数据库。PingCAP 的 TiDB、蚂蚁集团的 OceanBase 都采用了 Shared-Nothing 架构。

3.4.2 大规模并行处理数据库

MPP（Massively Parallel Processing，大规模并行处理）是指将任务并行地分散到多台服务器和节点上，在每个节点上完成计算后，将各部分的结果汇总在一起得到最终的结果。MPP 架构示意图如图 3.9 所示。

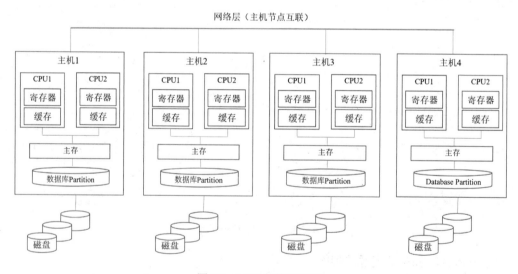

图 3.9　MPP 架构示意图

（1）MPP 并行处理的关键在于将数据均匀地分布到每块磁盘上，从而充分发挥每块磁盘的性能，从根本上解决 I/O 瓶颈问题。

（2）MPP 采用 Shared-Nothing 架构模型，理论上可以使用线性扩展来提升数据仓库的性能。在生产实践中，这种扩展一般可扩展到 100 个节点左右。

（3）MPP 在具体架构实现上，通常有无 Master 和 Master-Slave（主从）两种方式。在无

Master 的架构实现方式中,所有节点都是对等的,客户端可以通过任意一个节点来加载数据,不存在性能瓶颈和单点故障风险。

基于 MPP 架构的数据库是一种采用 Shared-Nothing 架构的分布式并行结构化数据库集群,具备高性能、高可用、高可靠、高扩展的特性,可以为超大规模数据管理提供高性价比的通用计算平台,并被广泛地应用于各类数据仓库系统、商业智能(BI)系统和决策支持系统。

MPP 架构的特点在于不共享资源、任务并行执行、数据分布式存储和分布式计算,以及支持高并发和横向扩展。

MPP 数据库是针对分析工作负载进行了优化的数据库,可以聚合和处理大型数据集。MPP 数据库往往是列式的,因此 MPP 数据库通常将每一列存储为一个对象。这种体系结构使得复杂的分析查询可以被更快、更有效地处理。

MPP 数据库的特点是支持 PB 级的数据处理,同时支持比较丰富的 SQL 分析查询语句。MPP 数据库领域的产品主要是商业产品,如无 Master 的 MPP 架构产品主要有独立厂商 Teradata 的 Aster 数据库、华为自研的 GaussDB 数据库和 HP 的 Vertica 数据库;Master-Slave 的 MPP 架构产品主要有 EMC 的 Greenplum 和 IBM 的 Netezza 数据仓库。

3.4.3　分布式数据库的发展和产品

1．分布式数据库简介

分布式数据库利用高速计算机网络将物理上分散的多个数据存储单元连接起来,组成一个逻辑上统一的数据库。分布式数据库的基本思想是将原来集中式数据库中的数据分散存储到多个通过网络连接的数据存储节点上,以实现更大的存储容量和更高的并发访问量。在分散存储数据时,可以按行或按列进行数据分割,并在分割后按数据组或列族分散存储在不同的节点上,同时引入数据库同步技术来帮助数据库恢复一致性。

2．分布式数据库的发展

数据库的发展始终与用户场景需求变迁紧密相关。随着互联网和移动互联网应用深入人类的生活,行业应用所产生的数据量呈爆炸式增长,动辄达到 TB 级甚至 PB 级的规模,已经远远超出了传统单机数据库的处理能力。应用领域的软件设计与实现转变为以应用架构设计为核心,基于特定的应用场景,通过数据库弱一致性来解决系统高吞吐量的问题。数据库的发展经历了 SQL、NoSQL、NewSQL 和 Distributed SQL 几个阶段。

NoSQL 的出现,主要是为了解决 SQL 的可扩展性问题。NoSQL 是没有架构的,并且建立在分布式系统上,这使得它易于扩展和分片。NewSQL 和 Distributed SQL 既具有单机数据库的特性,又具有分布式数据库的分片与同步特性,实现了 SQL 的完整支持和可靠的分布式事务。

NewSQL 是基于 NoSQL 模式构建的分布式数据库,它采用现有的 SQL 类关系数据库为底层存储或自研引擎,并在此基础上加入分布式系统,从而对终端用户屏蔽了分布式管理的细节。Citus 和 Vitess 是此种类型数据库的典型代表。

Distributed SQL 是指数据在物理上分布而在逻辑上集中管理的数据库系统。物理上分布是指分布式数据库的数据分布在物理位置不同但由网络连接的节点或站点上;逻辑上集中是指各数据库节点在逻辑上是一个整体,并由统一的数据库管理系统管理,不同的数据库节点可以跨不同的机房、城市甚至国家分布。Google 的 Spanner、蚂蚁集团的 OceanBase、PingCAP 的 TiDB 等是此种类型数据库的典型代表。

3．分布式数据库的产品

PG-XC（类似 PostgreSQL-XC）风格的分布式数据库由传统关系数据库基于分库分表的技术演化而来，增加了切片集群、协调节点、全局时钟的功能。PG-XC 风格的分布式数据库产品有中兴的 GoldenDB、华为的 GaussDB 300、腾讯的 TDSQL、亚信科技的 AntDB 等。

NewSQL 风格的分布式数据库由 NoSQL 键值数据库发展而来，是一类新的数据库架构方案。它不仅具有 NoSQL 对海量数据的存储管理能力，还保持了传统数据库支持 ACID 和 SQL 等特性。NewSQL 风格的数据库产品有 Google 的 Spanner、PingCAP 的 TiDB、蚂蚁集团的 OceanBase、巨杉的 SequoiaDB、星环的 KunDB、CockroachDB 和 YugabyteDB 等。

随着云计算的纵向深入发展，分布式数据库的发展进入云原生数据库阶段。云原生 OLTP 型分布式数据库日趋成熟，同时由于整个行业的发展，客户与厂商对实时分析型数据库的需求越来越旺盛，OLTP 与 OLAP 融合为 HTAP（Hybrid Transaction / Analytical Processing，混合事务分析处理/融合交易分析处理）数据库。云原生数据库的典型产品有 AWS 的 Aurora、微软的 Cosmos DB、阿里巴巴的 PolarDB、腾讯的 CynosDB、华为的 Taurus 等。

分布式数据库虽然能够解决大数据的存储管理问题，但并不意味着传统关系数据库没有了存在的价值。分布式数据库难以实现灵活、快速、复杂的统计分析功能，而这恰恰是传统关系数据库所擅长的。因此，需要将这两种数据库技术结合起来使用，以解决不同应用场景下的问题。

3.5　云存储

3.5.1　云存储的实现

云存储是基于云计算而存在的，它建立在存储虚拟化技术的基础上，通过互联网（公有云）或内部网（私有云）提供给云用户使用，是一个可扩展的弹性的存储或数据服务，其物理存储设备对用户是透明的。

云存储是一种高效、可扩展的存储解决方案，适用于各种互联网应用，如流媒体、社交网站等。它不仅可以帮助企业或个人备份数据，确保数据安全，还可以为 IaaS 服务提供可靠的存储基础设施，支持映像和应用映像的存放。此外，云存储还支持不同云存储系统之间的数据共享、数据复制和数据分布等操作，使得数据可以轻松地在不同平台之间迁移和协同操作。

3.5.2　企业级云存储服务

1．阿里云存储服务

阿里云提供的存储服务包括基础存储服务（如块存储 EBS、对象存储 OSS 和文件存储 NAS 等）、存储数据服务（如日志服务 SLS、云备份 HBR 等）、数据迁移和混合云存储等。

阿里云存储服务如图 3.10 所示。

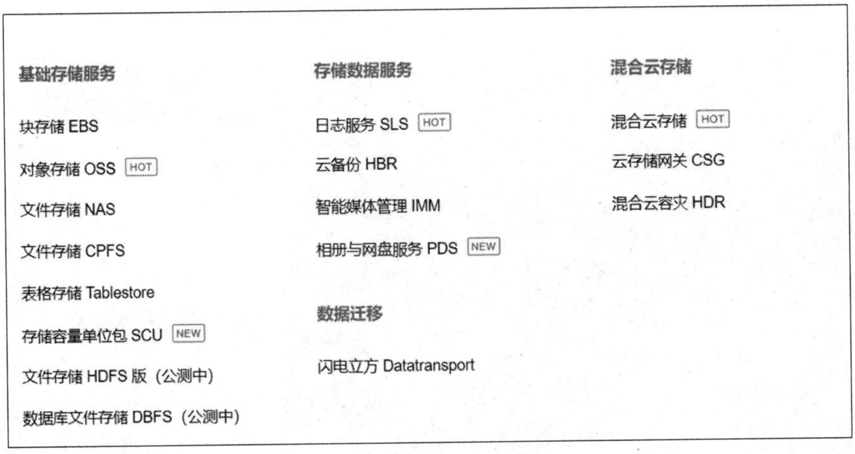

图 3.10　阿里云存储服务

2．华为云存储服务

华为云提供的存储服务包括对象存储服务 OBS，提供持久性块存储的云硬盘 EVS，为云服务器、云硬盘等提供备份的云备份 CBR，数据工坊 DWR，弹性文件服务 SFS，专属分布式存储服务 DSS 等。华为云存储服务如图 3.11 所示。

图 3.11　华为云存储服务

3.5.3　个人云存储服务

1．百度网盘

百度网盘是百度推出的一项云存储服务应用，提供文件的网络备份、同步和分享服务。通过百度网盘，用户可以将照片、文档、音乐、通讯录数据传送到各类设备中使用。用户可以轻松地将自己的文件上传到网盘上，并跨终端、随时随地地查看和分享。百度网盘已覆盖主流 PC 和手机操作系统，包含 Web 版、Windows 版、Mac 版、安卓版、iPhone 版和 iPad 版。百度网盘界面如图 3.12 所示。

图 3.12　百度网盘界面

2. 阿里云盘

阿里云盘是阿里巴巴全球技术团队打造的一款个人网盘，具有下载不限速、不打扰、够安全、易于分享等特点。它是一款为 PC 端用户提供云端存储、数据备份及智能相册等服务的网盘产品，属于智能云存储产品，可以为个人用户提供私有云服务。阿里云盘界面如图 3.13 所示。

图 3.13　阿里云盘界面

阿里云盘的功能包括：大容量存储空间、5G 速度上传/下载、企业级数据安全防护、在线预览、智能备份相册、AI 分类、轻松找图、分享。

第 4 章
网络虚拟化技术

4.1 网络虚拟化概述

网络虚拟化是一种重要的网络技术，该技术可以在物理网络上虚拟出多个相互隔离的虚拟网络，使不同用户能够使用独立的网络资源切片，从而实现不同租户相互隔离。不同租户之间的流量不能相互访问，但 IP 地址和 MAC 地址可以独立规划，甚至可以相互重叠，从而提高网络资源利用率，实现弹性的网络。虚拟网络中的虚拟机可以跨二层/三层进行迁移，甚至可以跨广域网进行迁移。

网络虚拟化主要应用在提供云服务的网络中。在大规模的云计算环境下，集群中的物理服务器上会运行多个虚拟机，每个虚拟机都有自己独立的虚拟网卡，需要通过网络虚拟化解决虚拟机之间的通信、虚拟机和外部网络的通信等问题。同时，集群中的虚拟机进行大规模迁移是常见的事情，可以通过虚拟机迁移提高资源利用率和容错性。Overlay 技术是在网络层实现二层网络的，物理机之间只要网络层可达就能组建虚拟的局域网。Overlay 技术为虚拟机在数据中心任意网络位置之间进行无感知迁移提供了良好的环境。

4.1.1 常见的网络虚拟化

在当前云计算的环境下，常见的网络虚拟化一般分为 VLAN 和 SDN 两大类。

1. VLAN

VLAN（Virtual Local Area Network，虚拟局域网）是一种将局域网内的设备从逻辑上划分成多个网段，从而实现虚拟工作组的数据交换技术。同时，划分的逻辑组与物理位置无关，它们具有某些共同需求。VLAN 示意图如图 4.1 所示。

VLAN 的优点是有效控制广播范围，增强局域网的安全性，灵活构建虚拟工作组。VLAN 内的主机之间可以直接通信，而 VLAN 之间不能直接通信，要实现 VLAN 之间的直接通信，可以使用路由器或三层交换机。

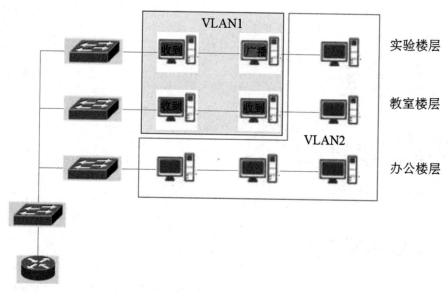

图 4.1　VLAN 示意图

2. SDN

SDN（Software Defined Network，软件定义网络）是由美国斯坦福大学 CLean State 课题研究组提出的一种新型网络架构，是网络虚拟化的一种实现方式。其核心技术 OpenFlow 通过将网络设备的控制平面与数据转发平面分离，实现了对网络流量的灵活控制，进一步对网络进行了抽象，打破了传统局域网的局限性，提高了网络扩展性，为核心网络及应用的创新提供了良好的平台。

两种虚拟化方式的优劣势对比如下。

VLAN 适用于单租户网络，不适用于大规模虚拟化或提高安全性，不建议作为网络隔离的有效安全控制手段。

SDN 适用于大规模虚拟化或提高安全性，可以提供有效的安全边界隔离，针对网络提供了更高的灵活性及隔离性。

4.1.2　虚拟化环境下的物理网络

在虚拟化环境下，承载业务的都是虚拟机，且虚拟机运行在物理服务器内部，那么，如何使虚拟机接入网络呢？首先需要解决的是将物理服务器连接到网络中的问题，在这个过程中，需要用到的设备有路由器、二层交换机（工作在数据链路层，基于 MAC 地址访问，只做数据的转发，不能配置 IP 地址）、三层交换机（具有部分路由器功能，工作在网络层，将二层交换技术和三层转发功能结合在一起）及服务器自身的网卡。虚拟化环境下的物理网络如图 4.2 所示。

虚拟化环境下的路由器需要负责解决内部网络与互联网的通信问题：如果内部的虚拟机需要访问互联网，则一般都会通过路由器完成路由转发和 NAT（网络地址转换）；如果需要通过互联网访问内部网络，则一般也需要使用路由器。

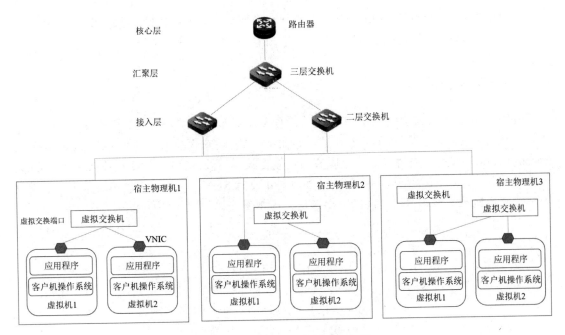

图 4.2 虚拟化环境下的物理网络

4.1.3 虚拟化环境下的虚拟网络

随着虚拟化技术的广泛应用和云服务的普及，真正的网络接入层已经不再是物理的二层交换机，而是虚拟交换机。网络接入要下沉到服务器内部，实现与虚拟机的对接，使虚拟交换机成为真正的网络接入层。

在个人或小型的虚拟化环境下，虚拟机会以桥接或 NAT 模式与物理网卡绑定，而在企业级的大规模场景下，虚拟机都是通过虚拟交换机连接物理网络的。虚拟化环境下的虚拟网络如图 4.3 所示。

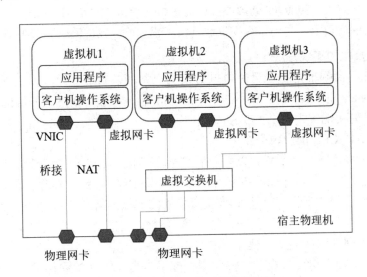

图 4.3 虚拟化环境下的虚拟网络

桥接模式是指虚拟机直接连接物理机的网卡，拥有和宿主物理机一样的 IP 地址配置。NAT 模式是指虚拟机借助 NAT 功能，通过宿主物理机所在的网络来访问公网。

4.1.4　虚拟交换机

桥接和 NAT 模式适用于个人实践及小规模应用场景。使用网桥无法查看虚拟网卡的状态，也无法监控经过虚拟网卡的流量。同时，桥接模式仅支持 GRE（Generic Routing Encapsulation，通用路由封装）隧道服务，功能受限。另外，目前企业大规模数据中心或云服务已经普遍采用 SDN 创建网络架构，而网桥不支持 SDN，因此在大规模场景下，通常使用虚拟交换机来实现虚拟机之间的网络通信。虚拟交换机如图 4.4 所示。

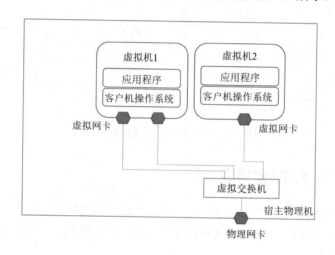

图 4.4　虚拟交换机

虚拟机的网络功能由 vNIC（虚拟网卡）提供。Hypervisor 可以为每个虚拟机创建一个或多个 vNIC，从虚拟机的角度出发，这些 vNIC 等同于物理网卡。为了实现与传统物理网络相同的网络功能，交换机（Switch）会被虚拟化成虚拟交换机（如 Open vSwitch），各个 vNIC 连接在虚拟交换机的端口上，由虚拟交换机通过宿主物理机的物理网卡访问外部的物理网络。

1. 虚拟交换机的实现方式

每个虚拟化厂商都推出了自己的虚拟交换机产品，以满足不同的虚拟化环境和网络需求。例如，VMware 的 vSwitch、思科的 Nexus 1000V、华为的 DVS、开源的 Open vSwitch 等。虚拟交换机的实现方式有以下 3 种。

1）基于服务器 CPU 的虚拟交换机

基于服务器 CPU 的虚拟交换机以软件形式部署在服务器上，它利用服务器的 CPU 资源来执行完整的虚拟交换功能。在这种架构中，每个虚拟机的虚拟网卡都对应虚拟交换机的一个虚拟端口，而服务器的物理网卡则作为虚拟交换机的上行链路，接入到物理接入层的交换机中。这种方式能够灵活地适应不同的虚拟化环境，但性能可能会受到服务器 CPU 性能的限制。

2）基于物理网卡的虚拟交换机

基于物理网卡的虚拟交换机是一种利用物理网卡自身支持的硬件虚拟化功能来实现虚

拟交换的技术。在这种方式中，虚拟交换功能被从服务器的 CPU 移植到物理网卡上，从而减少了虚拟交换机对服务器 CPU 资源的占用，降低了对虚拟机性能的影响。借助物理网卡具备高速、低延迟的特性，虚拟机之间可以通过物理网卡直接通信，无须经过虚拟交换机的转发过程，从而提升了网络传输效率和数据处理能力。这种设计优化了服务器资源的利用，提升虚拟化环境的整体性能。

3）基于物理交换机的虚拟交换机

基于物理交换机的虚拟交换机将虚拟交换功能集成到物理交换机中，使得数据交换更加高效，从而提升了网络传输性能和数据处理能力。例如，某些物理交换机可以通过特殊协议，如 PVLAN（私有 VLAN）或 VSS/VSG（虚拟交换系统/虚拟交换网关），来感知并管理虚拟机的网络行为。

以 PVLAN 为例，它是一种将物理交换机的 VLAN 端口映射到虚拟机的技术。通过 PVLAN 技术，物理交换机可以将不同虚拟机划分到不同的 VLAN 组中，并实现虚拟机之间的隔离和通信控制。这样，虚拟机之间的通信就可以在物理交换机层次直接完成，而无须经过服务器上的虚拟交换机，从而提高了通信效率。

2. 开源虚拟交换机

Open vSwitch（简称 OvS）是一款开源的、高质量的、支持多层协议的虚拟交换机，广泛应用在云计算行业，实现虚拟云主机之间和之内的流量可见性与可控性。Open vSwitch 的目的是使大规模网络自动化可以通过编程扩展，同时支持标准的管理接口和协议（如 NetFlow、sFlow、SPAN、RSPAN、CLI、LACP、802.1ag），以及多种 Linux 虚拟化技术（如 Xen 和 KVM 等）。Open vSwitch 虚拟交换机如图 4.5 所示。

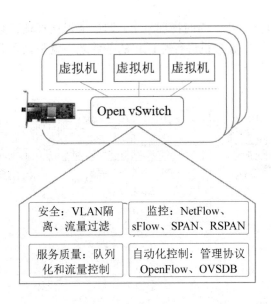

图 4.5　Open vSwitch 虚拟交换机

Open vSwitch 旨在使用虚拟化方案解决网络问题，让交换机和控制器软件能够在多台服务器之间创建集群网络配置，从而不需要在每台云主机和物理机上单独配置网络。Open vSwitch 还支持 VLAN 中继，通过 NetFlow、sFlow 和 RSPAN 实现可见性，通过 OpenFlow 协议进行管理。严格的流量控制由 OpenFlow 协议实现；远程管理功能通过网络策略实现。Open vSwitch 集群网络如图 4.6 所示。

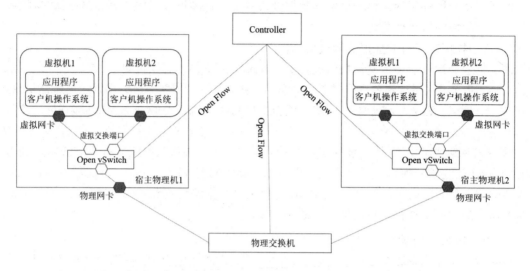

图 4.6　Open vSwitch 集群网络

3．分布式虚拟交换机

虚拟交换机分为两种类型：一种是普通虚拟交换机，一种是分布式虚拟交换机。普通虚拟交换机只能运行在一台单独的物理机上，所有与网络相关的配置只适用于此物理服务器上的虚拟机。

分布式虚拟交换机分布在不同的物理机上。通过虚拟化管理工具，用户可以对分布式虚拟交换机进行统一的配置。虚拟机进行热迁移的条件之一就是具备分布式虚拟交换机。分布式虚拟交换机如图 4.7 所示。

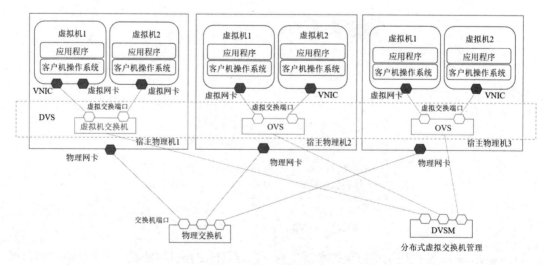

图 4.7　分布式虚拟交换机

云计算中涉及的主机很多，很多物理机会被加载到同一个资源池中，这样虚拟机就会存在于每台物理机中。此时，需要考虑不同主机上的虚拟机之间如何实现通信，就会用到分布式虚拟交换机。

从逻辑上来看，跨主机将不同主机上的 OVS（虚拟交换机）合在一起形成了 DVS（分布式虚拟交换机），但实际上还是每个虚拟机配备一个 OVS，且这些 OVS 都连接了物理机的网口，外部再通过一个交换机把它们连接起来。DVS 是基于开源的 OVS 设计的，充分继承了 OVS 方便管理的优势。DVS 通过统一的 Protal 页面进行集中管理，简化了用户配置。另外，DVS 可以实现更加统一的管理服务器，保障数据的安全、稳定，以及实现虚拟机的迁移和 HA 数据容灾等。无论虚拟机在哪台物理机上，它们都连接同一个 DVS。那么，在进行 VLAN 划分时，就可以直接在 DVS 上划分不同的 VLAN。

综上所述，网络虚拟化的层次结构首先是物理服务器内部的 I/O 虚拟化，其次是通过分布式虚拟交换机实现物理服务器内部不同虚拟机网络的接入，再次是通过物理服务器的网卡连接物理网络（比如物理交换机），最后是通过路由器、防火墙等物理设备转发虚拟机数据包来实现网络交换。

在 SDN 中，控制平面的工作由控制器负责，数据转发平面的工作由虚拟交换机负责。这些虚拟交换机分布在网络中的多台物理服务器中，且是通过纯软件实现的，于是有了分布式虚拟交换机的概念，这时整个网络就像一个大的交换机。

4.2　云计算与网络虚拟化

4.2.1　云计算与网络虚拟化的关系

网络虚拟化是云计算的基础，云计算是网络虚拟化的高级应用。网络虚拟化如图 4.8 所示。

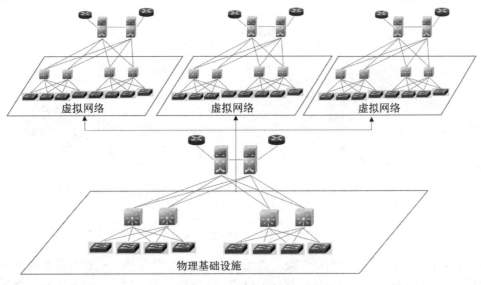

图 4.8　网络虚拟化

（1）云计算是虚拟化出资源池以后的应用，是以虚拟化技术为基础的。虚拟化技术包括服务器虚拟化、存储虚拟化、网络虚拟化等。网络虚拟化技术包括 SDN、NFV、Overlay 等。

（2）云计算通过网络虚拟化技术为每个租户提供一个或多个虚拟网络，不局限于物理数据中心网络拓扑。在虚拟网络中，还有虚拟防火墙、虚拟负载均衡、虚拟路由等。

（3）网络虚拟化是一种网络技术，可以在物理拓扑上创建虚拟网络。通过软件，用户可以模拟一个交换机或一根网线，且可以将创建的多个虚拟机通过模拟的网线连接到模拟的交换机上。另外，通过软件，用户也可以非常灵活地实现物理机上的虚拟机迁移和虚拟的网络迁移。同时，基于 SDN 的网络架构可以更容易地实现网络虚拟化。

（4）NFV（Network Function Virtualization，网络功能虚拟化）是指将网络中专用设备的软硬件功能转移到虚拟机上。它提供了一种设计、部署和管理网络服务的全新方式，将网络功能（如 NAT、防火墙、入侵检测、域名服务和缓存等）从专有硬件中分离出来，并通过软件加以实现。

（5）Overlay（叠加网络/覆盖网络）技术通过在现有网络上叠加一个虚拟的逻辑网络，在保证原有网络尽量不发生变化的情况下，通过定义的逻辑网络来实现业务逻辑，解决原有数据中心的网络问题。它实际上是一种隧道封装技术，将二层网络封装在三层/四层报文中进行传递，提供了一种解决数据转发和多租户隔离的技术手段。

4.2.2 SDN 与 NFV 的关系

SDN 与 NFV 自成体系、互不依赖，但两者相互补充、相互融合。SDN 作为一种网络虚拟化的实现方式，其目的是实现控制平面和数据转发平面的分离，使网络控制集中化，引入网络可编程功能。NFV 将网络功能从原来的专用设备转移到通用设备上，实现了网络功能虚拟化。SDN 是典型的网络技术，应用于承载网络；NFV 是典型的计算技术，应用于核心网和接入网。SDN 实现了网络流量的灵活调度，NFV 实现了业务的随需部署。SDN 与 NFV 的关系如图 4.9 所示。

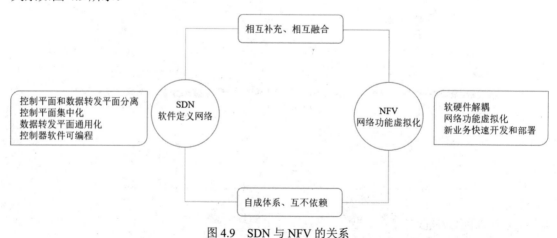

图 4.9　SDN 与 NFV 的关系

SDN 与 NFV 的结合可以为用户提供最优的解决方案。昂贵的专业设备被通用硬件和高级软件替代，控制平面被转移到了更优化的位置，数据转发平面的控制则被从专用设备上提取出来并被标准化，使网络与应用在更新时无须升级网络硬件设备。NFV 可以将网络设备上的各类功能"通用化"。

NFV 希望能够解决专用的网络设备所带来的问题，包括运维的复杂性高和业务灵活性差等问题。它借鉴了云计算的思想，利用通用的硬件平台和虚拟化技术，取代现有的专用网络设备。

NFV 的网络架构增加了一个管理编排域（MANO），负责对整个网络功能虚拟化基础架构（NFVI）资源进行管理和编排，并负责业务网络、NFVI 资源的映射和关联，以及 OSS 业务资源流程的实施等。

4.3　SDN 的系统架构与特点

4.3.1　SDN 的系统架构

SDN 的系统架构主要由 3 个核心平面组成，即数据转发平面、控制平面和应用平面，如图 4.10 所示。

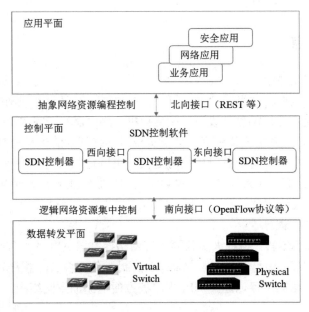

图 4.10　SDN 的系统架构

数据转发平面是 SDN 架构中负责实际网络流量传输和处理的关键层，这一层涵盖了交换机、路由器等网络设备，这些网络设备根据控制平面下发的转发规则，精确地对数据包进行转发和处理。在设计与实现交换机处理流程时，需确保高效且准确；同时，应关注转发规则对流表的利用情况，以实现流表的高效利用。此外，验证流表的正确性并进行流表优化也是至关重要的环节，这有助于提升网络性能并减少资源消耗。

控制平面是 SDN 架构的核心，集中了网络的控制逻辑，其研究重点包括单点控制器的设计优化、集群控制器架构的扩展性、控制器接口标准的统一与兼容性、控制器的部署策略及分布式控制器系统的特性等。通过标准化的接口（如 OpenFlow），控制平面与数据转发平面可以实现无缝通信，从而实现对网络设备的集中控制和灵活配置。控制器是控制平面的关键组件，它负责收集网络状态信息、计算最佳转发路径，并下发转发规则到数据转发平面的设备。

应用平面致力于提供丰富的网络应用和服务，以满足不同业务场景的需求。这包括 QoS 保障、负载均衡、流量工程等核心功能，以及针对各种应用场景和 SDN 网络安全性的定制化解决方案。通过北向接口，应用平面与控制平面进行交互，使得网络应用能够灵活地调用网络资源和功能。这些应用可以涵盖网络管理、优化和安全等多个方面，以提升网络的整体性能和安全性。

控制平面与数据转发平面的接口被称为南向（South Bound）接口。南向接口支持控制平面和数据转发平面之间的通信，常见的通信协议包括 OpenFlow、可扩展通信和表示协议（Extensible Messaging and Presence Protocol，XMPP）、网络配置协议等。这些协议确保了控制指令和数据能够在控制平面和数据转发平面之间安全、高效地传输。

控制平面与应用平面的接口则被称为北向（North Bound）接口。北向接口支持控制平面和应用平面之间的通信，使得应用层能够灵活地调用和控制网络资源。同时，控制平面内部的 SDN 控制器之间也存在接口，通常被称为东向接口与西向接口，这些接口用于实现控制器之间的协同工作和信息共享。

4.3.2　SDN 的特点

SDN 具有以下 4 个特点。

（1）控制平面和数据转发平面分离：网络的控制逻辑被集中到一个或多个控制器上，而底层的数据转发则交由通用的硬件设备（如交换机、路由器）来完成。控制器通过标准化的接口（如 OpenFlow）与底层设备进行通信，实现对网络行为的远程控制。

（2）控制平面集中化：对业务响应相对更快，可以定制各种网络参数，如路由、安全、策略、QoS、流量工程等，并将其实时配置到网络中，加快业务开通速度，简化运营和维护。

（3）数据转发平面通用化：多种交换、路由功能共享通用硬件设备，使硬件只关注转发和存储，与业务特性解耦。

（4）控制器软件可编程：编程人员只要掌握网络控制器 API 的编程方法，就可以写出控制各种网络设备的程序，满足客户定制化需求。控制器负责将 API 程序转化成指令以控制各种网络设备。新的网络应用可以通过 API 程序被方便地添加到网络中。

4.4　OpenFlow 协议

4.4.1　OpenFlow 协议简介

OpenFlow 是一种网络通信协议，应用于 SDN 架构中的控制器和转发器之间，属于数据链路层。OpenFlow 能够控制网上交换器或路由器的数据转发平面，从而改变网上数据包所经过的路径。OpenFlow 协议如图 4.11 所示。

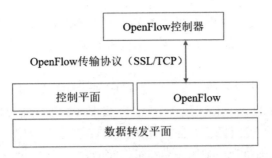

图 4.11　OpenFlow 协议

SDN 的一个核心思想是"转发和控制分离"，要实现转发和控制分离，就需要在控制器与转发器之间建立一个通信接口标准，允许控制器直接访问和控制转发器的数据转发平面。OpenFlow 协议引入了"流表"的概念，使转发器通过流表来指导数据包的转发。控制器正是通过 OpenFlow 协议提供的接口在转发器上部署相应的流表，从而实现对数据转发平面的控制的。

OpenFlow 协议允许第三方控制平面设备通过 OpenFlow 这一开放式协议远程控制通用硬件设备的交换和路由功能。该协议定义了控制器与网络设备之间的通信接口，使得控制器能够动态地配置和管理网络设备的转发行为。OpenFlow 控制器位于 SDN 架构的控制平面，它通过 OpenFlow 协议等南向接口与底层网络设备进行通信，指导设备的数据转发行为。控制平面通过南向接口向数据转发平面发送控制指令，从而实现对网络行为的集中管理和灵活配置。

4.4.2　OpenFlow 协议架构

OpenFlow 协议架构由控制器（Controller）、OpenFlow 交换机（OpenFlow Switch）及它们之间的安全通道（Secure Channel）组成。OpenFlow 协议的工作原理如图 4.12 所示。控制器对网络进行集中控制，实现控制层的功能。OpenFlow 交换机负责数据的转发，与控制器之间通过安全通道进行消息交互，实现表项下发、状态上报等功能。

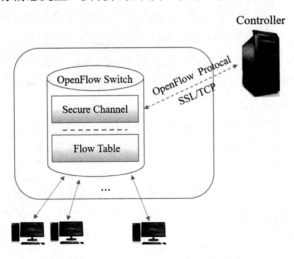

图 4.12　OpenFlow 协议的工作原理

OpenFlow 协议定义了一种通用的数据转发平面描述语言，设备上的 OpenFlow 代理软件通过与控制器建立安全加密（如 SSL 通信机制）通信隧道来接收对设备的控制、转发指令。

控制器位于 SDN 架构中的控制平面，是 SDN 的"中枢"。由于控制器上运行的各种网络应用均被转换成 OpenFlow "指令集"下发，因此易于实现标准化的模式。

OpenFlow 交换机包含硬件平面上的 Flow Table（流表）以及用于与控制器通信的软件平面上的接口。安全通道则负责控制器与交换机之间的安全通信。OpenFlow 协议定义了控制器与交换机之间的通信规则和指令集，用于实现网络的集中控制和灵活配置。流表为 OpenFlow 交换机的关键组成部分，所有的流表指令均被定义为标准规范，通过控制器与代理之间的加密协议进行可靠传递。流表本身的生成、维护、下发完全由外置的控制器来实现。安全通道就是连接 OpenFlow 交换机与控制器的信道，负责在 OpenFlow 交换机和控制器之间建立安全链接。控制器通过安全通道来控制和管理 OpenFlow 交换机，同时接收来自 OpenFlow 交换机的反馈。

4.4.3 OpenFlow 交换机组成

OpenFlow 交换机是 OpenFlow 网络的核心部件，主要负责数据转发平面的数据交换和处理。它由流表和安全通道接口组成，既可以是物理的交换机/路由器，也可以是虚拟的交换机/路由器。

当 OpenFlow 交换机接收到数据包时，它首先会在本地的流表中查找匹配的转发规则。流表由多个流表项组成，每个流表项代表一个特定的转发规则。根据 OpenFlow 协议，每个流表项包括匹配域（Match Field）和动作集（Action Set）两部分，如果数据包与某个流表项的匹配域相匹配，那么 OpenFlow 交换机将执行相应的动作集，如转发数据包到特定端口或执行其他网络操作。

如果数据包在流表中没有找到匹配的流表项，OpenFlow 交换机将通过安全通道接口将数据包转发给控制器。安全通道是连接 OpenFlow 交换机与控制器的通信链路，它确保了控制器和交换机之间的安全、可靠的数据传输。控制器接收到数据包后，会根据网络状态和业务需求计算转发路径，并生成新的流表项下发给 OpenFlow 交换机。OpenFlow 交换机在接收到新的流表项后，会将其添加到流表中，以便后续的数据包能够直接根据流表进行转发，提高转发效率。

OpenFlow 协议定义了控制器和 OpenFlow 交换机之间交互的标准和规则，它描述了信息的格式和通信机制，使得控制器能够灵活地配置和管理交换机，实现网络的集中控制和智能化管理。

通过流表的高效利用、安全通道的可靠通信及 OpenFlow 协议的标准化支持，OpenFlow 交换机在 SDN 架构中扮演着至关重要的角色，为网络的灵活性和可编程性提供了坚实的基础。

流表结构如图 4.13 所示。

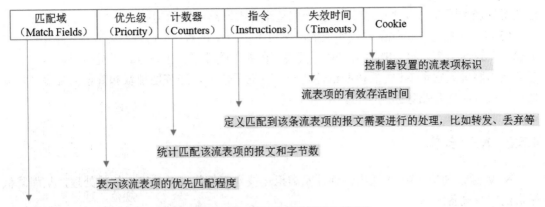

图 4.13　流表结构

在传统网络设备中,交换机/路由器的数据转发需要依赖设备中保存的二层 MAC 地址转发表、三层 IP 地址路由表及传输层的端口号等。OpenFlow 交换机中使用的流表也是如此,OpenFlow 流表的每个流表项都由匹配域(Match Fields)、指令(Instructions)等部分组成。流表项中最为重要的部分就是匹配域和指令,当 OpenFlow 交换机收到一个数据包时,会将包头解析后与流表中流表项的匹配域进行匹配,若匹配成功,则执行指令。

4.5　网络功能虚拟化

4.5.1　网络功能虚拟化简介

如前文所述,网络功能虚拟化(Network Function Virtualization,NFV)是指将网络中专用设备的软硬件功能转移到虚拟机上。它提供了一种设计、部署和管理网络服务的全新方式,将网络功能(如 NAT、防火墙、入侵检测、域名服务和缓存等)从专有硬件中分离出来,并通过软件加以实现。

网络经过功能虚拟化后,无线接入网和核心网中的虚拟机与核心云中的虚拟机通过 SDN 互联互通。

(1)随着技术的不断发展,设备的控制平面与数据转发平面(即具体的物理设备)逐渐实现分离,也就是说,设备的控制功能和数据转发功能逐渐分离,由不同的设备或者不同的系统来处理。这种分离使得不同设备的控制平面可以在虚拟机上运行,而这些虚拟机又基于云操作系统进行管理。所以,这种架构为企业带来了更大的灵活性,当企业需要部署新的业务或功能时,只需要在开放的虚拟机平台上先创建相应的虚拟机,然后在这些虚拟机上安装具备所需功能的软件包。这种将网络功能在虚拟机上实现的方式被称为网络功能虚拟化(NFV)。

(2)NFV 依赖于 SDN 的原理,将网络操作划分为 3 个主要平面:用户平面、控制平面、管理和编排平面。管理和编排平面主要负责虚拟网络功能(Virtualization Network Function,VNF)的生命周期管理,包括部署、配置、升级、监控和故障排除等任务。管理和编排平面还负责协调不同 VNF 之间的交互，以确保整个虚拟网络的高效运行。

（3）VNF 是通过软件化方式实现的网络设备虚拟化技术，将传统网络设备（路由器、防火墙、负载均衡等）的功能抽象成软件模块，在通用硬件平台上运行，以提供更高效、更灵活的网络服务。它是 NFV 的核心组件之一，有助于快速、经济地部署和管理网络服务，降低运营成本并提升业务创新能力。

4.5.2 NFV 架构

NFV 通过使用 x86 等通用性硬件及虚拟化技术来承载很多功能的软件处理，从而降低昂贵的网络设备成本。

NFV 还可以通过软硬件解耦及功能抽象，使网络设备功能不再依赖于专用硬件且资源可以充分、灵活地共享，实现新业务的快速开发和部署，并基于实际业务需求进行自动部署、弹性伸缩、故障隔离和自愈等。NFV 架构如图 4.14 所示。

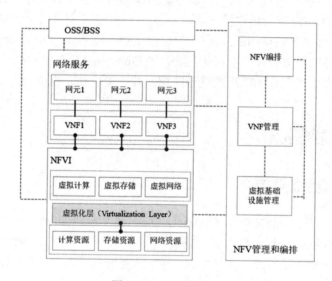

图 4.14 NFV 架构

（1）VNF 是指提供网络功能（如文件共享、目录服务和 IP 配置）的软件应用。

（2）NFVI（NFV 基础设施）包含了平台上的基础架构组件（计算、存储、联网），从而支持运行网络应用所需的软件（如 KVM 这样的虚拟机监控器）或容器管理平台。

（3）NFV 管理和编排（NFV MANO）提供了用于管理 NFVI 和置备新 VNF 的框架。

4.5.3 NFV 管理和编排

由于 NFV 需要大量虚拟化资源，因此需要高度精细的软件管理，这个过程通常被称为编排。编排涉及业务流程的各个环节，包括对网络和软件元素的资源管理、连接、监控和配置等。这些业务流程可能需要对许多网络和软件元素进行编排，包括库存系统、计费系统、配置工具和运营支持系统（OSS）等。通过这样的编排过程，我们可以实现对 NFV 平台的全面管理和优化，从而确保网络的高效运行和业务的顺畅开展。

NFV 管理和编排是用于管理和协调 VNF 和其他软件组件的框架。NFV 管理和编排有 3 个主要功能块：NFV 编排器、VNF 管理器和虚拟基础设施管理器（VIM）。

（1）NFV 编排器由两层构成，即服务编排和资源编排，可以控制新的网络服务并将 VNF 集成到虚拟架构中。NFV 编排器还能验证并授权 NFVI 的资源请求。

（2）VNF 管理器能够管理 VNF 的生命周期。

（3）VIM 能够控制并管理 NFVI，包括计算、存储和网络等资源。

为了使 NFV 管理和编排有效，它必须与现有系统中的应用程序接口（API）集成，以便跨多个网络域使用多厂商技术。同样地，OSS/BSS 也需要与 NFV 管理和编排实现互操作。市场上有许多开源的 NFV 管理和编排项目或平台，如 ONAP（开放网络自动化平台）、OSM、OPNFV 等。

OSS/BSS（业务支撑系统与运营支撑系统）是一个综合的业务运营和管理平台，主要由网络管理、系统管理、计费、营业、账务和客户服务等部分组成。

4.6 Overlay 技术

4.6.1 Overlay 简介

传统的数据中心网络架构通常包括接入交换机、汇聚交换机和核心交换机三个层次。当二层（L2）和三层（L3）的分隔发生在汇聚交换机处时，这种架构被称为三层网络架构。在三层网络架构中，汇聚交换机以下的是二层网络，汇聚交换机及以上是三层网络。每对汇聚交换机构成一个二层广播域，跨汇聚层的流量需要通过核心交换机路由转发才能完成。如果将二层和三层向上移动到核心交换机的位置进行分离，则这种架构被称为大二层网络架构。无论是大二层网络架构还是三层网络架构，都属于传统的三层网络架构。在传统的三层网络架构中，跨二层业务需要经过 5 个层级的交换机，这可能会导致带宽和延时性问题，不利于服务器的任意部署。在大二层网络架构中，由于 BUM（Broadcast,Unknown-unicast,Multicast）风险过大，对核心交换机的能力要求较高，因此传统网络架构可能存在一些限制和挑战，需要寻求新的解决方案来满足现代数据中心的需求。

叶脊（Leaf-Spine）网络架构的主要作用是应对数据中心内部流量的快速增长和数据中心规模的持续扩大。这种网络架构解决了传统的三层网络架构在面对数据中心内部高速互联需求时所遇到的问题。作为高密度端口交换机，Spine 交换机可以被视为传统三层网络架构中的核心交换机，而 Leaf 交换机则位于接入层，为终端和服务器提供网络连接，同时将信息传递给 Spine 交换机。在这种网络架构中，二层和三层的分隔通常发生在 Leaf 交换机处，这有助于减少架构层次，使得跨二层业务的调度更为便捷，从而有效降低时延。此外，Leaf 交换机与核心层之间存在多条链路，这进一步增强了系统的可用性和弹性。尽管叶脊网络架构可以有效解决跨二层业务调度的层次与时延问题，但它并不完全支持服务器的任意部署。这意味着，服务器的配置和放置可能需要根据网络拓扑结构进行相应的调整和优化。

叶脊网络架构与 Overlay 技术相结合，特别是基于 VXLAN 标准的 Overlay 网络，解决了在一个三层网络上实现二层网络通信的问题。这种架构通过使用 Overlay 技术，使得服务器之间能够通过一个虚拟的网络实现跨 Leaf ToR（Top of Rack）交换机接入，从而实现服务器的任意部署。

在软件定义数据中心（Software Defined Data Center，SDDC）的演进过程中，基于叶脊网络架构的 Overlay 扮演了非常重要的角色。这种网络架构的灵活性、可扩展性和高效性为 SDDC 的发展提供了有力的支持。将 NFV 和 SDN 等先进技术应用到叶脊网络架构中，可以实现更高效、更灵活的数据中心管理，进一步推动了云计算和数据中心领域的发展。

Leaf 与 Spine 节点全连接，采用等价多路径路由提高了网络的可用性。Leaf 节点作为网络功能接入节点，提供 Underlay 网络中各种网络设备接入 VXLAN 网络的功能，同时作为 Overlay 网络的边缘设备扮演 VTEP（VXLAN Tunnel EndPoint）的角色。Spine 节点即骨干节点，是数据中心网络的核心节点，提供高速 IP 转发功能，通过高速接口连接各个功能 Leaf 节点。基于叶脊网络架构的 Overlay 虚拟网络如图 4.15 所示。

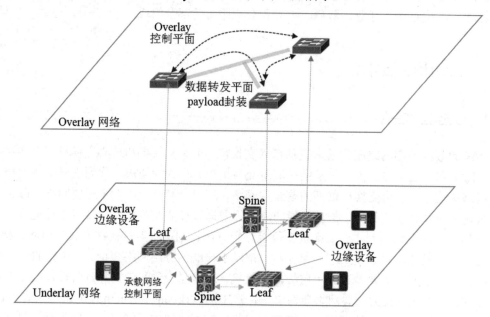

图 4.15　基于叶脊网络架构的 Overlay 虚拟网络

如前文所述，Overlay 是一种隧道封装技术，可将二层网络数据封装在三层/四层报文中传输，解决了数据转发和多租户隔离的问题。Overlay 网络独立于物理网络，具有独立的控制平面和数据转发平面，使得终端系统无法感知底层网络的存在，保证了网络透明性。同时，Overlay 网络通过虚拟或逻辑链接进行通信，可以动态创建或删除链接，具有灵活性和可扩展性。与现有的点到点隧道协议不同，Overlay 技术采用点到多点的封装协议，将中间网络虚拟成巨大的二层虚拟交换机，实现虚拟机在数据中心网络中的自由迁移。此外，Overlay 技术采用扩展的隔离标识位数，突破了 VLAN 的数量限制[4096（即 12^{12}）个]，支持高达 16 777 216（即 2^{24}）个用户，并且可以将广播流量转化为组播流量，避免广播泛滥。该技术不需要改变原有的 Underlay 网络架构，能够轻松支撑新型网络架构部署。

Underlay 网络是传统单层网络，为数据中心提供基础物理设施，支撑网络基础转发架构。各设备间遵循 OSI 七层模型的网络层和数据链路层路由协议，确保 IP 地址的连通性。Underlay 网络用于承载用户 IP 流量，可视为基础架构层。Underlay 网络与 Overlay 网络之间的关系可被类比为物理机与虚拟机之间的关系，Underlay 网络和物理机为实际存在的实体，Overlay 网络和虚拟机则由软件虚拟化实现。

典型的 Overlay 网络由边缘设备、控制平面和数据转发平面组成。边缘设备与虚拟化应用程序或虚拟机相连，起桥梁作用。控制平面负责虚拟隧道的建立、维护及主机可达性信息的通告，是 Overlay 网络正常运行的关键。数据转发平面则是承载 Overlay 报文的物理网络，确保数据在 Overlay 网络中顺畅传输。

4.6.2　Overlay 构建

Overlay 可以分为网络 Overlay、主机 Overlay 和混合 Overlay 三大技术。采用三大 Overlay 技术，可以实现数据中心上云计算应用的大规模部署，是新一代数据中心网络发展的主要方向。

1．网络 Overlay

网络 Overlay 是一种隧道封装技术，在物理交换机（作为 VTEP 节点）上利用控制协议实现边缘网络设备的构建和扩展。其核心技术标准是 VXLAN。在此架构中，所有物理交换机必须支持 VXLAN，同时物理服务器需要具备 SR-IOV 功能，使虚拟机能通过此技术直接与物理交换机相连。虚拟机的流量在接入交换机上进行 VXLAN 报文的封装和解封装，而对于非虚拟服务器，它们直接连接到支持 VXLAN 的接入交换机，其流量也在接入交换机上进行 VXLAN 报文的封装和解封装。为了实现 VXLAN 网络和 VLAN 网络之间的通信，需要在两者之间部署 VXLAN GW（VXLAN 网关）交换机。此外，为了实现 VXLAN 网络与 WAN 及 Internet 的互联，我们会采用高端交换机作为 VXLAN IP GW。网络 Overlay 的优势在于物理网络设备性能的转发性能较高，可以支持非虚拟化的物理服务器之间的组网互通。网络 Overlay 如图 4.16 所示。

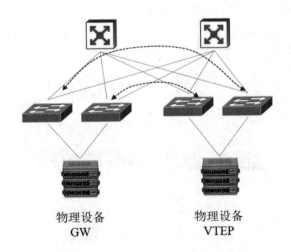

物理设备　　　　　物理设备
GW　　　　　　　VTEP

图 4.16　网络 Overlay

2．主机 Overlay

主机 Overlay 是指在服务器的 Hypervisor 内的 vSwitch 上完成隧道封装，且无须额外的网络设备即可完成 Overlay 部署，可以支持虚拟化的服务器之间的组网互通。这种技术可以缩短网络延迟，提高数据传输速度和效率，从而提高云计算的网络性能和可扩展性。主机 Overlay 使用服务器上的 vSwitch 软件实现 VXLAN 网络功能，VXLAN 技术中的 VTEP、VXLAN GW、VXLAN IP GW 均通过安装在服务器上的 vSwitch 软件实现，只需要物理网络设备支持 IP 转发即可。所有 IP 可达的主机可以构建一个大范围二层网络。由于虚拟机的部署与业务活动直接在服务器的 Hypervisor 内进行，可以更加灵活地进行虚拟机的扩展和缩减，不需要进行停机或重新安装操作系统等烦琐的操作。主机 Overlay 可以很好地实现异地数据中心之间的虚拟机迁移，这种技术可以大大提高云计算环境的灵活性和可管理性。主机 Overlay 如图 4.17 所示。

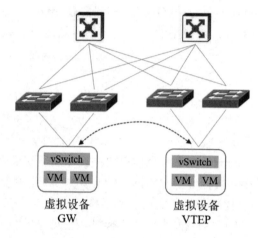

图 4.17　主机 Overlay

3. 混合 Overlay

混合 Overlay 是一种网络架构，它结合了网络 Overlay 和主机 Overlay 的特点，以实现物理服务器和虚拟服务器之间的组网互通。混合 Overlay 采用了软硬件结合的方式，使其既能发挥硬件的高性能优势，又能满足 SDN 的需求，从而保障了整个 Overlay 网络的整体性能。混合 Overlay 如图 4.18 所示。

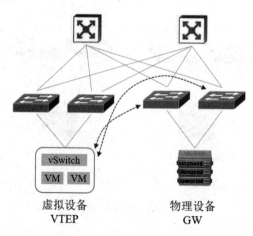

图 4.18　混合 Overlay

4.6.3　Overlay 主要技术标准

当前主流的 Overlay 技术标准主要有 VXLAN、NVGRE（Network Virtualization Using Generic Routing Encapsulation）和 STT（Stateless Transport Tunneling Protocol）。这 3 种二层 Overlay 技术的整体思路均是将以太网报文承载到某种隧道层面，底层均是 IP 转发，区别在于选择和构造隧道不同。NVGRE、STT 是 IT 厂商主推的 Overlay 技术，而 VXLAN 利用现有的通用 UDP 传输，非常成熟。因此，VXLAN 是当前最流行的 Overlay 技术标准。

VXLAN 是一种将以太网报文封装在 UDP 传输层上的隧道转发模式。VXLAN 对传输层无修改，使用标准的 UDP 传输流量，但 STT 需要修改 TCP。二层到四层链路的 Hash 能力强，不需要对现有网络进行改造，但 NVGRE 略有不足，需要网络设备的支持。VXLAN 业界支持度最好，被大部分商用网络芯片支持。

VXLAN 是一种网络虚拟化技术，它通过将 12 位的 VLAN Tag 扩展到 24 位，将虚拟机发出的原始以太网报文封装到 UDP 数据包中，并使用物理网络的 IP 报文进行外层封装。这样可以通过传统网络进行路由和转发，使虚拟机摆脱传统二层/三层网络的结构限制，实现跨三层边界的通信。相比传统的 GRE Tunnel 和 VLAN 存在的不足，VXLAN 具有更好的灵活性和扩展性，能够解决大型云计算部署时的扩展问题。此外，VXLAN 还具有多租户隔离的功能，能够满足云计算的虚拟机跨地域/网络动态迁移等场景需求，同时，由于物理网络对海量虚拟机的 MAC 地址和 IP 地址管理开销较大，而 VXLAN 的引入减少了这些管理开销，使得网络管理更加高效。总之，VXLAN 是当前主流的网络虚拟化技术之一，具有广阔的应用前景。VXLAN 示意图如图 4.19 所示。

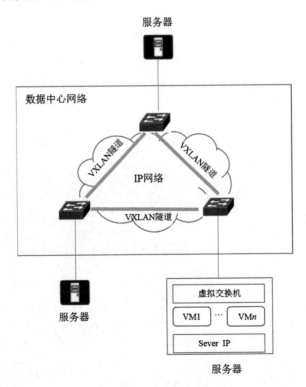

图 4.19　VXLAN 示意图

VXLAN 技术的原理：VXLAN 可以完成在内核态实现封装和解封装数据包的工作，它在现有的三层网络之上覆盖了一层虚拟的、由内核 VXLAN 模块负责维护的二层网络，使得连接在这个 VXLAN 二层网络上的虚拟机都可以像在同一个局域网（LAN）中那样自由通信。

当然现实情况是，虚拟机或容器可能分布在不同机器上或不同区域的物理机房中。为了打通两边的二层网络，VXLAN 会在宿主机上设置一个特殊的网络设备作为隧道的两端，这个设备被称为 VTEP（VXLAN Tunnel Endpoints，VXLAN 隧道端点）。VTEP 设备的作用是封装和解封装二层数据帧，而这个工作的执行流程都是在 Linux 内核中完成的，因为 VXLAN 本身就是 Linux 内核中的一个模块。Linux 内核从 Kernel 3.7 版本开始支持 VXLAN。到 Kernel 3.12 版本，Linux 对 VXLAN 的支持已经完备，支持单播和组播、IPv4 和 IPv6 等。

VXLAN 应用于数据中心内部，使虚拟机可以在互联互通的三层网络范围内迁移，而且不需要改变 IP 地址和 MAC 地址，保证了业务的连续性。VXLAN 采用 24bit 的网络标识，使用户可以创建 16MB（2^{24}）个相互隔离的虚拟网络，突破了目前广泛采用的 VLAN 所能表示的 4KB（4094）个隔离网络的限制，使得大规模多租户的云环境中具有了充足的虚拟网络分区资源。VXLAN 还支持隔离，每个租户一个 VNID（VXLAN Network Identifier，虚拟可扩展局域网网络标识符），属于不同 VNID 的虚拟机之间不能直接进行二层通信。VNID 是 24 位的，比 VLAN 的 12 位扩展了很多，它能提供一个跨数据中心的大二层网络架构。

第 5 章
云服务产品管理工具

5.1 云服务产品 IaaS 云方案

5.1.1 IaaS 云需求

IaaS 私有云或混合云需求是指在服务器虚拟化的基础上，将计算资源、存储资源、网络资源以组织（或虚拟数据中心）的方式提供给最终用户。通过使用 IaaS 云方案，IaaS 云运营部门（IT 部门——私有云）可以将基础资源以"服务"的形式对外发布，让最终用户根据实际需求申请所需资源。用户在使用资源的过程中，如果出现资源不足的问题，还可以对资源进行动态调整。IaaS 云方案使得 IaaS 云运营部门成为基础资源服务的运营商。IaaS 云运营部门可以根据不同部门的业务需求设置多种套餐服务，将这些服务通过服务目录的形式进行发布，以供各类用户使用，并对各种服务进行管理和计费。IaaS 云应用场景如图 5.1 所示。

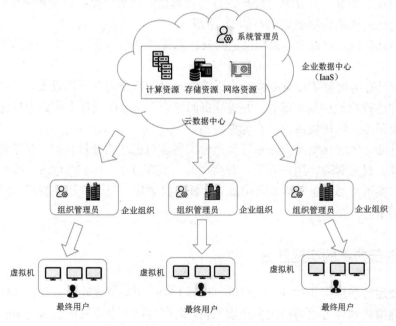

图 5.1 IaaS 云应用场景

一套完整的对外出租虚拟机的 IaaS 云方案必须解决的问题是：如何运行和管理大量的虚拟机并让远端的用户自助使用这些虚拟机？

5.1.2　IaaS 云方案的设计

云端最核心的部分就是虚拟化软件、物理服务器、存储设备、网络设备和虚拟机管理工具（或者称为云计算管理工具、云计算管理平台）。IaaS 云架构体系如图 5.2 所示。

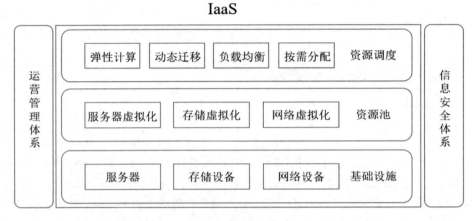

图 5.2　IaaS 云架构体系

IaaS 云方案要实现的目标如下。

（1）使数据中心的 IT 资源池化，统一以服务的方式提供给用户。

（2）根据业务负载，云计算管理平台自动且弹性地分配计算、存储和网络资源给用户。

（3）自动化运维和管理数据中心的 IT 资源。

（4）选择具有技术前瞻性、架构稳定的云计算管理平台和解决方案，基于现有的软硬件和应用环境来统一集成，构建统一的平台基础环境。

（5）利用已有的物理基础设施或者购置提供云服务所需的软硬件设备，对底层服务器硬件及存储硬件进行统一规划和部署，并进行资源整合，通过在硬件上构建虚拟化平面，提供统一的计算资源池、网络资源池、存储资源池。

（6）通过商业化或开源的云计算管理平台实现虚拟机或物理机管理、存储管理、网络管理、镜像管理、日志管理、用户管理，并实现云主机高可用（HA）、QoS、弹性伸缩、负载均衡等功能，实现自动批量装机、应用部署、任务自动化、资产管理等智能运维，满足用户的各类资源需求。

5.1.3　IaaS 云方案的实施部署

虚拟机要运行在虚拟化软件（虚拟机监控器）中，而虚拟化软件运行在物理机上。一台物理机通过虚拟化软件可以虚拟出多个虚拟机，之后可以在虚拟机中安装 Windows 或 Linux 操作系统及各种应用软件。用户可以通过远程桌面等方式连接虚拟机并使用虚拟机中的应用软件。如果继续增加物理机的数量（每台物理机上运行多个虚拟机），则云端虚拟机的数量就会增加很多。这时可以引入集群技术，允许虚拟机在集群中的任何一台机器上运行，这样故障机器上的虚拟机就能"漂移"到其他机器上继续运行；采用中央存储技术，把全部的虚拟机镜像文件保存在中央存储设备上，让集群中的物理机都能共享访问，这样一个由多台物理机组成集群、由多个集群组成的云端雏形就形成了。IaaS 云方案的实施部署如图 5.3 所示。

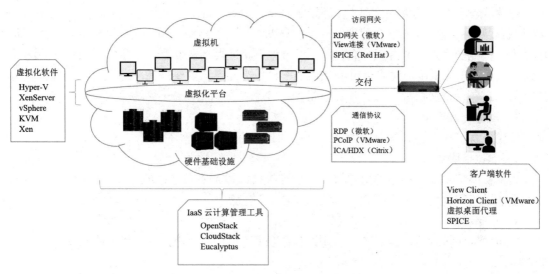

图 5.3　IaaS 云方案的实施部署

（1）虚拟化平台（硬件基础设施、虚拟机）：主要解决如何运行虚拟机的问题。

（2）IaaS 云计算管理工具：主要解决如何管理大量虚拟机的问题，包括创建、启动、停止、备份和迁移虚拟机，以及计算资源的管理和分配。

（3）交付：主要解决如何让远端的用户使用虚拟机的问题。

1. 虚拟化平台

虚拟化平台包括硬件基础设施和虚拟化软件，其中，硬件基础设施包括服务器、存储设备和网络设备。大的云服务提供商为了实现规模经济、提高计算效率和降低成本，可以为用户定制服务器资源。虚拟化软件的主要任务是完成硬件资源虚拟化，将硬件资源虚拟化为资源池。虚拟化软件被安装在物理机或宿主机的操作系统中，可以通过它创建若干虚拟机并运行这些虚拟机，之后在虚拟机中安装各种操作系统。一个云端上可以有多台服务器，每台服务器上又可以有多个虚拟机。虚拟化技术与云计算紧密结合，提供灵活的自助服务式 IT 基础架构。

前面章节介绍过，常见的虚拟化软件有 VMware、Hyper-V、VirtualBox、KVM、Xen 等。VMware vSphere、Hyper-V、XenServer 属于裸机模式的虚拟化软件，可以直接在计算机硬件上运行。VMware Workstation、VirtualBox 和 KVM 属于宿主机模式的虚拟化软件，是在宿主机的操作系统上运行的。PC 上使用较多的虚拟化软件有 VMware Workstation 和 VirtualBox。企业级服务器上使用较多的虚拟化软件有 VMware 服务器端虚拟化工具 vSphere、开源的 KVM 和 Xen。

2. IaaS 云计算管理工具

IaaS 云计算管理工具是用来管理云计算资源（计算、存储和网络资源）和虚拟机（虚拟机是资源申请的基本单位）的软件。使用 IaaS 云计算管理工具可以很轻松地创建、删除、迁移、启动、关闭、冻结和备份虚拟机，并通过虚拟网卡、虚拟交换机、NFV 和 SDN 技术对众多虚拟机组建网络，实现虚拟机的操作系统分发、自动化应用部署，以及 IaaS 的监控和告警等服务。

1）运营管理

运营管理主要包括资源管理、资源配额设置及资源展示。资源管理主要是指对全部的计算资源和网络资源进行维护与管理；资源配额设置主要是指针对用户组、用户组中的不同角色设置资源配额，如虚拟内核个数、虚拟机数量、硬盘大小及数量、内存大小和外部网络 IP 地址个数等，以控制用户对平台资源使用的配额；资源展示主要是指图形化显示全部的资源统计信息，包括资源概况信息、计算资源统计信息和网络资源统计信息。

2）镜像资源管理

镜像资源管理主要是指对镜像资源进行创建、查看、更新等操作。

3）虚拟机服务

虚拟机服务主要包括创建虚拟机、管理虚拟机，以及查看虚拟机详情、修改主机信息、监控性能、远程访问、远程控制、挂载或删除云硬盘等。

4）存储服务

分布式存储技术将离散的存储资源进行抽象管理，按需为用户或云主机提供持久化块存储服务。

5）快照服务

快照服务是指支持虚拟主机的全量快照，对云主机的镜像文件（系统盘）进行全量备份，生成一个类型为快照的镜像文件（image），并将其保存到分布式存储池中。

6）弹性服务

用户可以根据系统参数设置弹性扩展和收缩策略，随时增大和减小 IT 基础设施资源规模，实时满足业务发展的需要，节约成本。

7）监控服务

监控服务主要是指对物理服务器、云主机、存储资源、网络资源等的使用情况进行统一监控。

8）迁移服务

迁移服务支持在线进行热迁移及冷迁移操作，可以通过资源的计算和调度，使资源自动迁移到资源空余的节点上，实现整个云平台的资源平衡。

9）网络服务

网络服务允许快速创建网络，并满足敏捷、可编程及精细化安全管理的需求。

10）网络安全服务

网络安全服务是指设定安全策略，实现云主机的安全隔离，保证云主机的安全性。

3. 交付

云计算的本质是计算与输入/输出分离，那么，用户如何使用云计算资源（如计算机桌面）呢？

交付主要由以下 3 部分组成。

（1）通信协议：包括微软的 RDP 协议、VMware 的 PCoIP 协议、Citrix 的 HDX 协议、红帽的 SPICE 协议等。

（2）访问网关：终端用户通过网关（云端大门）进入云端。

（3）客户端软件：安装在云终端上的软件，专门负责与云端的通信（接收输入并发送到云端，接收云端的返回结果并显示在云终端上）。市场上主流的桌面连接协议有 Citrix 的 ICA/HDX 协议、VMware 的 PCoIP 协议、微软的远程桌面协议（RDP/RemoteFX）。H3C 作为桌面虚拟化领域的后起之秀，所支持的协议是 SPICE 协议。

5.2　云计算组件

要搭建一个完整的提供云虚拟机服务的 IaaS 云服务平台，云服务提供商需要采用一些开源或商业的构建云服务的云计算组件。例如，VMware、Citrix、微软等都是一些重要的商业云计算组件供应商。

5.2.1　VMware

VMware（威睿）是全球桌面到数据中心虚拟化解决方案的领导厂商，其虚拟化产品线丰富，覆盖计算机虚拟化、存储虚拟化、网络虚拟化。

1. 虚拟化软件

VMware 的虚拟化软件包括服务器版和桌面版的虚拟化软件。服务器版的虚拟化软件包括 ESXi 和 vSphere 服务器虚拟化建立与管理软件，其中，ESXi 是一种可以直接运行虚拟机的虚拟系统，而 vSphere 则是一个功能强大的虚拟化平台管理中心控制系统。桌面版的虚拟化软件则包括 Workstation（x86 系统虚拟化软件）、Fusion（苹果虚拟化软件）及简化版的 VMware Player Plus（个人用户免费）。

2. 云计算管理工具

VMware 的云计算管理工具是 VMware vCenter 系列套件，其中，vCenter Server 是虚拟化平台管理中心控制系统，可接入多个 ESXi，并统一管理各种虚拟机资源。公共云套件 VMware vCloud Suite 可以帮助企业构建和管理私有云与公共云环境，混合云套件 VMware vRealize Suite 和快速混合云部署套件 VMware vCloud Air 则可以满足企业在不同环境中进行云转型的需求。

3. 交付

VMware 的远程桌面协议 PCoIP 是交付部分的核心，此协议基于 UDP。通过使用局域网内的交付网关 Horizon View Connection 和互联网的入口网关 Horizon View Security，用户可以使用 VMware 客户端软件 Horizon Client 来访问虚拟化平台上的桌面环境。

5.2.2　Citrix

Citrix（思杰）是一家提供虚拟化、虚拟桌面和远程接入技术的全球性高科技企业，主要致力于为客户提供最佳的云方案。

1. 虚拟化软件

XenServer 是由 Citrix 早期收购 Xen 后推出的虚拟化软件，是一款开源软件，可以直接安装在裸机上，其核心代码基于 Linux 和 Xen。XenServer 提供了高度可扩展性，支持多种操作系统和硬件平台。此外，XenServer 还支持在单一服务器上虚拟化多个操作系统和硬件平台，从而提供了更加灵活的虚拟化解决方案。Citrix 桌面虚拟化产品包括 XenApp、XenMobile 和 XenDesktop。

2. 云计算管理工具

Citrix 把 XenServer、CloudPlatform（面向企业和服务提供商的基础云计算架构）和 Receiver 打包并附加一些周边产品，推出了一些面向应用的方案套件，如统一移动、应用和桌面交付套件 Citrix Workspace Suite、私有办公云套件 XenDesktop 等。Citrix 还提供了一些云计算管理工具组件，如应用程序开发测试管理工具 AppRunner、应用程序访问控制工具 Citrix ADC、网络管理工具 NetScaler、安全威胁防护工具 Threat Stack 等。

3. 交付

交付中的 ICA 和 HDX 协议属于 TCP 类型，是两种常见的视频会议协议，用于远程会议、远程培训、虚拟应用等领域。Receiver 是一款免费的客户端软件，可以在目前流行的绝大部分硬件和操作系统上安装并运行，如 x86、ARM 等硬件平台和 Windows、Linux、Android、Chrome OS 等软件平台。Receiver 支持多种通信协议，如 ICA、HDX 等，能够轻松实现多种远程应用。相对于 VMware，Citrix 云计算产品的成本相对低廉，这是其优势。

Citrix 还提供了虚拟桌面和远程接入技术，可以让客户轻松地在任何地点、任何设备上访问企业应用程序和数据资源。这些技术包括 HTTP Web GUI（无代理安全网关）、Proxying 和 Load Balancing。

5.2.3　微软

微软提供了广泛的软件产品和服务，涵盖了几乎所有层面的软件——从基本的操作系统软件到高级的应用软件。这使得微软在构建云计算环境时具有很大的灵活性和扩展性。

1. 虚拟化软件

微软发展虚拟化软件比较晚，在 Windows Server 2008 及之后的版本中，微软集成了虚拟机 Hyper-V。到了 Windows Server 2012，虚拟机软件已经变得相当稳定，并且在虚拟机中支持安装更多种类的操作系统，包括 Linux 等。为了进一步满足市场对虚拟化技术的需求，微软随后推出了裸机版服务器虚拟化系统 Microsoft Hyper-V Server 2012 R2。这款产品没有附带 Windows 图形用户界面，而是专注于提供高性能、高可靠性的虚拟化解决方案，受到了很多企业和用户的青睐。在 Windows 10 中，微软将虚拟化技术 Hyper-V 和 Windows 10 无缝集成在一起，这种融合的虚拟化软件为用户提供了一个统一的平台来管理和控制虚拟化环境，使得虚拟化技术的使用变得更加便捷和高效。微软还推出了两款容器产品：Windows Server Container（Windows Server Nano）和 Hyper-V Container。Windows Server Container 主要侧重于轻量化和快速部署，它提供了操作系统的隔离功能，但共享内核。而 Hyper-V Container 提供了硬件级别的隔离功能，确保了每个容器都在其自己的虚拟机中运行，从而提供了更高的安全性和隔离性。

2. 云计算管理工具

System Center 2016 是微软的云计算管理工具。它提供了一套集中式的云计算管理解决方案，用于管理云基础设施、虚拟化环境、云服务等。System Center 2016 包括 3 个版本：小型企业用的基础版 Essentials、标准企业用的标准版 Standard 和大型企业用的数据中心版 Datacenter。System Center 2016 提供了云基础设施管理、虚拟化管理、云服务管理、自动化部署、安全管理、性能管理等云计算管理功能。

3. 交付

RemoteFX 和 RDP 8.0 都是微软云服务中的重要通信协议，它们在远程桌面和虚拟桌面的交互方面发挥着重要作用。RemoteFX 是微软在 Windows 7/2008 R2 SP1 中引入的一项桌面虚拟化技术，它可以在远程桌面连接时提供与本地桌面相同的效果和体验。RDP 8.0 是 RemoteFX 协议技术集的一部分，是 Windows Server 2008 R2 及更高版本中的标准配置协议之一。RDP 8.0 提供了更加高效和安全的远程桌面连接方式，支持多个客户端同时连接到同一台服务器上，并且可以实现多个显示器的分辨率切换和尺寸缩放。

远程桌面网关（RD Gateway）和远程桌面 Web 网关是远程桌面连接的两个重要组件。前端可以通过 Web 方式或 RDP 连接远程桌面，而 Windows 自带的客户端软件 mstsc.exe 可以用于连接远程桌面。远程桌面代理 RD Connection Broker 是一个用于负载均衡的组件，它可以将来自多个源的连接请求分发给多台后端服务器，以提高系统的性能和可靠性。

5.3　云计算管理工具

云计算管理工具涵盖 SaaS 层、PaaS 层和 IaaS 层，可分为 SaaS 云计算管理工具、PaaS 云计算管理工具和 IaaS 云计算管理工具。

SaaS 层包括应用程序、数据库、中间件等软件资源，以及应用程序的管理和调试工具，帮助用户随时随地地通过网络访问应用程序，并提供按需付费的模式，包括订阅制和许可制两种模式。

PaaS 层包括开发平台、数据库、中间件等软件资源和开发工具、编程语言等工具资源，帮助用户快速构建和部署应用程序，并提供应用程序的管理和调试工具。

IaaS 层包括计算、存储、网络等硬件资源和云服务器、云存储、云数据库等软件资源，为用户提供基础的云服务。

5.3.1　SaaS 云计算管理工具

SaaS 云计算管理工具包括租户注册、自助、购买、结算等功能，与业务关联性大，目前没有统一的标准版产品。SaaS 是一种软件应用模式，用户可以通过互联网直接使用软件，无须安装和维护软件本身。这种模式的优点包括部署简单、灵活性高、成本效益好、方便用户使用等。目前，SaaS 云计算管理工具已经成为企业信息化建设的重要组成部分，被广泛应用于企业内部的信息化管理、业务流程优化、客户关系管理等方面。在 SaaS 云计算管理工具的市场中，不同的厂商和供应商提供了不同的产品与服务。

SaaS 云计算管理工具包括 SaaS 业务门户和 SaaS 管理门户两部分，SaaS 业务门户提供了租户/用户自助页面、注册与登录页面、咨询与培训页面和技术支持页面。SaaS 管理门户提供了运维管理页面、运营管理页面，以供 SaaS 云供应商维护和运营 SaaS 产品。

1. SaaS 金山云办公门户网站

SaaS 金山云办公门户网站主页如图 5.4 所示。金山云办公系统 WPS 企业版是一款协同办公软件，支持多人协作编辑在线文档、文档多设备同步、一键分享文档、免费大容量企业云盘和团队文档共享，可以使团队协作更高效。其云办公产品包括金山文档（个人版）、金山数字办公（企业版）、金山协作、金山日历、金山会议等。

图 5.4　SaaS 金山云办公门户网站主页

2. SaaS 广联达门户网站

SaaS 广联达门户网站主页如图 5.5 所示，包括造价管理、BIM 建造、智慧工地、信息服务等产品和服务。其中，BIM5D 聚焦项目的技术、生产、商务等核心管理业务，以基于 BIM模型的三维虚拟建造为指导，以项目现场各岗位作业的数字化为手段，实现虚实结合的项目现场过程精细化管控及数字化集成交付。BIM5D 产品包括 BIM5D 技术管理系统、生产管理系统、质量管理系统、安全管理系统和成本管理系统。

图 5.5　SaaS 广联达门户网站主页

3. SaaS 石基信息门户网站

SaaS 石基信息门户网站主页如图 5.6 所示。石基专注于为酒店、餐饮、零售和休闲娱乐行业提供综合的解决方案，构建云服务平台，在不同业态之间建立横向和纵向的联系，让系统间的集成简单易行、安全高效，充分实现数据的流动和交换。石基可以提供酒店、餐饮、零售和休闲娱乐行业的 SaaS 云服务产品。

图 5.6　SaaS 石基信息门户网站主页

5.3.2　PaaS 云计算管理工具

PaaS 是云中的完整开发和部署环境，可以帮助企业用户和开发人员以本地部署解决方案无法企及的速度创建应用程序。用户可以使用其中的资源交付内容，从基于云的简单应用到启用云的复杂企业应用程序，以即用即付的方式从云服务提供商处购买所需资源，并通过安全的 Internet 连接访问这些资源。

类似于 IaaS，PaaS 也包括服务器、存储空间和网络等基础结构，但它还包括中间件、开发工具、商业智能服务和数据库管理系统等。PaaS 旨在支持 Web 应用程序的完整生命周期，即生成、测试、部署、管理和更新。由于 PaaS 无须用户购买和管理软件许可证、底层应用程序基础结构和中间件、容器业务流程协调程序（如 Kubernetes）、开发工具及其他资源，从而避免了额外开支和复杂操作。由于 PaaS 是基于云的服务，所以没有安装和维护服务器、修补、升级、身份验证等问题。用户只需考虑如何实现最佳用户体验即可。

1. 微软的 Azure 平台

微软的 Azure 平台如图 5.7 所示，平台上常见的 PaaS 方案涉及开发框架、分析或商业智能、其他服务等。

（1）开发框架。PaaS 提供了一个框架，开发人员可以在其基础上开发或自定义基于云的应用程序。与创建 Excel 宏的方式类似，PaaS 允许开发人员通过内置软件创建应用程序。PaaS 包含了可扩展性、高可用性和多租户功能等云功能，减少了开发人员编写的代码量。

（2）分析或商业智能。PaaS 所提供的工具服务，使得组织能够分析和挖掘其数据、获取见解和模式并预测结果，从而促进预测、产品设计、投资回报及其他业务决策。

（3）其他服务。PaaS 提供商可提供用于增强应用程序的其他服务，如工作流、目录、安全和安排。

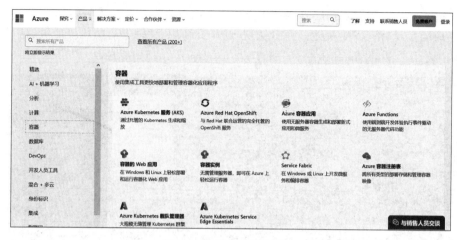

图 5.7　微软的 Azure 平台

2. 红帽的 OpenShift

红帽的 OpenShift 采用分层架构，利用 Docker、Kubernetes 及其他开源技术构建了一个 PaaS 云计算管理平台。OpenShift 底层以 Docker 作为容器引擎驱动，以 Kubernetes 作为容器编排引擎组件，提供了开发语言、开发框架、数据库、中间件及应用支持，支持构建自动化、部署自动化、应用生命周期管理、服务目录、内置镜像仓库等，向用户提供 Web Console、API 及命令行工具和界面等元素，是一套完整的基于容器的应用云平台。红帽的 OpenShift 网站如图 5.8 所示。

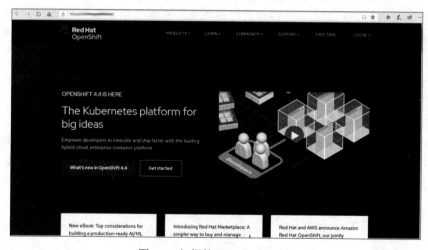

图 5.8　红帽的 OpenShift 网站

自由、开放源码的云计算平台使开发人员能够创建、测试和运行其应用程序，并且可以把程序部署到云中。OpenShift 广泛支持多种编程语言和框架，如 Java、Ruby 和 PHP 等。另外，它还提供了多种集成开发工具，如 Eclipse Integration、JBoss Developer Studio 和 Jenkins 等。OpenShift 基于一个开源生态系统为移动应用、数据库服务等提供支持。

OpenShift Online 服务构建在 Red Hat Enterprise Linux 之上。Red Hat Enterprise Linux 提供集成应用程序，运行库和一个配置可伸缩的多用户、单实例的操作系统，以满足企业级应用的各种需求。

5.3.3　IaaS 云计算管理工具

IaaS 云计算管理工具（云计算管理平台）的核心任务就是管理虚拟机，即对虚拟机进行创建、销毁、启动、关闭、资源分配、迁移、备份、克隆、快照及安全控制等。它支持操作系统分发，为裸机安装操作系统，初始化系统配置，但不限于 CentOS、Redhat、Debian、Ubuntu 等操作系统。IaaS 云计算管理工具实现了自动化应用部署，运用模板规范化部署相关应用，如 Apache、Web 应用服务、MySQL、云资源管理平台（云控制器、计算资源虚拟化、存储资源虚拟化、网络资源虚拟化）等；实现了快速、批量的部署和监控告警，包括 IaaS 层监控告警（实时监控物理节点运行状态、云计算组件的状态和资源使用）、自动化运维平台的监控（物理主机状态、云计算组件等）、云应用层的监控告警（虚拟机资源、云应用状态、虚拟机运行状态）等。

1. OpenStack 云计算管理工具

OpenStack 作为开源云计算管理工具（云计算管理平台），支持常见的各种云计算环境，为私有云和公有云提供可扩展的弹性的云服务，它的首要任务是简化云的部署过程并为其带来良好的可扩展性。OpenStack 的功能包括对云环境中的虚拟机进行创建、销毁、启动、关闭、资源分配、迁移、备份、克隆、快照及安全控制等；将多台物理设备的资源（CPU、内存等）整合成一个大的资源池，之后向用户提供 API 接口。用户可以根据 OpenStack 提供的资源池接口来启动并管理虚拟机。OpenStack 通过一个仪表板，让管理员管理并控制整个数据中心的计算和存储资源，同时授权用户通过 Web 界面调配资源。OpenStack 网站主页如图 5.9 所示。

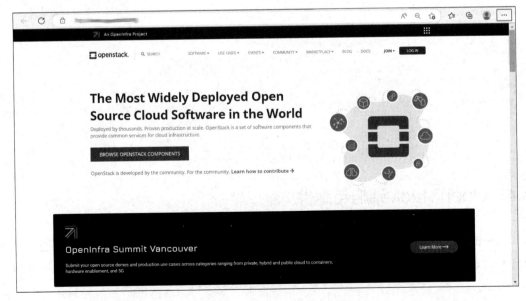

图 5.9　OpenStack 网站主页

2．CloudStack 云计算管理工具

CloudStack 是一个开源的、具有高可用性和扩展性的云计算管理工具（云计算管理平台），它是 Amazon Web Services（AWS）的替代品，可以加快对高伸缩性的公有云和私有云的部署、管理与配置。CloudStack 基于 Linux 和 OpenStack 项目，因此也可以被称为 OpenStack-on-Linux。它支持许多主流的云服务提供商，包括微软、亚马逊、Google 等，可以轻松地与现有的基础设施集成。CloudStack 提供了许多功能，包括自动扩展、动态负载均衡、容器化、身份验证和访问控制等。CloudStack 支持大部分主流的 Hypervisor，如 LXC、KVM、XenServer 和 VMware 等。它还可以与其他云服务（如 Microsoft Azure、Google Cloud Platform 等）无缝集成，使用户可以方便地将其现有基础设施和服务扩展到云中。

CloudStack 是一个全方位的解决方案，提供了大多数组织在 IaaS 云环境中所需要的功能"堆栈"，包括计算资源的编排、网络即服务、用户和账户管理、完全开放的本地 API、资源使用情况的核算及一流的用户交互界面（UI）。用户可以使用简洁易用的网页界面、命令行工具，或者功能齐全的 RESTful API 来进行云环境管理。此外，CloudStack 对于希望构建混合云环境的组织来说，提供了与 AWS EC2 和 S3 兼容的 API，使得数据和应用程序能够在不同的云环境之间无缝迁移和交互。CloudStack 网站主页如图 5.10 所示。

图 5.10　CloudStack 网站主页

5.4　OpenStack 架构与组件

OpenStack 由 NASA（美国国家航空航天局）和 Rackspace 合作研发，使用 Apache 许可证授权。OpenStack 项目的版本按照 A、B、C、D、E、F、G……的顺序发布，每 6 个月更新一次。

5.4.1　OpenStack 逻辑架构

OpenStack 是一个管理计算、存储和网络资源的数据中心云计算管理工具。它通过具有通用身份验证机制的 API 对所有资源进行管理和调配，还提供了一个仪表板，为管理员提供了所有的管理控制权，同时授权用户通过 Web 界面调配资源。除标准的 IaaS 功能外，其他组件还提供编排、故障管理和服务管理等服务，以确保用户应用程序的高可用性。OpenStack 的逻辑架构如图 5.11 所示，包括资源管理（计算、存储、网络）、管理界面（仪表板）、身份认证、其他服务组件。

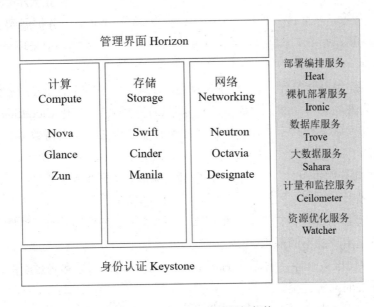

图 5.11　OpenStack 的逻辑架构

OpenStack 是一个高度模块化和可扩展的云计算平台，它利用消息队列和数据库技术实现不同组件间的相互调用和高效通信。根据其主要功能，这些组件可大致划分为 3 类，即全局组件、核心组件与辅助组件。

1．全局组件

Keystone：提供身份认证服务，是 OpenStack 中的单点登录系统，负责管理和验证用户身份，提供 API 访问控制。它为用户、应用程序和服务提供身份验证和授权机制，确保只有经过验证的用户才能访问 OpenStack 资源。

2．核心组件

Nova：计算资源管理组件。它负责管理和控制云环境中的虚拟机实例，包括实例的创建、调度、启动、停止和迁移等操作。它通过与 Hypervisor（虚拟机监视器）交互，实现虚拟机的生命周期管理。

Glance：镜像服务组件。它提供虚拟机镜像的管理功能，包括镜像的创建、注册、存储和检索等，是虚拟机镜像的集中式仓库。它支持多种镜像格式，并允许用户自定义镜像属性和元数据。

Swift：对象存储服务组件。它提供高可用性、分布式、可扩展的对象存储服务，用于存储大量非结构化数据，用于永久型静态数据的长期存储（如虚拟机镜像、图片存储、邮件存储和存档备份）。它采用 RESTful API 接口，支持水平扩展和负载均衡，适用于云存储和备份等场景。

Cinder：块存储服务组件。它提供块级别的存储服务，用于创建和管理持久性存储卷，并将其附加到虚拟机实例上。它支持多种存储后端，包括本地磁盘、NFS、Ceph 等，实现存储资源的灵活扩展和管理。

Neutron：网络服务组件。它提供网络虚拟化功能，负责创建和管理云环境中的虚拟网络、子网、路由器等。它支持多种网络类型，包括 VLAN、GRE、VXLAN 等，并允许用户自定义网络拓扑和规则。

3．辅助组件

Horizon：Web 控制台组件。它为 OpenStack 提供了一个图形化 Web 界面，用于展示 OpenStack 架构内部的所有功能，并提供用户界面和管理接口，简化云资源的管理过程。

Heat：部署编排服务组件。它通过声明式模板装配组合云应用，帮助用户管理云基础设施的部署和配置。

Ironic：裸机部署服务组件。它提供裸机资源的调度、部署和管理功能，确保裸机资源的有效利用和安全性。

Trove：数据库服务组件。它简化了数据库实例的创建、配置和管理，支持多种数据库引擎和版本，以满足用户的不同需求。

Sahara：大数据服务组件。它提供 Hadoop 集群的自动化部署和管理功能，简化了大数据处理和分析任务的部署过程。

Ceilometer：计量和监控服务组件。它负责收集、处理和存储 OpenStack 平台上的各种云计算数据，帮助管理员了解云平台的运行状况，优化资源分配。

Watcher：资源优化服务组件。它用于根据用户提出的资源优化目标来分析和优化云环境中的资源使用。

Zun：容器服务组件。它支持原生容器的运行和管理，提供灵活的容器编排和扩展功能，以满足容器化应用的需求。

Manila：共享文件服务组件。它提供管理和配置共享文件的功能，支持共享快照的创建和管理，为云环境提供灵活的文件存储解决方案。

Octavia：负载均衡服务组件。它为虚拟机提供负载均衡功能，确保虚拟机之间的流量分发和性能优化。

Designate：多租户服务组件。它提供 DNS 服务的集成和管理功能，支持多种 DNS 服务器，确保云环境的域名解析和网络通信的顺畅进行。

5.4.2 OpenStack 物理架构

OpenStack 物理架构如图 5.12 所示。

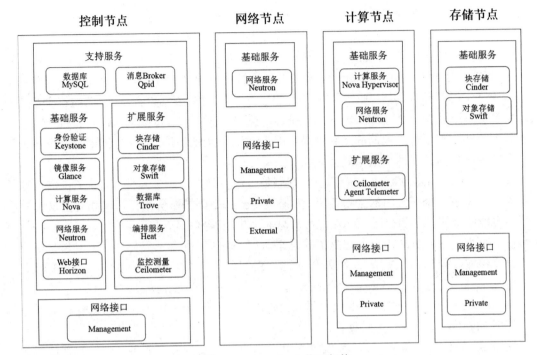

图 5.12　OpenStack 物理架构

OpenStack 物理架构由控制节点、网络节点、计算节点和存储节点组成，它们各自担负着不同的职责，共同构建了一个功能强大的云计算管理平台。在实际部署中，这些节点可以根据需求进行单机部署或集成在一台机器上进行实践。

（1）控制节点是 OpenStack 架构中的核心部分，它由多个组件组成，每个组件通常以 RESTful API 的形式向外提供服务，使得其他节点和用户可以与之交互。控制节点不仅负责虚拟机的创建、迁移、删除等生命周期管理工作，还负责网络的分配、存储的分配，以及其他资源的调度和监控。

（2）网络节点是 OpenStack 中负责网络管理的关键节点。它通常运行 Neutron 的相关组件，负责处理虚拟机与外部网络之间的通信，包括虚拟网络的创建、管理、安全组设置等。网络节点可以确保虚拟机安全、高效地接入外部网络，并与其他虚拟机或外部设备进行通信。

（3）计算节点通常是指提供物理硬件的节点，用于启动虚拟机的物理设备，负责虚拟机的运行。计算节点上部署了 Hypervisor（如 KVM、Xen 等），用于创建和管理虚拟机实例。这些物理设备（如服务器）提供了计算资源，确保虚拟机能够正常运行。计算节点与控制节点协同工作，接收来自控制节点的指令，执行虚拟机的创建、启动、停止等操作。

（4）存储节点是 OpenStack 中负责存储管理的节点，它提供了块存储（如 Cinder）和对象存储（如 Swift）服务，用于管理虚拟机的额外存储空间。存储节点可以存储虚拟机镜像、卷数据等，确保虚拟机在需要时能够访问相应的存储资源。它与其他节点协同工作，实现数据的存储、备份和恢复等功能。

1. 控制节点

在 OpenStack 的物理架构中，控制节点负责处理来自用户和管理员的操作请求，并与网络节点、计算节点和存储节点进行通信，以确保整个云平台的稳定运行。控制节点包含支持服务、基础服务、扩展服务和网络接口。

（1）在 OpenStack 的物理架构中，支持服务为整个云平台提供了必要的基础功能和通信机制。其中，支持服务包含 MySQL 与 Qpid 两种服务。

MySQL：MySQL 是 OpenStack 架构中的核心数据库服务。它负责存储和管理云平台运行过程中产生的各种数据，包括虚拟机实例的配置信息、网络配置信息、存储卷信息、用户权限信息等。通过 MySQL 数据库，OpenStack 的各个组件能够高效地访问和共享这些数据，确保云平台的正常运行和数据的完整性。MySQL 的高可用性和性能优化对于保障 OpenStack 云平台的稳定性和扩展性至关重要。

Qpid：Qpid 是 OpenStack 中的消息代理服务，也被称为消息中间件。它为 OpenStack 的各个组件提供了一个统一的消息通信机制。通过 Qpid，不同的服务组件可以相互发送和接收消息，实现信息的共享和协同工作。这种消息通信机制有助于解耦服务组件，提高系统的可扩展性和可维护性。同时，Qpid 还提供了消息队列、消息路由和消息持久化等功能，确保消息的可靠传输和处理。

（2）基础服务包含 Keystone、Glance、Nova、Neutron 和 Horizon 五种服务。

Keystone：认证管理服务，提供对其余组件的认证信息及令牌的管理、创建、修改等服务，使用 MySQL 作为统一的数据库。

Glance：镜像管理服务，提供对虚拟机进行部署时的镜像管理服务，包含镜像的导入、格式，以及相应的模板制作。

Nova：计算管理服务，提供对计算节点的 Nova 服务的管理服务，使用 Nova-API 进行通信。

Neutron：网络管理服务，提供对网络节点的网络拓扑管理服务，同时提供 Neutron 在 Horizon 中的管理面板。

Horizon：控制台服务，提供以 Web 形式对所有节点进行管理的服务，通常把该服务称为 DashBoard。

（3）扩展服务包含 Cinder、Swift、Trove、Heat 和 Ceilometer 五种服务。

Cinder：提供管理存储节点的 Cinder 相关服务，同时提供 Cinder 在 Horizon 中的管理面板。

Swift：提供管理存储节点的 Swift 相关服务，同时提供 Swift 在 Horizon 中的管理面板。

Trove：提供管理数据库节点的 Trove 相关服务，同时提供 Trove 在 Horizon 中的管理面板。

Heat：提供基于模板实现云环境中资源的初始化、依赖关系处理、部署等服务，也可以提供自动收缩、负载均衡等高级特性。

Ceilometer：提供对物理资源及虚拟资源的监控服务，并记录这些数据，对该数据进行分析，在一定条件下触发相应动作。

（4）网络接口：一般来说，控制节点只需要一个网络接口，即 Management，用于与云平台中的其他节点进行通信。这个接口不仅负责流量传输和管理，如配置信息、状态更新和控制指令等，还用于与用户的交互，如接收用户的操作请求和返回的响应信息等。通过这个网络接口，控制节点能够与各个节点建立连接，实现信息的共享和协同工作。

2. 网络节点

在 OpenStack 的物理架构中，网络节点的基础服务仅包含负责运行网络服务的组件 Neutron，该组件负责管理私有网段与公有网段之间的通信、虚拟机网络之间的通信拓扑及虚拟机上的防火墙等重要任务。为实现这些功能，网络节点通常需要配置 3 个网络接口，它们各自担负着不同的通信职责。

（1）eth0（Management）：该接口主要用于网络节点与控制节点之间的通信。它负责流量的传输和管理，如 Neutron 的配置信息、状态更新及控制指令等。通过这个接口，控制节点可以对网络节点进行远程管理和监控。

（2）eth1（Private）：该接口用于网络节点与计算/存储节点之间通信。它负责传输私有网络流量，包括虚拟机之间的通信、虚拟机与存储节点之间的数据传输等。通过这个接口，网络节点可以管理私有网络的拓扑结构，确保虚拟机在私有网络内的正常通信。

（3）eth2（External）：该接口用于网络节点与外部网络之间的通信。它负责将虚拟机与外部网络连接，实现虚拟机与外部世界的交互。通过这个接口，虚拟机可以获得外部网络的访问权限，从而访问互联网、与其他云环境中的虚拟机通信等。

3．计算节点

在 OpenStack 的物理架构中，计算节点负责执行虚拟机实例的创建、运行和管理。为了增强计算节点的功能，可以部署扩展服务来监控和管理虚拟机实例的状态。计算节点包含基础服务、扩展服务和网络接口。

（1）基础服务包含 Nova Hypervisor 和 Neutron。Nova Hypervisor 提供虚拟机的创建、启动、迁移、快照等各种围绕虚拟机的服务，并提供 API 与控制节点对接的服务，由控制节点下发任务；Neutron 提供计算节点与网络节点之间的通信服务。

（2）扩展服务。Ceilometer Agent Telemeter 作为一个监控代理服务，在计算节点上运行，负责收集虚拟机实例的运行情况，并将这些信息反馈给控制节点，它是 Ceilometer 的代理服务，帮助实现云平台的全面监控和性能分析。

（3）计算节点最少包含两个网络接口。

eth0（Management）：这个接口主要用于与控制节点进行通信。通过 eth0，计算节点接收来自控制节点的指令，如创建虚拟机、调整资源配额等，并将执行结果和虚拟机状态信息上报给控制节点。这样，控制节点能够实时了解计算节点上虚拟机的情况，进行统一的管理和调度。

eth1（Private）：这个接口主要用于与网络节点、存储节点通信。通过 eth1，计算节点可以访问网络资源，如虚拟网络、安全组等，实现虚拟机与外部网络的连接。同时，计算节点还可以与存储节点交互，读取和写入虚拟机所需的镜像、卷等数据。

4．存储节点

在 OpenStack 的物理架构中，存储节点扮演着关键角色，提供块存储和对象存储服务。这些服务通过特定的组件和网络接口实现，确保虚拟机和其他云资源能够高效地访问和存储数据。存储节点包含基础服务（Cinder 和 Swift）和网络接口。

（1）Cinder 提供相应的块存储服务，负责创建和管理虚拟机所需的块存储设备，简单来说，就是虚拟出一块磁盘，并将其挂载到相应的虚拟机上，为虚拟机提供额外的存储空间。与传统的物理磁盘不同，这些虚拟磁盘不受特定文件系统的限制，可以在虚拟机上执行各种磁盘操作，如挂载、卸载、格式化、文件系统转换等。当虚拟机空间不足时，可以通过 Cinder 扩展其存储空间，满足不断增长的数据存储需求。

（2）Swift 提供相应的对象存储服务，它提供了一种高效、可扩展的方式来存储大量非结构化数据，简单来说，就是虚拟出一块磁盘空间，使得用户可以在这个空间中存放文件，且只能存放文件，不能进行格式化和文件系统转换。与块存储不同，对象存储将数据作为对象进行存储，每个对象都包含数据本身及相关的元数据。用户可以通过 Swift API 将文件上传到存储节点中，并在需要时从存储节点中下载文件。由于对象存储不受文件系统的限制，因此非常适合用于存储大量文件、备份数据及云磁盘等场景。

（3）存储节点最少包含两个网络接口，以实现与其他节点的通信和协作。

eth0（Management）：这个接口主要用于与控制节点进行通信。通过 eth0，存储节点接收来自控制节点的指令和任务，如创建存储卷、删除存储对象等。同时，存储节点也会将存储状态、性能数据等信息上报给控制节点，以便进行统一的管理和监控。

eth1（Private）：这个接口主要用于与计算节点和网络节点进行通信。通过 eth1，存储节点可以与计算节点交互，为虚拟机提供块存储设备或对象存储空间。此外，存储节点还可以与网络节点协作，实现数据的网络传输和共享。

5.4.3　OpenStack 组件

OpenStack 的各种服务之间通过统一的 REST 风格的 API 调用，实现系统的松耦合。OpenStack 内部组件的工作过程是一个有序的整体，如计算资源分配、控制调度、网络通信等都是通过消息队列（AMQP，Qpid）实现的。

OpenStack 核心服务组件有身份验证（Keystone）、镜像服务（Glance）、计算服务（Nova）、网络服务（Neutron）、块存储（Cinder）等。OpenStack 结构图如图 5.13 所示。

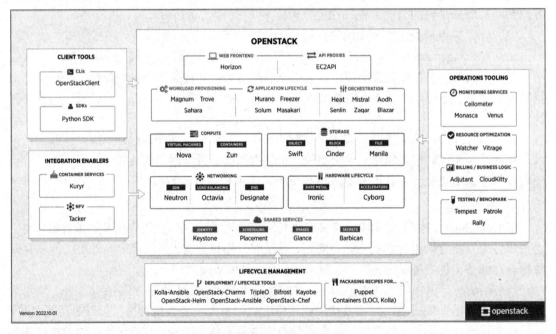

图 5.13　OpenStack 结构图

图片来源：Open Stack 官方网站。

OpenStack 功能组件分为以下 5 部分。

（1）用户层：主要面向程序员和一般用户，包含 Web 前端（WEB FRONTEND）和接口代理（API PROXIES）。

（2）应用管理层：包含工作负载调配（WORKLOAD PROVISIONING）、应用生命周期管理（APPLICATION LIFECYCLE）、编排服务（ORCHESTRATION）。

（3）资源管理层：包含计算资源管理（COMPUTE）、存储资源管理（STORAGE）、网络资源管理（NETWORKING）、硬件生命周期管理（HARDWARE LIFECYCLE）。

（4）共享服务层：包含身份认证（IDENTITY）、调度服务（SCHEDULING）、镜像服务（IMAGES）、安全保密服务（SECRETS）。

（5）工具和辅助服务：包含客户端工具（CLIENT TOOLS）、集成使能服务（INTEGRATION ENABLERS）、操作工具（OPERATIONS TOOLING）、生命周期管理（LIFECYCLE MANAGEMENT）等。

第二部分

大数据应用开发实践技术

第6章

大数据概述

6.1 认知大数据

互联网上的电商平台、搜索引擎、社交网站,以及移动互联网上的微博、微信、自媒体,电信行业的通话记录、运营缴费系统,物联网上的各种传感器,医疗行业的流行病预测、健康管理、医疗影像分析、DNA 分析研究,公安系统的安全监控、交通影像、车联网系统等都是产生大量数据的来源。这些数据以文件、图片、视频等多种形式存在。通常所说的大数据主要包含两个层面的含义:一个层面是大数据的来源广泛、数据体量大、数据类型多样;另一个层面是大数据技术,即能够从海量、多样化的数据中快速获取有价值信息的技术手段。

6.1.1 大数据的定义

2001 年,Gartner 针对大数据(Big Data)提出了如下定义:"大数据是指高速(Velocity)涌现的大量(Volume)的多样化(Variety)数据。"可以说,大数据是指无法在一定时间范围内用常规软件工具进行捕捉、管理和处理的数据集合,是需要采用新处理模式才能具有更强的决策力、洞察发现力、流程优化能力的海量、高增长率和多样化的信息资产。

6.1.2 大数据的特点

大数据具有 4V 特点,即 Volume(体量大)、Velocity(处理速度快)、Variety(数据类型多)、Value(价值密度低、商业价值高)。

Volume(体量大):体现在数据的存储和计算均需耗费海量规模的资源上。比如,淘宝平台平常每天的商品交易数据约 20TB,Facebook 平台每天产生的日志数据超过了 300TB。面对如此庞大的数据量,分析人员需要采用智能的算法、强大的数据处理平台和新的数据处理技术来处理这些数据。

Velocity(处理速度快):主要是指数据增长迅速,需要实时处理。例如,大型强子对撞机实验设备中包含了 15 亿个传感器,平均每秒收集超过 4 亿条实验数据;每秒大约有 3 万条微博被新浪用户撰写。大数据对数据处理的响应速度有更严格的要求,数据的增长速度和处理速度是大数据高速性的重要体现。

Variety（数据类型多）：大数据广泛的数据来源，决定了大数据形式的多样性。各种各样的大数据形式，导致了数据处理技术的差异性，因此需要新的数据处理技术。

Value（价值密度低、商业价值高）：价值是大数据的核心特点。在现实生活中，大量的数据通常是无效或低价值的。大数据最大的价值在于，从大量不相关的各种类型的数据中，挖掘出对未来趋势与模式预测有价值的数据。电商平台中的个人画像和商品推荐，自媒体平台中的广告推荐都是大数据价值的具体体现。

6.1.3　大数据系统架构

从大数据两个层面的含义可以发现，对于具有 4V 特点的大数据，需要一个非常规范的大数据系统完成数据的采集、存储、处理、分析和展示，从而快速获取有价值的信息。大数据系统能够支持海量的数据存储和快速的数据计算，其核心理念是实现并行化存储和计算、规模经济和虚拟化。

分布式系统可以满足以上大数据系统的需求，其特征如下。

（1）并行化存储和计算：在一个计算资源处理不了的情况下，可以使用多个计算资源同时处理，实现海量的存储和计算，以及满足快速的处理和计算的显式需求。分布式存储和计算是云计算的特点，决定了云计算是大数据系统的基础。

（2）规模经济：规模经济意味着通过扩大生产或服务规模来降低单位成本。在大数据和云计算领域，这通常意味着通过吸引大量用户来分摊基础设施成本，从而降低每个用户的平均成本。规模经济是云服务本身的特点，也是它的终极目标。

（3）虚拟化：虚拟化技术允许将物理资源（如硬件、软件、存储空间等）抽象为虚拟资源，并通过软件进行管理。这使得管理复杂的 IT 环境变得更加简单和灵活，同时提供了更高的资源利用率和可伸缩性。

云计算为大数据系统提供了所需的弹性计算和存储资源，使得大数据系统能够处理海量数据并快速响应各种业务需求。如图 6.1 所示。

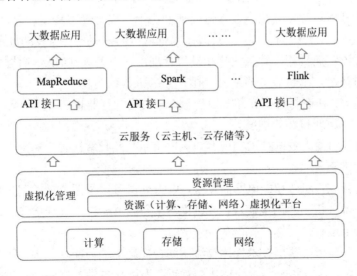

图 6.1　基于云计算的大数据系统架构

（1）基础设施层（底层）：存储和计算资源通过网络资源实现连接。

（2）虚拟化层：多样化的硬件资源难以统一管理和高效利用，可以通过虚拟化技术实现存储、计算和网络资源的池化，并提供统一的标准接口。

（3）云服务层：通过虚拟化层抽象的虚拟化接口，完成资源的统一调度和管理；对大数据计算框架"按需"提供资源，并在此基础上支持一系列大数据处理框架。

（4）大数据计算框架：提供并行化的资源利用思想，把资源组织在一起协同工作，基于分布式计算模型（如 MapReduce），提供更高层的接口和易于编程的 API，使开发分布式大数据应用更容易。

6.1.4 大数据的应用

大数据技术起源于搜索引擎应用，目前它的主要应用场景依然是互联网和移动互联网领域。电商行业是最早将大数据应用于商品推荐和营销活动优化或精准营销（淘宝、拼多多）的，可以根据消费者的习惯提前生产物料并进行物流管理，这样有利于社会的精细化生产。目前大数据在电商行业中的应用方向，包括预测消费趋势，推断区域消费特征、消费者消费习惯、消费者行为、消费热点和影响消费的重要因素等。同时，大数据还有其他互联网应用，最常见的应用包括计算广告（依据用户和内容数据动态决定广告投放策略和定价）、内容检索和推荐（百度、字节跳动的今日头条和抖音），它们几乎和互联网用户上网过程中的每分每秒都有关系，创造了巨大的经济价值。

大数据的应用不仅局限于互联网行业，每个行业都可以在大数据技术的帮助下发掘出数据的价值，改善运营效率，发现新的业务机会。

- 制造业：利用工业大数据提升制造业水平，包括产品故障诊断与预测、工艺流程分析、生产工艺改进，生产过程能耗优化、工业供应链分析与优化、生产计划与排程。
- 金融业：银行贷款业务中的风险控制，零售和结算业务中的欺诈发现，保险业务中的产品设计、精算和保单个性化定价，证券业务中的期货定价和股价预测。银行、保险、证券行业都可以应用大数据技术进行辅助决策，提升管理和运营效率。
- 生物医药：在生物医药领域，大数据技术可以帮助缩短药物研发的周期，提高成功率；能够实现流行病预测、智慧医疗和健康管理；可以解读 DNA，通过大规模基因序列分析比对技术，了解更多的生命奥秘。
- 新材料研究：在新材料研究和开发领域，合成化学行业也在利用大数据和机器学习技术来加快发现新材料的进度。
- 电信行业：利用大数据技术实现客户离网分析，及时掌握客户离网倾向，制定并推行客户挽留措施。
- 电力能源行业：随着智能电网的发展，电力公司可以掌握海量的用户用电信息，利用大数据技术分析用户用电模式，改进电网运行模式，合理设计电力需求响应系统，确保电网安全运行。
- 物流行业：利用大数据技术优化物流网络，提高运输与配送效率，降低物流成本，实现车货匹配、库存预测和供应链协同管理，为用户提供更好的物流体验，进一步巩固和用户之间的关系，增加用户的黏性。通过对物流数据的跟踪分析，物流企业可以应用大数据技术并根据相应的情况制定智能化的决策。

- 智能交通领域：利用大数据技术分析交通数据，合理地规划出行道路；利用大数据技术分析人流高峰出现的时间段，调控信号灯，提高运行效率。
- 安全领域：政府可以利用大数据技术构建强大的国家安全保障体系，企业可以利用大数据技术抵御网络攻击，公安部门可以利用大数据技术预防犯罪。比如，警务云应用系统（道路监控、视频监控、网络监控、智能交通、反电信诈骗、指挥调度等公安信息系统）。
- 智慧城市：利用大数据技术对城市运行系统海量数据的关键信息进行采集、存储、智能处理和挖掘分析，提升城市管理水平，便利人们的生活，促进科技创新，实现城市智能交通、智慧物流、智慧园区、智慧旅游、气象分析、环境监测、环保监测、城市规划和智能安防。
- 教育领域：利用大数据技术收集学生的学习数据，优化教学过程，从而达到个性化教学的目的；还可以通过数据分析优化学习方法，更好地提高学生成绩。
- 体育娱乐：大数据技术可以帮助球队制订训练计划，帮助投资者决定投拍何种题材的影视作品等。
- 个人生活：利用与每个人相关联的"个人大数据"，分析个人的生活和行为习惯，为其提供更加全面的个性化服务。

大数据的价值远不止于此，大数据对各行各业的渗透大大推动了社会生产，未来必将对人类的生活产生重大而深远的影响。

6.2　大数据关键技术

大数据技术，就是从各种类型的数据中快速获取有价值的信息的技术。大数据领域已经涌现出了大量的新技术，成为大数据采集、存储、分析、处理和呈现的重要工具。大数据关键技术一般包括大数据采集技术、大数据预处理技术、大数据存储与管理技术、大数据分析与挖掘技术、大数据可视化与应用技术。

1．大数据采集技术

大数据采集是大数据生命周期中的第一个关键点，也是大数据分析的入口。大数据来源于传感器、社交网络、移动互联网等渠道，包括结构化数据、半结构化数据及非结构化数据。大数据采集技术需要考虑两个需求：一个是数据来源多，数据类型繁杂，数据体量大，数据产生速度快；另一个是需要保证数据采集的可靠性和高效性，还要避免数据重复。采集工具主要完成分布式、高速、高可靠的数据爬取或采集。

大数据采集系统包括日志采集系统、网络数据采集系统、数据库采集系统三类。许多公司的业务平台每天都会产生大量的日志数据，利用日志采集系统对这些日志数据进行采集，并进行数据分析，可以挖掘公司业务平台日志数据的潜在价值，为公司决策和公司后台服务器平台性能评估提供可靠的数据保证。常用的开源日志采集系统有 Flume、Scribe 等。网络数据采集系统主要通过网络爬虫和网站开放接口等方式从网站上获取非结构化数据和半结构化数据。部分企业会使用传统的关系数据库 MySQL、Oracle 等来存储生产、运营、销售等业务系统数据。Redis、MongoDB 等 NoSQL 数据库也常被应用于数据的采集。

2. 大数据预处理技术

大数据采集系统完成数据采集后，可以直接将这些数据存储到数据库中，但需要对这些数据进行有效的分析，还需要将这些数据导入一个集中的大型分布式数据库或分布式存储集群中，同时，在导入数据的基础上完成数据清洗和预处理工作。大数据的预处理包括数据清理、数据集成、数据变换和数据规约等任务。

使用 ETL（Extract-Transform-Load）工具可以对数据进行提取、转换和加载。由于采集的数据种类错综复杂，要对不同种类的数据进行分析，必须使用提取技术。在对复杂格式的数据进行数据提取时，需要从数据原始格式中提取出需要的数据，这里可以丢弃一些不重要的字段，以实现数据格式标准化。对于进行数据提取后的数据，由于数据源头的采集可能不准确，因此必须进行数据清洗操作，如异常数据清除、重复数据剔除、不正确数据过滤，并对缺失信息项的数据进行处理，将不同数据源的数据进行归并存储、数据转换和数据规约。针对不同的应用场景，对数据进行分析的工具或系统不同，还需要对数据进行数据转换操作，将数据转换成相同的数据格式，将多个数据源中的数据结合起来并统一存储，最终按照预先定义好的数据仓库模型，将数据加载到数据仓库中。

3. 大数据存储与管理技术

大数据存储与管理技术主要用于解决海量数据的存储和管理，包括海量小文件的传输、索引和管理，以及海量大文件的分块和存储，还涉及系统可扩展性和可靠性的问题。在大数据存储与管理技术的发展过程中，出现了一些较为有效的存储和管理大数据的方式。

分布式存储是一种满足海量存储需求的技术，其架构通过横向扩展将分散的存储资源集成到一个虚拟存储设备中，具备多副本、高可用性、低成本、大容量等优势。数据集根据特定的分区原则（如范围、哈希、轮询等），被存储到不同路径下。特别的是，在分布式文件系统中，文件系统管理的物理存储资源不仅可以存储在本地节点上，还可以通过网络连接存储在非本地节点上。目前，Google 公司为了满足自身需求，已经开发了一个基于 Linux 的专有分布式文件系统——GFS。GFS 的简化开源版本是 Hadoop 分布式文件系统（HDFS）。这两种系统都是主流的分布式文件系统，具有广泛的应用。

云存储是一种使用存储虚拟化、分布式技术、集群应用、网格技术、负载均衡等技术，将网络中大量不同类型的存储设备通过应用软件集合起来，让它们协同工作并共同对外提供在线数据存储服务的存储方式。它不仅具有高可用性、高可扩展性和高可靠性，还降低了存储成本，提高了数据安全性。云存储的优点在于可以随时随地访问数据，实现数据共享和备份，同时提供了更高效的存储和数据管理。

非关系数据库管理系统能够轻松应对大规模的结构化和非结构化数据。它们不仅具有高可扩展性和可靠性，而且采用了简洁的数据模型和查询语言，满足了现代用户对大数据管理的新需求。其中，分布式数据库 NoSQL 是非关系数据库中的杰出代表，涵盖了多种类型，如以 Redis 为代表的键值数据库、以 MongoDB 为代表的文档数据库、以 Neo4j 为代表的图数据库及以 HBase 为代表的列数据库等。此外，随着技术的进步，NewSQL 数据库技术也应运而生，它结合了关系数据库和非关系数据库的优点，实现了高效的数据处理和存储。为了更好地管理大数据，还有一系列存储管理技术被广泛使用，包括异构数据融合、大数据建模、大数据索引，以及大数据迁移、备份、复制等。同时，大数据的安全和保密技术也是不可或缺的一环，它确保了数据的完整性、可用性和机密性。

为了提升业务存储和读取的便捷性，存储层可被封装成统一访问的数据服务（Data as a Service，DaaS）。DaaS 可以实现业务应用和存储基础设施之间的完全解耦，这意味着用户只需要关注数据的存取，而不需要关心底层存储的细节。通过这种方式，DaaS 为用户提供了更简单、更便捷的数据存储和访问方式。

4．大数据分析与挖掘技术

大数据分析与挖掘就是从大量不同类型的、不完全的、有噪声的、模糊的、随机的实际应用数据中提取隐含在其中的、有价值的信息和知识的过程。利用分布式并行编程模式、大数据计算框架，结合机器学习、数据挖掘算法、数据库方法，可以实现海量数据的分析和处理。

常用的大数据计算框架有 Hadoop、Spark、Flink、Storm、Hive 等。

大数据挖掘是指从海量数据中挖掘出有用的信息，可应用于商业智能分析、统计分析等领域。大数据分析与挖掘涉及的技术方法很多，根据挖掘任务可分为分类或预测模型发现、关联规则发现、依赖关系或依赖模型发现、异常和趋势发现等；根据挖掘方法可分为机器学习方法、统计方法、神经网络方法、数据库方法等。其中，机器学习方法可细分为归纳学习方法、范例学习方法、遗传算法等；统计方法可细分为回归分析方法、判别分析方法、聚类分析方法、探索性分析方法等；神经网络方法可细分为前馈网络方法、反馈网络方法等；数据库方法可细分为多维数据分析方法或 OLAP 方法。

Mahout 是 Hadoop 的一个子项目，是一个强大的大数据挖掘工具，主要用于推荐、分类和聚类分析。Mahout 最大的优点是基于 Hadoop 实现，把很多以前运行于单机上的算法转化为 MapReduce 模式，这样大大增加了算法可处理的数据量且提升了处理性能。

MLlib 是一个构建在 Spark 上的、专门针对大数据处理操作的并发式高速机器学习库，其特点是采用较为先进的迭代式、内存的分析计算，使得数据的处理速度大大高于普通的数据处理引擎。目前，MLlib 中已经存在通用的学习算法和工具，包括统计、分类、回归、聚类、降维等。

Flink ML 是基于 DataStream 的迭代式引擎及机器学习库，其目标是提供可扩展的机器学习方法，以及良好的 API 和工具，使构建端对端的机器学习系统的工作量最小化。Flink ML 的 API 基于 Flink 的 Table API。

TensorFlow（用于深度学习）、TensorFlow on Spark（用于在 Spark 上运行 TensorFlow 模型）、PyTorch（另一个流行的深度学习框架）等，这些工具在大数据分析和挖掘中也扮演着重要角色。

5．大数据可视化与应用技术

在大数据时代，将庞大的数据汇总、分析，并将分析结果通过简单形象的可视化、图形化、智能化的形式呈现出来，可以帮助普通用户或公司决策人员更好地理解和分析数据。大数据的展现技术是解释大数据最有效的手段之一，而可视化技术是最佳的结果展示方式之一，它可以通过清晰的图形、图标、图像来直观地展示分析结果，减少用户阅读和思考的时间，方便用户及时做出决策。

大数据可视化是指以图形化手段为基础，将海量的、相对抽象的数据通过可视的、交互的方式进行展示，从而形象又直观地表现出数据蕴含的信息和规律。简单来说，大数据可视化就是把复杂、无序的数据用直观的图像展示出来，这样可以迅速发现数据中潜藏的规律。大数据可视化是大数据分析的延伸，分析人员借助统计分析方法，可以将数据转化为信息，并进行可视化展现。大数据可视化技术通过不同的可视化工具完成数据的建模、图表/图像展现，以不同的视觉表现形式展现在不同的系统中，以便用户阅读和发现数据之间的关联等。

部分大数据可视化工具可以对接商业智能分析平台，将分析得到的数据进行可视化，为大数据分析和决策提供支持。主流的商业智能分析平台有国外的敏捷 BI Tableau、QlikView、Power BI 等，国内的 FineBI 数据可视化等。

6.3 大数据与云计算

6.3.1 大数据与云计算的关系

（1）云计算提供基础架构平台，而大数据应用运行在这个平台上。

云计算强调的是计算，而大数据是计算的对象。云计算作为计算资源的底层，支撑着上层的大数据处理；大数据基于底层的计算、存储、网络资源池，完成实时的交互查询和分析。云计算着眼于计算，关注 IT 解决方案，提供 IT 基础架构，注重的是计算能力，即数据处理能力；大数据着眼于数据，关注实际业务，提供数据采集、分析、挖掘功能，注重的是信息积淀，即数据存储能力。

（2）从技术上来说，大数据根植于云计算。

云计算的关键技术包括海量数据存储和管理技术、分布式计算框架等，这些技术都是大数据技术的基础。实时的大数据分析需要 MapReduce、Spark、Flink 等计算框架利用云计算的分布式计算资源实现。适用于大数据的技术，如大规模并行处理、分布式文件系统、分布式数据库等都是云计算涉及的关键技术。

（3）目标受众略有不同。

云计算主要是 CIO（首席信息经理）关注的技术层服务，作为一个进阶的 IT 解决方案。而大数据则跨越了多个层级，不仅受到 CEO（首席执行官）等高层管理人员的关注，也是数据科学家、分析师、IT 专业人员等群体的关键工具。

6.3.2 云服务平台上的大数据服务

云计算既是商业模式，也是计算模式。云计算既指在互联网上以服务形式提供的应用，也指在数据中心中提供这些服务的硬件和软件。云计算以虚拟化技术为手段来整合服务器、存储、网络、应用等资源，为用户提供安全、可靠、便捷的各种应用服务。它完成了系统架构从组件走向层级再走向资源池的过程，实现了 IT 系统在不同平台（硬件、系统和应用）层面的通用化，打破了物理设备障碍，达到集中管理、动态调配和按需使用的目的。随着存储成本的下降和云计算提供的弹性计算能力的增强，云计算平台在基础云服务之外，也开始结合云计算资源提供大数据服务。

1. 阿里云大数据服务

阿里云服务平台基于云计算平台提供了很多大数据服务产品，包括大数据计算与分析、智能搜索与推荐、数据开发和治理、大数据应用与可视化、大数据工具与服务等。阿里云大数据服务产品如图 6.2 所示。

图 6.2　阿里云大数据服务产品

2. 华为云大数据服务

华为云服务平台提供了很多大数据服务产品，包括大数据计算、大数据应用、数据可视化、大数据搜索与分析、大数据治理与开发等。华为云大数据服务产品如图 6.3 所示。

图 6.3　华为云大数据服务产品

6.4 大数据与人工智能

6.4.1 大数据与人工智能的关系

为了给计算机赋予人类的理解能力与逻辑思维，人工智能（Artificial Intelligence，AI）这一学科应运而生。人工智能的概念最早源自 1956 年的达特茅斯会议，其本质目标是希望机器能够模拟人类大脑的思考过程，并据此做出反应。

在实现人工智能的众多方法中，机器学习是发展较为迅速的一个领域。机器学习的思想是让机器自动地从大量的数据中学习规律，并利用这些规律对未知的数据进行预测或分类。机器学习的关键在于从数据中提取有用的特征，自动调整和优化模型所需的参数。

深度学习是机器学习的一个技术分支，并且是近年来机器学习领域最大的突破之一。在机器学习的方法中，深度学习特指利用深度神经网络（Deep Neural Networks, DNNs）的结构进行训练和预测的方法。可以说，机器学习是实现人工智能的众多途径之一，而深度学习则是机器学习的一个重要和高效的子方法。

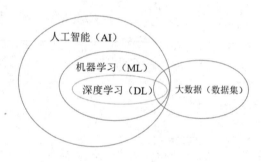

图 6.4　人工智能、机器学习、深度学习和大数据之间的关系

深度学习的发展离不开大数据、GPU 及模型这 3 个因素。当前大部分的深度学习模型是有监督学习，高效、高性能的深度学习模型依赖于大量数据的有效标注。没有数据，再优秀的模型也会面对"无米之炊"的尴尬。深度学习（CV 方向）的经典数据集包括 MNIST 手写数字数据集、Fashion MNIST 数据集、CIFAR-10 和 CIFAR-100 数据集、ILSVRC 竞赛的 ImageNet 数据集、用于检测和分割的 PASCAL VOC 及 COCO 数据集等。

大数据与深度学习是互相促进、互相依存的关系。除了先进、适用、合理、优秀的模型，深度学习还需要使用足够好和足够多的数据，这些数据包括图片、视频、音频、文本等。标注过的大数据可以提高深度学习模型的精确性，但数据量的增加并不直接等同于数据质量的提升。在保证数据质量的前提下，增加数据量可以提升机器学习的效率和准确性。深度学习可以被看作大数据分析的一个重要方向，常用的大数据计算平台都提供了机器学习的接口或组件。

6.4.2 云服务平台上的人工智能服务

一方面，云服务是扩大人工智能系统规模的重要途径之一；另一方面，云计算将使人工智能进行更快的计算和更好的资源管理。国内外云计算平台都已经可以通过 API 提供各种各样的人工智能服务了。这些服务已经完全被封装成应用开发接口，开发者不需要了解和处理复杂的机器学习过程，只需要把自己当作用户即可。

　　虽然许多人工智能服务接口都是针对特定领域或功能设计的，以解决一类具体问题，但也有一些通用的人工智能框架和平台提供了较为灵活的接口，允许用户根据需要进行自定义开发。例如，阿里云服务平台上的人工智能服务都和用户的某个具体需求有关，比如语音识别可以使开发者开发出允许用户直接通过语音来控制相应功能的应用；人脸识别可以识别出影像中的人脸对象，并实现身份对比验证。

　　阿里云服务平台上提供 PaaS 或 SaaS 模式的人工智能服务产品，包括 AI 开发平台、视觉智能、智能语音交互、文字识别、全息智能、自然语言处理、内容安全、机器翻译等。阿里云人工智能服务产品如图 6.5 所示。

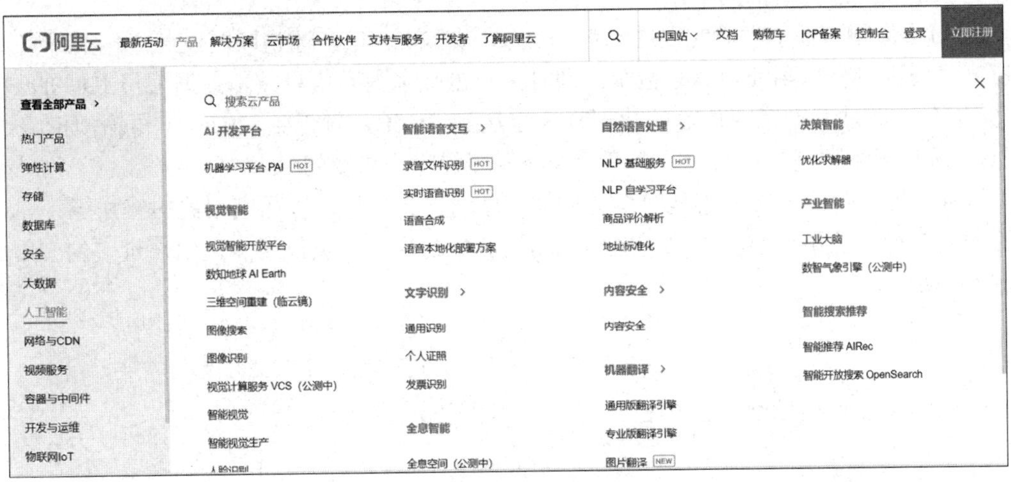

图 6.5　阿里云人工智能服务产品

　　百度飞桨深度学习平台基于云计算平台提供深度学习的全套工具，包括工具组件、端到端开发套件、基础模型库、预测部署、开发训练等工具。百度飞桨深度学习平台如图 6.6 所示。

图 6.6　百度飞桨深度学习平台

6.5 大数据与物联网

6.5.1 物联网

物联网（Internet of Things，IoT）是指通过信息传感器、射频识别（RFID）、全球定位系统、红外传感器、激光扫描器等信息传感设备，按照约定的协议，使用各种可能的网络接入，把任意物体与互联网连接起来，实时采集任何需要监控、连接和交互的对象，进行信息交换和通信，以实现智能化识别、定位、跟踪、监控和管理的一种网络。

物联网是以互联网和传统电信网络为基础的信息载体，它允许所有可以独立寻址的普通物理对象形成互联互通的网络。

GSMA 预测，基于当前的发展趋势和假设，到 2025 年全球物联网设备（包括蜂窝及非蜂窝）联网数量将达到大约 246 亿个。同时，根据知名国际信息技术数据公司 IDC 的测算，2019 年全球通过万物互联传输的数据规模已达到 14ZB，预计到 2025 年传输规模将达到 80ZB。这些预测和测算数据为物联网的未来发展提供了重要的参考。

行业一般把物联网技术架构分解为四层，分别定义为与物理环境相关的感知层、与数据传输和通信相关的传输层、与物联网相关的运算平台层，以及最终实现用户价值的应用层，如图 6.7 所示。

图 6.7 物联网技术架构

6.5.2 大数据与物联网和云计算的关系

物联网设备通过传感器收集了大量结构化和非结构化数据，实时处理和分析这些数据确实面临着巨大的挑战。大数据技术在处理海量信息方面的能力是其主要优势之一，这也是大数据在物联网领域作用凸显的地方。大数据与物联网之间的关系可以视为一种互补的共生关系。物联网的无缝连接，以及随之产生的大数据采集和分析，为实时监控、数据分析、流程优化和预测性维护等应用提供了可能。大数据与物联网和云计算的关系如图6.8所示。

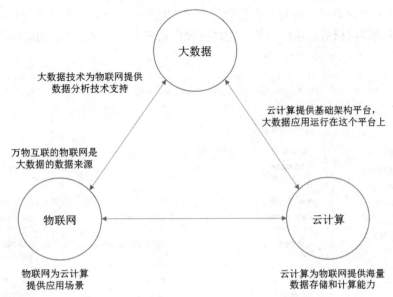

图6.8 大数据与物联网和云计算的关系

6.5.3 云服务平台上的物联网服务

主流云计算平台都专门为客户提供了物联网平台技术，可以结合基础云和大数据相关服务获取增值业务收入。阿里云、AWS、Azure和Google Cloud都有专门的解决方案，国内外也有专门的物联网平台技术公司将自己的解决方案架构在基础云上或者提供跨云服务。

1. 阿里云物联网服务

阿里云服务平台基于云计算平台提供了很多物联网服务产品，包括物联网云服务、设备端服务、行业物联网等。阿里云物联网服务产品如图6.9所示。

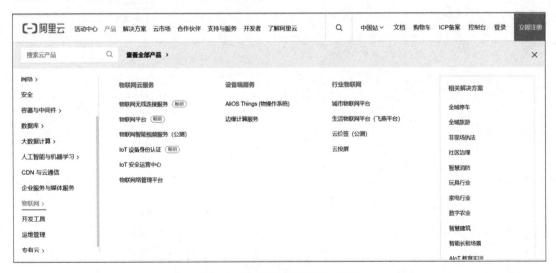

图6.9 阿里云物联网服务产品

2．华为云物联网服务

华为云服务平台基于云计算平台提供了很多物联网服务产品，包括智能摄像机、物联网云服务、行业物联网服务、边缘计算、物联网操作系统等。华为云物联网服务产品如图 6.10 所示。

图 6.10　华为云物联网服务产品

第7章
大数据分析平台与技术栈

7.1 大数据分析平台

大数据分析平台是一个集数据采集、数据预处理、数据存储、数据计算、数据检索、分析挖掘、可视化输出等功能为一体的平台。它通过应用接口相互调用，对外提供服务。大数据分析平台可以使用开源组件搭建，也可以直接使用商用大数据分析平台产品。

在自行搭建大数据分析平台时，需要整合当前主流的具有不同侧重点的各种大数据处理工具和框架，实现对数据的采集、存储、挖掘和分析。一个大数据分析平台涉及的组件众多，如何将其有机地结合起来，完成海量数据的挖掘是一项复杂的工作。在搭建大数据分析平台之前，需要明确业务需求场景及用户需求，比如，用户想要通过大数据分析平台获取哪些有价值的信息，平台需要接入的数据有哪些，基于场景业务需求的大数据分析平台要具备的基本功能有哪些，从而决定平台搭建过程中需要使用的大数据处理工具和框架。基于对大数据系统架构的理解及大数据分析平台的定义，行业或企业要完成大数据应用的落地，就需要搭建大数据分析平台。大数据分析平台的技术架构如图 7.1 所示。

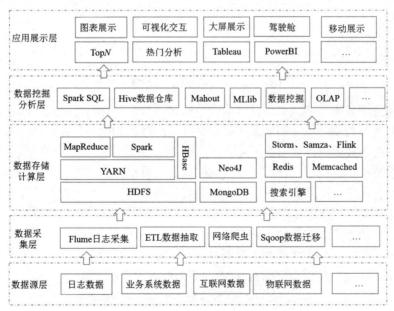

图 7.1 大数据分析平台的技术架构

7.2 大数据分析平台的选择

大数据分析平台可以实现对数据的深入挖掘和分析，帮助企业充分挖掘数据中的潜在价值，全面提升企业的经营能力。该平台不仅可以打通企业的各个业务系统，实现数据资源的全面整合，还可以完成从数据采集、集成到数据清洗、加工、可视化的全程分析。这种一站式的分析方式，可以快速地帮助企业从海量数据中提取关键信息，实时监控经营状况，及时调整策略，从而做出更高效、更精准的决策。

如何选择大数据分析平台，完成大数据的挖掘和分析呢？

（1）根据应用场景需求、数据的安全性要求等因素，可以选择云服务平台上的大数据服务，如百度智能云服务平台的"智能大数据"、阿里云服务平台的"大数据计算"等。使用云服务平台上的大数据服务，优点是建设周期短、运维成本低，缺点是费用贵、数据安全性低。百度智能云智能大数据服务产品如图 7.2 所示。

图 7.2 百度智能云智能大数据服务产品

阿里云服务平台提供的大数据计算服务产品包括数据计算与分析、数据湖、数据应用与可视化、数据开发与服务等。阿里云大数据计算服务产品如图 7.3 所示。

（2）如果企事业单位（如石油石化能源、制造、金融证券、交通、医疗、教育等）需要搭建大数据分析平台，则可以直接采用成熟的商用大数据分析平台，如 Cloudera、星环、华为等，它们都有相应的产品线。在选择商用大数据分析平台时，要考虑产品的集成度、平台的功能和性能，以及平台是否符合技术发展趋势。商用大数据分析平台的优点是搭建/部署方便、稳定性强，缺点是成本高、不够灵活。

例如，国内企业星环的大数据产品系列包括一站式大数据基础平台 TDH、分布式分析型数据库 ArgoDB 及交易型数据库 KunDB、基于容器的智能数据云平台 TDC、大数据开发工具 TDS、智能分析工具 Sophon 和超融合大数据一体机 TxData Appliance 等。星环大数据基础平台 TDH 如图 7.4 所示。

图 7.3　阿里云大数据计算服务产品

图 7.4　星环大数据基础平台 TDH

（3）根据场景需求，使用开源产品搭建大数据分析平台。

在使用开源产品构建大数据分析平台之前，我们需要深入考虑一系列核心因素。首先，要明确需求场景，包括理解业务需求、预期的数据分析目标和使用场景。其次，要评估未来的数据量大小，以确保所选的平台能够高效、准确地处理大量数据。同时，数据存储的位置也是一个关键的决策点，涉及本地存储、云存储或分布式存储的选择将直接影响平台的整体架构和性能。

针对要分析的主题和具体指标，需要选择最合适的数据处理和分析方法。此外，根据数据的实时性要求，还需要确定采用批处理方式还是流处理方式，或者是否需要支持实时计算功能。

在选择开源组件时，应该基于上述因素进行综合权衡。一种常见的做法是根据功能和层次对开源组件进行分类，如数据采集层、数据存储层、数据处理层、数据分析层和数据展示层。通过这种分层设计，我们不仅可以提高每个组件的专业性和使用效率，还可以增强整个系统的可维护性和可扩展性。

自行搭建大数据分析平台确实具有很多优点，尤其是可以根据组织的特定需求进行高度定制化的部署。然而，这个过程通常周期较长，成本较高，并且由于技术的复杂性，可能需要专业的团队进行维护和优化。因此，在决定是否自行搭建平台时，必须综合考虑以上因素。

7.3 开源大数据分析平台的搭建

7.3.1 底层操作系统

在利用开源工具搭建大数据分析平台时，底层操作系统一般选用 Linux。Linux 诞生于 1991 年 10 月 5 日，目前存在许多不同的版本，但它们都使用了 Linux 内核。Linux 版本分支如图 7.5 所示。

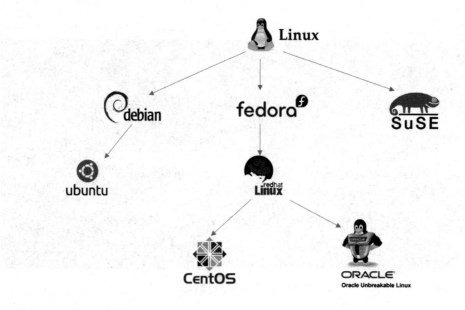

图 7.5 Linux 版本分支

7.3.2 分布式计算平台

分布式计算平台 Hadoop 作为分布式系统的基础框架，主要用于解决海量数据存储与计算的问题，是大数据技术中的基石。Hadoop 可以实现海量数据存储，资源管理、调度和分配，以及并行数据处理。大数据计算引擎 MapReduce、Spark，数据仓库 Hive，分布式数据库 HBase 等都是基于 Hadoop 完成部署和搭建的。Hadoop 的安装步骤如下。

（1）配置 SSH 免密码登录。

在集群中，Hadoop 控制脚本依赖 SSH 执行针对整个集群的操作。例如，某个脚本能够终止并重启集群中的所有守护进程。这时需要安装 SSH，但是，当进行 SSH 远程登录时，需要密码验证，如果集群中的数千台计算机都需要手动输入密码，那么这是不太现实的，所以，需要配置 SSH 免密码登录。

（2）准备 Hadoop 安装环境。

设置主机名；完成主机名和 IP 地址映射；关闭防火墙；禁用 SELinux；创建 Hadoop 用户并给用户提权；安装 JDK；进行 SSH 免密码登录。

（3）安装 Hadoop 和修改配置文件。

解压缩安装包并配置环境变量；修改配置文件 hadoop-env.sh、core-site.xml、hdfs-site.xml、mapred-site.xml、yarn-site.xml、workers。

（4）NameNode 格式化。

执行 hdfs namenode -format 命令，完成 NameNode 格式化。

（5）启动 Hadoop 集群。

执行 start-dfs.sh 和 start-yarn.sh 命令或者直接执行 start-all.sh 命令来启动集群，使用 jps 命令查看启动的 Hadoop 进程。

7.3.3　数据接入和预处理工具

针对各种来源的数据，数据接入旨在整合零散数据以进行综合分析。这包括文件日志、数据库日志、关系数据库和应用程序的接入，常用工具有 Flume、Logstash 和 Apache Sqoop。对于实时性高的业务场景，如社交和新闻网站的数据流，Storm 和 Spark Streaming 是理想选择。分布式消息系统如 Kafka，基于发布/订阅模式，支持上游数据的计算、统计和分析。此外，ZooKeeper 作为分布式协调服务，确保数据同步的可靠性和一致性。数据接入和预处理如图 7.6 所示。

图 7.6　数据接入和预处理

数据预处理包括数据质量校验，如对数据的完整性、一致性、及时性、有效性、准确性、真实性等进行校验和确认；数据清洗和转换，如纠正错误数据、剔除无效数据、删除重复项、统一数据类型、修正逻辑、数据转换、数据压缩等；数据质量提升，如对数据缺项进行补正、对空值进行补足等，并利用数据融合技术对来自不同源的数据进行合并和整合；数据脱敏处理，如对某些敏感数据通过脱敏规则进行数据的变形，实现敏感、隐私数据的保护。数据预处理的目的是为后面的建模分析做准备，主要工作是从海量数据中提取可用特征，建立大宽表，创建数据仓库，可能会用到 Hive SQL、Spark SQL 和 Impala 等工具。随着业务量的增多，需要进行训练和清洗的数据也会变得越来越复杂，可以使用 Apache Airflow 或 Oozie 作为工作流调度引擎，解决多个 Hadoop 或 Spark 等计算任务之间的依赖关系问题。

7.3.4 数据存储工具

数据存储是指将采集的数据完成数据预处理后，持久化到计算机中。存储的数据可以直接以文件的形式存放在分布式文件系统上，如 Hadoop HDFS、Ceph 等。处理工具可以直接对数据进行读写（如 Hive 和 Spark SQL 等）。分布式存储可以采用哈希方式（将不同哈希值的数据分布到不同的机器上）、按数据范围分布方式（将数据按特征值域范围划分不同区间，让不同的机器处理不同区间的数据）、按数据量分布方式、一致性哈希方式等实现。Kafka 通常用于实时数据流的处理，但其本身并不直接提供数据的持久化存储。NoSQL 数据库如 HBase、Redis、MongoDB、Neo4j 等也可以用于存储和管理数据。

采集的结构化数据可以被持久化地存入关系数据库，如 MySQL、Oracle 等。也可以采用数据仓库（如 Hive）的方式实现对海量数据存储的支持，或者采用数据湖的方式存储原始数据。

Redis 是一种存取速度非常快的非关系数据库，可以将存储在内存中的键-值对数据持久化到硬盘中。

7.3.5 数据分析和挖掘工具

数据分析是指使用适当的统计分析方法对收集的海量数据的统计结果进行分析，提取有用信息后形成结论，并对数据进行详细研究和概括总结的过程。在实际应用场景中，数据分析可以帮助用户做出判断，以便用户采取适当的行动。数据挖掘一般是指从大量的数据中通过算法搜索或抽取出隐藏于其中的有价值的信息和模式的过程。这些新发现的规律、模式和信息具有潜在的使用价值。数据挖掘通常与计算机科学有关，通过统计、在线分析处理、情报检索、机器学习、专家系统（依靠过去的经验法则）和模式识别等方法来实现搜索隐藏于其中的信息的目标。

大数据分析和挖掘是指对海量的数据进行数据分析和数据挖掘。大数据挖掘流程一般包括数据清洗、数据集成和融合、数据选择、数据转换、数据挖掘、模型评估、知识发现和呈现。数据集成和融合服务主要用于实现不同来源的各种海量数据的整合、分类及归纳，实现数据的分层、分类存储及分布式存储。按照数据分析的流程，数据挖掘是数据分析的一个子集，特别关注于通过算法搜索和提取隐藏在大量数据中的新模式和有价值的信息。数据分析则更广泛，可能包括数据挖掘以及数据的解释、报告和可视化等。大数据分析和挖掘的主要流程如图 7.7 所示。

数据挖掘算法多种多样，且不同的算法根据不同的数据类型会呈现出不同的数据特征。数据挖掘技术主要是指选择和应用合适的算法，对数据进行预处理以筛选和提取关键的特征和属性，然后利用这些挖掘算法或模型进行深入的数据分析和挖掘，以发现数据中的模式、趋势或隐藏关系。在这个过程中，预处理步骤对于确保数据质量和算法性能至关重要。常用算法有关联分析（购物篮分析、属性关联分析、序列模式分析等）、分类预测（决策树、贝叶斯网络、神经网络、分类回归树、逻辑回归、朴素贝叶斯、分类组合模型等）、聚类分析（K均值聚类、分布估值聚类、两阶段聚类等）、时间序列（常用于时间序列数据的趋势预测，反映趋势性和周期性变动，如股票指数的分析等）、回归预测等。

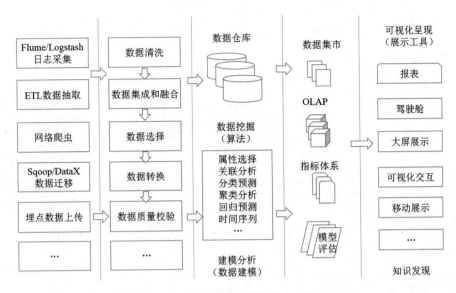

图 7.7　大数据分析和挖掘的主要流程

Hive 可以将结构化的数据映射为数据库表，并提供类似于 SQL 的 HQL 查询语言，使用户能够在大规模数据集上进行查询、汇总和分析。

数据建模分析是指针对预处理后的特征或数据建立模型，以得到想要的结果。这一过程可能涉及机器学习的各种算法，如朴素贝叶斯、逻辑回归等，用于分类、回归或其他预测任务。

7.3.6　数据分析结果可视化工具

数据分析和挖掘的一个重要阶段是输出数据分析结果：将经过深度分析的数据以图表、仪表板等形式进行交互式综合展现，支持 PC、电视、手机等多种媒介进行可视化展示。这些展示应提供一致、友好、易用的交互式用户体验，从而满足用户通过不同终端随时随地进行数据分析并做出准确、迅速决策的需求。

高质量的可视化工具对于数据分析至关重要。数据可视化工具是一类软件应用，可以帮助用户以可视化、图形化的格式展示数据，呈现数据的完整轮廓。例如，饼状图、曲线图、热图、直方图、雷达/蜘蛛图等可视化图形，能够直观地展示数据并清晰地呈现出数据的特点和变化趋势。对于处理得到的数据，可以对接主流的商业智能系统，如国外的 Tableau、Power BI，开源的 ECharts，以及国内的 FineBI、Smartbi、永洪等，将结果进行可视化，用于决策分析，或将可视化结果集成到线上系统中，以支持线上业务的发展和决策。

7.4　大数据分析平台搭建可选择的工具

大数据分析平台按照层次可划分为数据采集和传输层、数据存储层、资源调度管理层、任务调度管理层、计算层、应用工具层，各分层可选择的工具如图 7.8 所示。

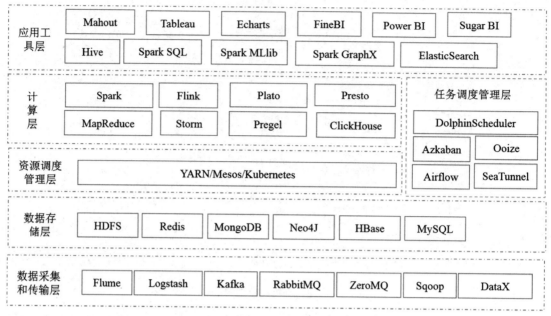

图 7.8　大数据分析平台各分层可选择的工具

　　数据采集和传输层是大数据分析平台的基础层，其可选择的工具有日志采集工具、消息传输队列工具、数据同步工具，且选择的具体工具与数据源及数据源层的数据类型相关。

　　数据存储层主要完成数据采集和传输层的采集、抽取及同步的数据存储，同时完成数据的预处理工作，包括数据清洗、数据融合、数据脱敏、数据规约等。

　　资源调度管理层主要完成计算资源、存储资源及网络资源的调度与管理，确保计算层能够高效、有序地执行数据分析任务。一次完整的数据分析涉及多个相互依赖、需按顺序执行的任务单元。这些任务单元间不仅有时间顺序，还有明确的依赖关系。为此，大数据分析平台设立了任务调度管理层，其核心为高效的工作流调度系统。该系统确保任务单元按预定顺序执行，实时监控状态、处理依赖关系，并记录结果报告，从而显著提升数据分析的效率和准确性。

　　计算层是大数据分析平台中非常重要的一层，主要完成大数据的分布式计算任务，针对不同类型的数据选择不同的计算模型，并集成各种统计分析、数据挖掘、机器学习的算法库，如回归分析、关联规则算法、决策树算法、贝叶斯统计分析算法等。同时，计算层会涉及计算平台，如 Hadoop、Spark、Flink 等。

　　应用工具层主要提供数据可视化、报表生成、数据查询、数据挖掘应用等实际的数据应用和展现工具，帮助用户更好地理解和利用数据。

第8章

数据采集工具与消息队列

8.1 数据采集概述

大数据分析流程中基础且重要的一个环节是数据采集。数据采集的方式主要分为线上采集和线下采集两种。在大数据应用中，线上采集是更为常见和主要的方式。线上采集可以通过多种方式实现，如使用网络爬虫来抓取公开网站发布的数据，或者通过公共数据开放平台来收集数据，这些平台可能包括各级政府公开的或面向特定行业的公共数据开放平台（例如中国国家统计局网站、世界银行公开数据网站等），也可能包括专业的第三方数据平台（如数据堂、贵阳大数据交易所等）。

对于互联网 Web 网站和移动互联网 App 上的数据，可以采用埋点技术（也称为事件追踪）进行有选择的采集，或采用无埋点（或无代码追踪）的方式来实现全采集或更为广泛的数据追踪。埋点技术允许开发者和数据分析师在应用程序中预设特定的数据收集点，以捕获用户行为或系统事件。而无埋点技术则通过自动追踪用户与应用程序的交互来收集数据，无需预设特定的数据收集点。

8.1.1 大数据来源

大数据主要来源于互联网公司、物联网设备、部分企业及政府部门的数据资源。互联网及物联网是大数据产生和传输的主要平台，是大数据的重要来源。除此以外，企业和政府也是大数据的重要提供者。

在各行业海量的数据中，大约 20%属于结构化数据，这些数据通常存储在关系型数据库中，并且具有明确的模式和结构。而剩下的 80%则属于非结构化数据，这些数据广泛存在于社交网络、物联网、电子商务等领域，它们没有固定的模式或结构，如文本、图片、音频、视频等。

互联网和移动互联网还有一类重要的数据—日志数据。日志数据主要包括页面展示日志采集，采集页面浏览量（Page View，PV）和访客数（Unique Visitors，UV），以衡量网站的流量和受欢迎程度；以及页面交互日志采集，采集用户的互动行为数据，如点击、滚动、搜索等，以量化获知用户的兴趣点和体验优化点等。

8.1.2 数据采集途径

1. 系统日志采集

系统日志采集主要是指采集互联网应用平台、移动互联网平台、公司业务平台等日常产生的大量日志数据，供离线和在线的大数据分析系统使用的过程。高可用性、高可靠性、可扩展性是日志采集系统所具有的基本特征。系统日志采集工具均采用分布式架构，能够满足每秒数百兆字节的日志数据采集和传输需求，常见的采集工具有 Hadoop 的 Chukwa、Cloudera 的 Flume、Facebook 的 Scribe 等。

2. 互联网数据采集

互联网数据采集是指通过网络爬虫或网站公开 API 等方式从网站上获取数据的过程。网络爬虫会从一个或若干个初始网页的 URL 开始，获取各个网页上的内容，并在爬取网页内容的过程中，不断从当前页面上抽取新的 URL 放入队列中，直到满足设置的停止条件为止。爬虫可分为通用爬虫（如百度、Google 等通用搜索引擎）、自有爬虫、聚焦爬虫（如采用商业或开源爬虫工具爬取专业或研究领域的数据）。这样可以将非结构化数据和半结构化数据从网页中提取出来，存储在本地的存储系统中。常见的国产网络爬虫工具有八爪鱼、火车头和 GooSeeker（集搜客）。北京市公共数据开放平台、中国国家统计局网站等会提供公开的数据。北京市公共数据开放平台如图 8.1 所示。

图 8.1 北京市公共数据开放平台

3. App 移动端数据采集

App 移动端数据采集没有通用的采集工具。由于 App 实际上是通过 HTTP 与服务器进行交互的，因此可以采用抓包、Hook 等方式完成数据采集，也可以采用埋点技术完成数据采集，如在 App 或界面初始化的同时，初始化第三方数据分析服务商的 SDK 插件，将用户使用 App 的信息汇总并通过发送接口发送给指定的服务器。

埋点是指在产品使用过程中，通过对用户事件的追踪，获取需要统计的用户数据，进而分析产品的使用情况。针对一个手机端 App 来说，埋点有前端埋点、后端埋点（后端数据收集）两种方法。

4．数据服务机构数据采集

数据服务机构通常具备规范的数据共享和交易渠道，可以提供大数据采集服务、大数据交易服务、大数据分析服务、大数据可视化服务、大数据安全服务等，如贵阳大数据交易所、中国国家统计局等。贵阳大数据交易所网站如图 8.2 所示，中国国家统计局网站如图 8.3 所示。

图 8.2　贵阳大数据交易所网站

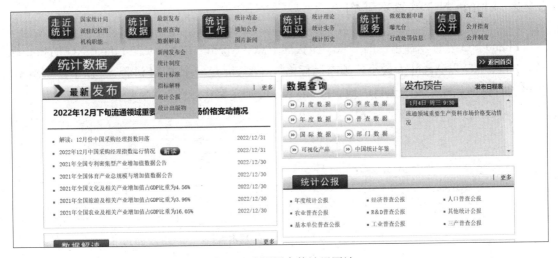

图 8.3　中国国家统计局网站

5. 企业大数据服务平台数据采集

企业将内部的大量业务数据存储在关系数据库中，但同时需要采集部分外部的数据。企业通过部署大数据服务平台，实现跨部门数据的传输、加载、清洗、转换和整合，以完成企业内部和外部的大数据采集工作。

6. 智能感知设备数据采集

智能感知设备数据采集是指通过传感器、摄像头和其他智能终端自动地采集信号、图片或录像来获取数据。

8.2 日志采集工具 Flume

8.2.1 Flume 简介

Cloudera 提供的 Flume NG（Next Generation）是 Flume 的一个版本，它取消了集中 Master 机制和 ZooKeeper 管理机制，变成了一个纯粹的传输工具。Flume NG 是一个高度可靠、可扩展且分布式的系统，用于收集、聚合和传输海量日志数据。它能够高效地从各种数据源中收集日志数据，并将这些数据移动和聚合到一个集中的数据存储系统中。

Flume NG 支持在日志系统中定制各类数据发送方，从而能够从不同的数据源中收集日志数据。之后，它可以将这些数据高效地传输到集中的存储系统（如 HDFS、HBase）中。

使用 Flume NG 可以将从多台服务器中获取的数据迅速移交给 Hadoop。此外，除了日志数据，Flume NG 还可以用于接入和收集大规模的社交网络节点事件数据，如来自 QQ、微信或淘宝等的数据。

8.2.2 Flume NG 的基本架构

Flume NG 只有一种角色的节点，即代理节点（Agent）。Agent 是 Flume NG 的核心组件，Flume NG 以 Agent 为最小的独立运行单位。Agent 是一个 JVM 进程，它以事件（Event）的形式将数据从源头发送至目的地。Flume NG 的基本架构如图 8.4 所示。

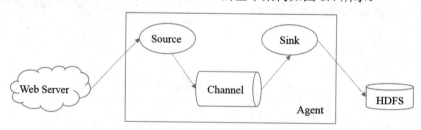

图 8.4 Flume NG 的基本架构

Agent 的主要组成部分包括 Source、Channel、Sink；Flume 数据传输的基本单位是 Event。

（1）Source。Source 负责接收各种类型、各种格式的数据，并将其传递给对应的 Channel。

之后，Agent 会从 Channel 中取出数据并对其进行进一步处理，包括日志数据的解析、转换等。这样，用户可以选择不同类型的 Source 和 Agent 来满足不同场景下的数据处理需求。

（2）Channel。Channel 是一个位于 Source 和 Sink 之间的数据缓冲区。它从 Source 处接收数据，并将其存储在内部缓冲区中，直到有 Sink 消费掉 Channel 中的数据。当数据在 Channel 中被消费后，该数据才会被删除。当 Sink 写入失败时，它可以自动重启，且不会造成数据丢失。

（3）Sink。Sink 不断地从 Channel 中拉取事件，并批量地将它们从 Channel 中移除。随后，这些被移除的事件会被批量地写入存储系统、索引系统，或者被发送到另一个 Agent 中进行处理。在整个过程中，Sink 起到了关键作用，能够确保事件被可靠且高效地传输到下一个目的地。

（4）Event。每个 Event 都是由 Header 和 Body 两部分组成的，Header 通常用于存储该 Event 的一些元数据属性，这些属性采用键-值对的结构形式。例如，时间戳、事件源标识、事件类型等都可以存储在 Header 中。Body 用来存储事件的实际数据内容，它以字节数组的形式存在。Body 中的数据可以是任何形式的数据，如文本、图像、音频、视频等。

8.3　数据迁移工具 Sqoop

8.3.1　Sqoop 简介

Sqoop（SQL-to-Hadoop）是一个将 Hadoop 和关系数据库中的数据相互转移的工具，它可以将一个关系数据库（如 MySQL、Oracle、PostgreSQL 等）中的数据导入 Hadoop 的 HDFS、Hive 和 HBase 中，也可以将 HDFS 的数据导入关系数据库中。

Sqoop 的核心设计思想是利用 MapReduce 加快数据传输速度。Sqoop 的工作机制是将导入或导出命令翻译成 MapReduce 程序，并在翻译出的 MapReduce 程序中对 InputFormat 和 OutputFormat 进行定制。

Sqoop 的功能如图 8.5 所示。

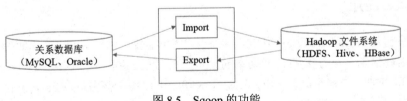

图 8.5　Sqoop 的功能

8.3.2　Sqoop 架构

Sqoop 是一个用于在 Hadoop 和结构化数据存储（如关系数据库）之间进行大规模数据迁移的工具。Sqoop 有 Sqoop1 和 Sqoop2 两个版本，它们之间是完全不兼容的。

在架构上，Sqoop2 引入了 Sqoop Server，这是一个集中化的管理组件，可以方便地管理和调度各种 Connector（连接器）或其他的第三方插件。这些插件可以通过 REST API、Java API、Web UI 和 CLI 控制台等多种方式对数据进行访问。Sqoop2 还引入了基于角色的安全机制，管理员可以在 Sqoop Server 上配置不同的角色和权限，从而实现更加细粒度的访问控制。在进行数据导入和导出时，Sqoop 需要连接器，这些连接器是 Sqoop 框架下的模块化组件。

Sqoop2 的优点在于提供了多种交互访问方式，如命令行（CLI）、Web UI、REST API 等。此外，Sqoop2 还实现了连接器的集中化管理，将所有的连接器都安装在 Sqoop Server 上，这样可以更好地进行权限管理和规范化处理。连接器主要负责数据的读写操作，从而简化了数据的迁移过程。Sqoop2 架构如图 8.6 所示。

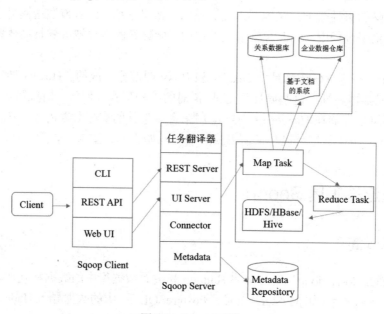

图 8.6　Sqoop2 架构

8.4　流数据采集框架 Kafka

8.4.1　Kafka 简介

Kafka 最初是由 Linkedin 公司开发的，且于 2010 年被贡献给 Apache 基金会并成为顶级开源项目。Kafka 是一个分区的、多副本的、多订阅者的、基于 ZooKeeper 协调的分布式日志系统（也可以被当作消息队列-MQ 系统）。Kafka 可以用于高吞吐量的 Web 网站的浏览、搜索、单击等行为日志的收集处理，包括搜索日志、监控日志、访问日志和消息服务等。基于 Kafka 消息队列的日志收集和处理系统如图 8.7 所示。

图 8.7　基于 Kafka 消息队列的日志收集和处理系统

Kafka 是一种高吞吐量的分布式发布-订阅消息系统，可以被当作一个消息队列。Kafka 并不仅是一个简单的消息队列框架，还是一个功能全面的系统，提供了数据的持久化存储功能，从而确保数据的安全性与可靠性。此外，Kafka 还支持与 Hadoop 的集成，可以实现数据的并行加载，从而提高了数据的处理效率。其独特的分区机制使得 Kafka 可以通过服务器和消费者集群对消息进行高效分区，这一特性极大地增强了 Kafka 的扩展性和灵活性，使其能够满足各种复杂场景的需求。

8.4.2　Kafka 架构

Kafka 在保存消息时会根据 Topic（主题）进行归类，将消息发送者称为 Producer，将消息接收者称为 Consumer。Kafka 集群由多个 Kafka 实例组成，每个实例（Server）都被称为 Broker。无论是 Kafka 集群还是 Producer 和 Consumer 都依赖于 ZooKeeper 来保证系统的可用性。

Producer 使用 push 模式将消息发布到 Broker 中，Consumer 使用 pull 模式从 Broker 中订阅并消费消息。Kafka 支持消息持久化，将消费状态和订阅关系交由客户端维护，且在消息消费完成后，不会将其立即删除，会保留历史消息。因此，在 Kafka 支持多订阅时，只要存储一份消息即可。Kafka 架构如图 8.8 所示。

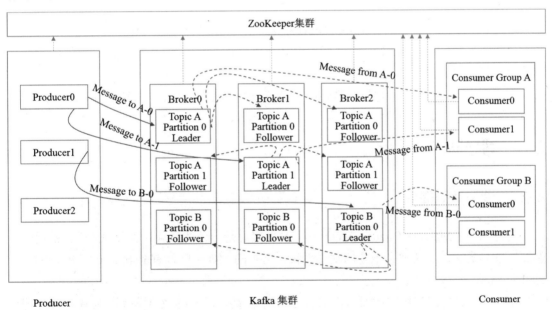

图 8.8　Kafka 架构

（1）Producer：生产者，即数据的发布者，该角色将消息发布到 Broker 的 Topic 中。

（2）Broker：Kafka 集群包含一台或多台服务器，这些服务器节点称为 Broker。

（3）Topic：每条发布到 Kafka 集群的消息都有一个类别，这个类别称为 Topic。一个 Topic 代表逻辑上的一个业务数据集，比如电商平台上的订单相关操作消息会被放入订单 Topic 中，用户相关操作消息会被放入用户 Topic 中。

（4）Partition：Topic 中的数据被分割为一个或多个 Partition。每个 Topic 至少有一个 Partition，每个 Partition 的内部消息都是有序的。对于淘宝、京东这类电商平台来说，订单消息是海量的，可能达到 TB 级别，如果把这么多数据都放在一台机器上肯定会发生容量限制问题，那么可以在 Topic 内部划分多个 Partition 来分片存储数据，不同的 Partition 可以位于不同的机器上，相当于分布式存储。

（5）Leader：每个 Partition 都有多个副本，其中有且仅有一个可以作为 Leader，Leader 是当前负责数据读写的 Partition。

（6）Follower：Follower 服务器会跟随 Leader 服务器进行操作，所有的写请求都会通过 Leader 服务器进行路由。当数据发生变更时，Leader 服务器会将这些变更广播给所有 Follower 服务器，以确保它们与 Leader 服务器的数据保持一致。如果 Leader 服务器出现故障，则系统将从 Follower 服务器中选举出一台新的 Leader 服务器。这一选举过程是通过一种名为 Raft 的算法完成的，该算法能够确保系统在 Leader 服务器故障时仍然能够保持高可用性和一致性。如果 Follower 服务器与 Leader 服务器之间出现连接中断、响应超时或同步速度过慢的问题，则 Leader 服务器会将该 Follower 服务器从 ISR（In-Sync Replicas）列表中移除，并重新创建一台新的 Follower 服务器替换它。ISR 列表中存储的都是与 Leader 服务器保持数据一致的副本。

（7）Consumer Group：每个 Consumer 都属于一个特定的 Consumer Group，一条消息可以被多个不同的 Consumer Group 消费，但是一个 Consumer Group 中只能有一个 Consumer 能够消费该消息。

（8）Consumer：消费者可以从 Broker 中读取数据。消费者可以消费多个 Topic 中的数据。

8.5 消息队列

8.5.1 消息队列简介

消息队列（Message Queue，MQ）从广义上来说是一种消息队列服务中间件，是提供一套完整的信息生产、传递和消费的软件系统。常见的 MQ 中间件有 RabbitMQ、RocketMQ、Kafka、ActiveMQ 等。

MQ 是一种应用程序间的通信机制，与传统的远程调用（RPC）不同，它采用异步通信模式。当应用程序使用 MQ 进行通信时，发送方将消息（或数据）写入队列中，而接收方则从队列中检索这些消息。这种通信方式通常会需要一个 MQ 中间件来负责信息的传输、存储和管理，从而消除应用程序之间直接建立连接的必要性。MQ 中间件是一个独立的应用程序，专门用于接收、存储和分发消息。使用 MQ 可以降低应用程序之间的耦合度，提高系统的可扩展性和可靠性，实现异步通信和业务逻辑解耦，使得系统更加灵活和易于维护。同时，MQ 也可以解决分布式系统中的数据一致性和可靠性等问题，保证数据在传输过程中的完整性和准确性。

消息队列的功能不只有队列（Queue），其本质是在两个进程间传递信息的一种方法。两个进程可以分布在同一台机器上，也可以分布在不同的机器上。

目前，两种主要的消息传递模式为点对点传递模式、发布-订阅传递模式。

1．点对点传递模式

点对点传递模式将消息持久化到一个队列中，此时将有一个或多个消费者消费队列中的数据，但是一条消息只能被消费一次。此模式是一个基于拉取或轮询的消息传递模式，它会从队列中请求消息，而不会将消息推送给客户端。点对点传递模式如图 8.9 所示。

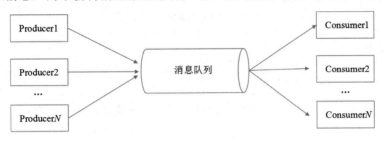

图 8.9　点对点传递模式

2．发布-订阅传递模式

发布-订阅传递模式将消息持久化到一个 Topic 中。消费者可以订阅一个或多个 Topic，并消费该 Topic 中的所有数据。同一条数据可以被多个消费者消费。此模式是一个基于推送的消息传递模式，临时订阅者只有在主动监听 Topic 时才能接收消息，而持久订阅者会监听 Topic 的所有消息。发布-订阅传递模式如图 8.10 所示。

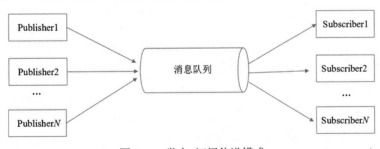

图 8.10　发布-订阅传递模式

8.5.2　消息队列的作用

消息队列负责将数据从一个应用中传递到另一个应用中，而应用只需要关注数据，不需要关注数据在两个或多个应用间是如何传递的。分布式消息传递基于可靠的消息队列，在客户端应用和消息系统之间异步传递消息。

1．应用间解耦

在应用之间引入 MQ，可以使应用之间的交互更改为通过 MQ 消息来触发，降低了应用之间的耦合度，只需上游系统发布消息和下游系统订阅消息即可。应用间解耦的示意图如图 8.11 所示。

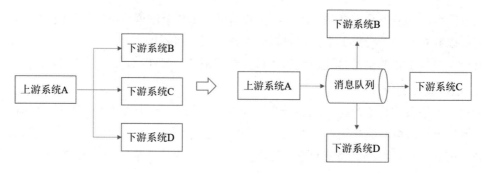

图 8.11　应用间解耦的示意图

2. 异步处理

对于异步应用场景，如用户在 Web 应用或 App 上注册成功后，服务端需要给用户发送注册邮件和注册短信；用户在电商平台上完成订单支付后，后台需要扣减库存数量、赠送优惠券、增加用户积分、修改订单状态等。传统的消息处理采用串行或并行的方式完成，但系统的性能（并发量、吞吐量、响应时间）会有瓶颈。消息队列提供了一个异步通信机制，消息的发送者不必一直等到消息被成功处理后才返回，而是可以立即返回。引入消息队列后，各个节点都可以采用异步处理的方式，这样一来，既可以提高并发量，又可以降低响应时间和服务之间的耦合度。异步处理示意图如图 8.12 所示。

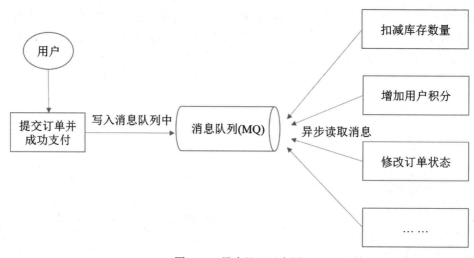

图 8.12　异步处理示意图

3. 削峰填谷

在互联网电商的秒杀活动、团购抢单、店庆等超高并发场景中，后端服务器可能来不及同步处理过多、过快的请求，就会导致请求堵塞，严重时可能因为高负荷运转而拖垮 Web 服务器。这样的突发流量并不常见，若为了处理这类峰值访问而投入资源来随时待命，则会造成巨大的浪费。此时，可以先将用户的秒杀请求作为消息存入消息队列中间件中，之后由后端服务器根据自身能力慢慢处理消息队列中的请求信息。削峰填谷示意图如图 8.13 所示。

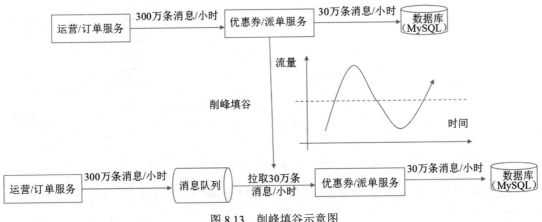

图 8.13 削峰填谷示意图

4．消息通信

消息队列系统通常内置了高效、可靠的通信机制，因此，除了主要的数据传输和任务处理功能，也可以用于实现纯消息通信。这种通信方式可以用于多种场景，如点对点通信或聊天室通信等。

在点对点通信的场景中，两个客户端（如客户端 A 和客户端 B）可以使用同一个消息队列进行通信。客户端 A 将消息发送到队列中，客户端 B 则从队列中接收这条消息。这种通信方式确保了消息的可靠传输，因为只有消息接收者才能从队列中获取消息。同样地，客户端 B 也可以向客户端 A 发送消息，实现双向通信。点对点通信示意图如图 8.14 所示。

图 8.14 点对点通信示意图

此外，消息队列系统还支持发布-订阅模式，可以用于实现如聊天室这样的多用户通信场景。在这种模式下，多个客户端（例如客户端 A、客户端 B 和客户端 N）可以订阅同一个 Topic。当一个客户端发布消息到该 Topic 时，所有订阅了该 Topic 的客户端都会接收到这条消息。这种方式使得消息广播和多用户实时通信成为可能。

8.5.3 常见的消息队列

1．RabbitMQ

RabbitMQ 是一个使用 Erlang 语言开发的 AMQP（Advanced Message Queuing Protocol，高级消息队列协议）的开源实现，其本质是一套消息队列服务软件，本身支持很多协议：AMQP、XMPP（Extensible Messaging and Presence Protocol，可扩展通信和表示协议）、SMTP（Simple Mail Transfer Protocol，简单邮件传输协议）、STOMP（Streaming Text Orientated Message Protocol，流文本定向消息协议），属于重量级消息队列，更适合企业级的开发。

RabbitMQ 架构如图 8.15 所示。

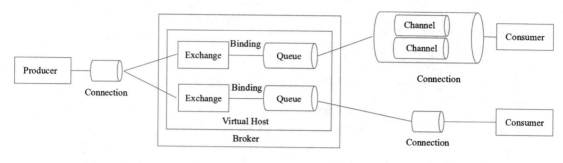

图 8.15　RabbitMQ 架构

Broker：中间的 Broker 表示消息队列（RabbitMQ）服务，一个 RabbitMQ 实例就是一个 Broker。

Virtual Host（虚拟主机）：出于多租户和安全考虑而设计。每个 Broker 中至少有一个虚拟主机，相当于 MySQL 的 Database。一个 Broker 上可以存在多个虚拟主机，虚拟主机之间相互隔离。每个虚拟主机都拥有自己的消息队列、交换机、绑定关系和权限机制。虚拟主机必须在连接时指定，默认的虚拟主机是/。

Exchange（交换机）：交换机用来接收 Producer 发送的消息并将这些消息路由给虚拟主机中的队列。它是消息到达 Broker 的第一站，根据消息分发规则，匹配查询表中的路由键（Routing Key），分发消息到消息队列中。交换机常用的分发消息规则有 Direct（直接点对点）、Topic（通配符发布-订阅）和 Fanout（广播）。

Queue（队列）：一个用来存放消息的队列，并一直保存消息到发送给消费者为止。一个消息可被投入一个或多个队列中。

Binding（绑定关系）：通过路由键将交换机和消息队列关联起来，是交换机和消息队列之间的虚拟连接。Binding 信息被保存到交换机中的查询表中，是消息的分发依据。

Connection（连接）：Producer 或 Consumer 要想通过 RabbitMQ 发送与消费消息，首先需要与 RabbitMQ 建立连接，这个连接就是 Connection。Connection 是一个 Producer/Consumer 和 Broker 之间的 TCP 长连接。

Channel（信道）：信道或管道是一条双向数据流通道。声明 Queue、声明 Exchange、发布消息、订阅或消费消息等，这些动作都是通过信道完成的。Channel 作为轻量级的 Connection，极大地减少了操作系统建立 TCP 连接的开销，因为对于操作系统来说，建立和销毁 TCP 连接都是非常昂贵的，所以引入信道的概念，以复用 TCP 连接。每个 Channel 都有自己的 Channel ID 以帮助 Broker 和客户端识别 Channel，Channel 之间是完全隔离的。

Producer 和 Consumer 通过与 Broker 建立 Connection 来保持连接，之后在 Connection 的基础上建立若干 Channel，用来发送与接收消息。

Message（消息）：由消息头和消息体组成。消息头包括 Routing Key、Priority（优先级）等。

2. RocketMQ

RocketMQ 是阿里中间件团队开源的消息队列，它采用纯 Java 开发，具有高吞吐量、高可用性等特点，适用于大规模分布式系统，支持事务消息、顺序消息、批量消息、定时消息、消息回溯等。RocketMQ 的设计思路来自 Kafka，它对消息的可靠传输及事务性做了优化，目前在阿里巴巴被广泛应用于交易、充值、流计算、消息推送、日志流处理、binglog（记录 MySQL 数据更新的二进制日志文件）分发等场景。

RocketMQ 的特点如下。

（1）支持点对点和发布-订阅消息传递模式，只需一个轻量级的元数据服务器，即可保持最终一致性架构设计。

（2）具备单一队列、百万级消息的累积容量和亿级消息的堆积能力，不会因为堆积导致性能下降。

（3）高可靠性，经过参数优化配置，能够做到消息零丢失。

（4）高可用性，Broker 服务器支持多 Master、多 Slave 的同步双写和异步复制模式，保证消息不丢失。

（5）消息队列功能完善，支持消息过滤、顺序消息、定时消息、延时消息和分布式事务消息，扩展性好。

（6）支持多种消息协议，如 JMS（Java Message Service，Java 消息服务）、MQTT（Message Queuing Telemetry Transport，消息队列遥测传输）等。

（7）提供 Docker 镜像，用于隔离测试和云集群部署。

（8）提供配置、指标和监控等功能丰富的 Dashboard。

RocketMQ 架构主要有四大核心组成部分：NameServer、Broker、Producer 及 Consumer。这些角色通常以集群的方式存在，RocketMQ 架构如图 8.16 所示。

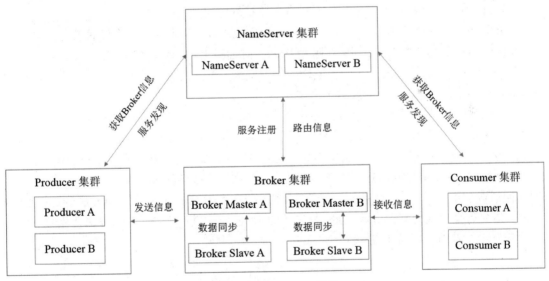

图 8.16　RocketMQ 架构

在使用 RocketMQ 时，通常首先启动 NameServer，然后启动 Broker。Broker 负责消息的存储，并向 NameServer 注册路由和服务。Producer 会进行路由服务的发现，向 NameServer 请求 Broker 路由信息，并把消息发送到 Broker 主节点，之后由 Broker 将消息同步到从节点。Consumer 需要连通 NameServer，获取相关的路由信息，优先从 Master 中获取和消费消息。也就是说，Broker 主要负责消息的中转、消息的持久化和主从数据之间的复制。

NameServer：一个 Topic 路由注册中心，负责 Broker 的动态注册和发现，保存 Topic 和 Broker 之间的关系。NameServer 通常采用集群部署，但是各 NameServer 之间不会相互通信，它们有完整的路由信息。Producer 在发送消息前会根据 Topic 到 NameServer 中获取对应 Broker 的路由信息，Consumer 也会定时获取 Topic 的路由信息。

Broker：主要负责消息的存储、同步和转发，支持主从部署，同时一个 Master 可以对应多个 Slave，Master 支持读写，而 Slave 只支持读。Broker 会向集群中的所有 NameServer 注册自己的路由信息，所以每个 NameServer 都有完整的路由信息。

Topic：用来区分消息的种类，一个 Topic 代表逻辑上的一个业务数据集。比如一个电商系统可以分为交易消息、库存消息、物流消息等，而一条消息必须有一个 Topic。一个消息发送者可以给一个或多个 Topic 发送消息，一个消息接收者可以订阅一个或多个 Topic 消息。

Tag：RocketMQ 支持在发送消息时给 Topic 的消息设置 Tag（标签），用于区分同一主题下不同类型的消息。同一业务模块、不同业务目的的消息就可以在同一 Topic 下设置不同的 Tag 来标识自己。比如交易消息可以分为交易创建消息、交易完成消息等，方便用户在消费消息时进行筛选，优化 RocketMQ 提供的查询系统。

Message Queue：消息的物理管理单位。一个 Topic 下可以设置多个消息队列，在发送消息时执行该消息的 Topic，RocketMQ 会轮询该 Topic 下的所有队列并将消息发送出去。消息的生产速度一般会比消息的消费速度快，所以一个 Topic 下可以有多个 Queue，用于解决速度不匹配的问题。同一个 Topic 创建在不同的 Broker 上，不同的 Broker 有不同的 Queue，使得消息的存储可以分布式集群化，从而具有水平扩展能力。

Producer：可以集群部署。Producer 会先和 NameServer 集群中的一个随机节点建立长连接，以得知当前要发送的 Topic 存储在哪个 Broker Master 上，然后与其建立长连接。RocketMQ 提供了多种方式来发送消息，如同步发送、异步发送、单向发送。同步发送和异步发送均需要 Broker 返回确认信息，单向发送不需要。

Consumer：可以集群部署。Consumer 会先和 NameServer 集群中的一个随机节点建立长连接，以得知当前要获取的 Topic 存储在哪个 Broker Master 或 Broker Slave 上，然后与其建立长连接，支持集群消费和广播消费消息。通常由后台系统负责异步消费，一个 Consumer 会从 Broker 服务器中拉取消息，并将其提供给应用程序。在集群消费模式下，一个消费者集群共同消费一个主题的多个队列，一个队列只会被一个 Consumer 消费。如果某个 Consumer 失效，那么分组内其他 Consumer 会接替失效的 Consumer 继续消费。在广播消费模式下，消息会被发送给消费者集群中的每个 Consumer。

第 9 章
Hadoop 分布式系统基础架构

Hadoop 是一个处理、存储和分析海量分布式与非结构化数据的开源框架，最初由 Yahoo 的工程师 Doug Cutting 和 Mike Cafarella 在 2005 年合作开发。后来，Hadoop 被贡献给了 Apache 基金会，成为 Apache 基金会的开源项目。

9.1 Hadoop 系统简介

Hadoop 是一个大数据分布式系统基础架构，是公认的大数据通用存储和分析平台。它实现了分布式文件系统 HDFS（Hadoop Distributed File System）、分布式运行程序编程框架 MapReduce 及资源管理系统 YARN（Yet Another Resource Negotiator），其中，HDFS 和 MapReduce 是 Hadoop 最核心的设计部分。

Hadoop 是专为离线和大规模数据分析而设计的，并不适合对少量记录随机读写的在线事务处理模式。Yahoo、Facebook、Amazon，以及国内的百度、阿里巴巴等众多互联网公司都以 Hadoop 为基础搭建了自己的分布式计算系统。

9.2 Hadoop 生态圈

9.2.1 Hadoop 生态系统

Hadoop 是 Doug Cutting 受到 Google 三大论文理论的影响而创建的大数据框架。狭义上的 Hadoop 指的是由 HDFS、MapReduce、YARN 组成的集数据存储、计算和资源管理调度于一体的大数据框架。广义上的 Hadoop 指的是以 Hadoop 为核心，包括 HBase、Hive、Flume、Sqoop、Azkaban 等底层使用 MapReduce 进行计算的大数据分布式系统基础架构。Hadoop 1.0 生态系统如图 9.1 所示。

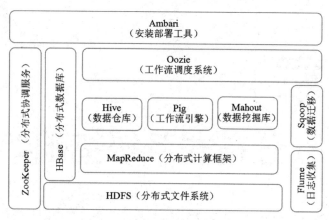

图 9.1　Hadoop 1.0 生态系统

9.2.2　Hadoop 版本

Hadoop 三大发行版本分别是 Apache 版本（开源社区版本，其他所有发行版本均基于这个版本进行改进）、Cloudera 版本（简称 CDH）、Hortonworks 版本（简称 HDP）。2018 年 Cloudera 与 Hortonworks 合并后，HDP 归属 Cloudera，但是 Cloudera 对 HDP 的技术支持已经于 2021 年 12 月终止，同时 Cloudera 还宣布以后将不再推出新版本的 CDH 和 HDP，对 CDH 和 HDP 两条产品线仅支持到 2022 年。这意味着免费 Hadoop 平台只能选择 Apache 开源社区版本。

Hadoop 版本分为三代：第一代 Hadoop 被称为 Hadoop 1.0，第二代 Hadoop 被称为 Hadoop 2.0，第三代 Hadoop 被称为 Hadoop 3.x。

1．Hadoop 1.0

在 Hadoop 1.0 时代，Hadoop 由两部分组成：一部分是作为分布式文件系统的 HDFS，另一部分是作为分布式计算平台的 MapReduce。

HDFS 主要用于大规模数据的分布式存储，而 MapReduce 则构建在 HDFS 之上，对存储在 HDFS 中的数据进行分布式计算。MapReduce 采用了 Master/Slave（M/S）架构。JobTracker 主要负责资源监控和作业调度。TaskTracker 会周期性地通过 Heartbeat 将本节点上的资源使用情况和任务运行进度汇报给 JobTracker，同时接收 JobTracker 发送过来的命令并执行相应的操作（如启动新任务、杀死任务等）。NameNode 是 HDFS 的主控服务器，它指挥 DataNode 守护进程执行低层级的 I/O 任务，DataNode 以存储数据块（Block）的形式保存 HDFS 文件。

Hadoop 1.0 技术架构如图 9.2 所示。

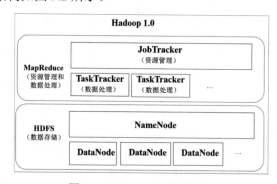

图 9.2　Hadoop 1.0 技术架构

2．Hadoop 1.0 和 Hadoop 2.0

下面主要从 HDFS 和 MapReduce 两个角度比较 Hadoop 1.0 和 Hadoop 2.0。

1）HDFS 角度

（1）Hadoop 2.0 新增了 HDFS HA（高可用）机制，该机制增加了 Standby NameNode 作为热备份，通过一个共享的存储结构 QJM（Quorum Journal Manager）实现数据同步，解决了 Hadoop 1.0 的单点故障问题。

（2）Hadoop 2.0 新增了 HDFS Federation（联邦模式），解决了 HDFS 水平可扩展能力低的问题。

2）MapReduce 角度

Hadoop 2.0 引入了 YARN 框架，这标志着 MapReduce 的执行环境得到了显著的改进。在 Hadoop 2.0 中，MapReduce 不再直接管理集群资源，而是将这一职责交给了 YARN。YARN 负责整个集群的资源管理和调度，而 MapReduce 则专注于数据处理和计算任务。这种架构上的分离使得 Hadoop 2.0 更加灵活，允许其他计算框架（如 Spark、Flink 等）在 YARN 上运行，从而充分利用集群资源。因此，Hadoop 2.0 不仅仅是一个计算框架，更是一个支持多种计算范式和应用程序的生态系统，其核心资源调度和管理功能由 YARN 提供。。Hadoop 2.0 技术架构如图 9.3 所示。

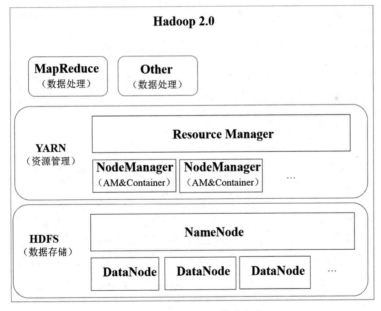

图 9.3　Hadoop 2.0 技术架构

虽然 NameNode 的稳定性通过 HA 得到了增强，但是随着集群规模的扩大，NameNode 的内存逐渐成为影响其扩容的主要因素。HDFS Federation 提供了一种横向扩展 NameNode 的方式。在 Federation 模式中，每个 NameNode 管理命名空间的一部分，即 Namespace Volume，所有 Volume 构成文件系统的元数据。每个 NameNode 同时维护一个 Block Pool，保存 Block 的节点映射等信息。各个 NameNode 之间是独立的，一个节点的损坏不会导致其他节点管理的文件不可用。

ViewFS（View File System）提供了一种管理多个 Hadoop 文件系统命名空间（或卷）的方法。它为用户创建了全局命名空间，提供了统一的 HDFS 访问入口。这对于拥有多个 NameNode 并因此具有多个命名空间的 HDFS Federation 集群来说特别有益。HDFS Federation 借鉴了 Linux 的客户端挂载表（Client-side Mount Table）概念，通过一种新的文件系统 ViewFS 实现。ViewFS 实际上提供了一种映射关系，将一个全局（逻辑）目录映射到特定的物理目录上。基于 ViewFS 的 Federation 架构如图 9.4 所示。

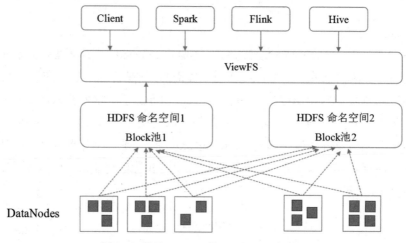

图 9.4　基于 ViewFS 的 Federation 架构

假设有多个集群，每个集群都有一个或多个 NameNode，每个 NameNode 都有自己的命名空间，一个 NameNode 只能属于一个集群，那么同一个集群中的 NameNode 共享该集群的物理存储空间，跨集群的命名空间是独立的。

根据要操作的目录，可以决定将数据存放在哪个 NameNode 中。例如，可以把所有的用户数据（/user/）存放在一个 NameNode 中，所有的 feed 数据（/data）存放在一个 NameNode 中，所有的项目（/projects）存放在一个 NameNode 中。

3. Hadoop 3.x

Hadoop 3.0 提供了更高的性能、更强的容错能力及更高的数据处理能力。在可扩展性方面，Hadoop 3.0 为 YARN 提供了 Federation，使其集群规模可以达到上万台。Hadoop 3.0 支持两个以上的 NameNode，支持单 Active NameNode 和多 Standby NameNode 的部署方式，进一步提升了可用性。

Java 运行环境升级为 1.8 版本，HDFS 使用擦除编码机制来提供容错能力。擦除编码机制比普通副本机制节省了一半以上的存储空间，普通副本机制需要 3 倍存储空间，而这种机制只需 1.4 倍存储空间即可。Hadoop 3.0 新增了 YARN 时间线服务，进行了 MapReduce 本地优化，使性能提升了 30%。

Hadoop 2.0 中基于 ViewFS 的 Federation 是以客户端为核心的解决方案。Hadoop 3.0 中基于 Router 的 Federation 是新的解决统一命名空间问题的方案。基于 Router 的 Federation 在所有子集群之上新增了一个拦截转发层,拦截转发层新增的两个组件分别为Router和State Store。其中,State Store 用于存储远程挂载表(与 ViewFS 相似,但是在客户端之间共享)和有关子集群的负载与空间使用信息。Router 实现了与 NameNode 相同的接口,根据 State Store 的元数据信息将客户端请求转发给正确的集群。基于 Router 的 Federation 架构如图 9.5 所示。

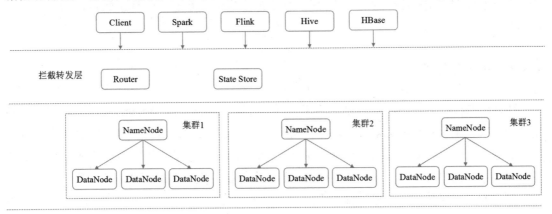

图 9.5　基于 Router 的 Federation 架构

9.3　HDFS 概述

9.3.1　分布式文件系统

传统的网络文件系统(Network File System,NFS)不是一种典型的分布式系统,虽然它的文件的确放在远端(单一)的服务器上面。

NFS 是一种允许文件通过网络在多台主机上分享的文件系统,可以让多台机器上的多个用户分享文件和存储空间。虽然 NFS 允许多个客户端访问相同的服务端,但它本身并不是一个典型的分布式文件系统,因为它的文件存储和处理主要依赖于单个服务器。然而,通过增加硬件资源或使用高性能的服务器,NFS 的性能可以得到提升。客户服务器 NFS 架构如图 9.6 所示。

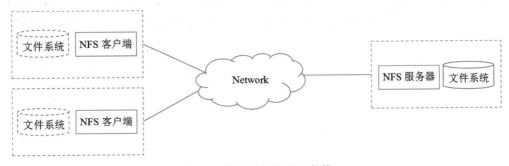

图 9.6　客户服务器 NFS 架构

随着互联网应用的普及,电商网站、音视频网站等进入了大规模数据应用领域,采用单机模式已经无法满足实际需求。为了解决单机模式存在的问题,Google 开发了分布式文件系统 GFS，该文件系统的服务端通过一个集群来实现，客户端可以并发地访问该集群的数万个节点，承载能力得到了极大的提升。2003 年 10 月，Google 发表了 GFS 论文，HDFS 是 GFS 的克隆版，是开源的 Hadoop 计算平台的核心组件。

当数据集的大小超过一台独立物理计算机的存储能力时，就有必要对它进行分区并存储到若干台单独的计算机上。管理网络中跨多台计算机存储的文件系统就被称为分布式文件系统。

9.3.2　HDFS 简介

HDFS 源自 Google 发表于 2003 年 10 月的 GFS（Google File System）论文，它深受 GFS 设计的启发，但并非直接克隆版，因为它针对 Hadoop 生态系统进行了特定的优化和改进。HDFS 是一种分布式文件系统，允许文件通过网络在多台主机上共享，这使得多台机器上的多个用户可以共享文件和存储空间。HDFS 能够运行在由大量普通硬件组成的集群上，并提供容错机制，确保数据的高可用性。作为一种易于扩展的分布式文件系统，HDFS 为大量用户提供高性能的文件存取服务。

HDFS 的优点如下。

（1）高容错性，会自动保存多个副本，默认保存 3 个副本，可根据需要进行设置，且副本丢失后，会自动恢复。

（2）适合批处理，移动计算而非移动数据，将数据位置暴露给计算框架，将数据切分为 Block List，并将 Block List 存放在 Node List 中。NameNode 中保存 HDFS 的两个维度的映射。

（3）适合大数据处理，支持 GB、TB 甚至 PB 级数据，百万规模以上的文件数量，10KB+ 节点规模。

（4）流文件访问：一次性写入，多次读取，保证数据一致性。

（5）可构建在普通机器上：通过多个副本提高可靠性，提供了容错和恢复机制。

HDFS 中的文件在物理上是分块（Block）存储的，可以通过配置参数（hdfs-site.xml 文件中的 dfs.blocksize）来设置。Hadoop 2.x 的默认块大小为 128MB[寻址时间大约为 10ms，最佳寻址时间为传输时间的 1%（即 10/0.01=1000ms=1s），目前磁盘的传输速率普遍为 100MB/s，块的大小需要是 2 的 n 次方，故为 128MB]。HDFS 文件存储示意图如图 9.7 所示。

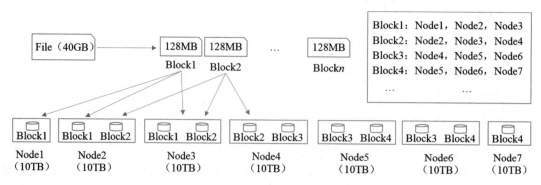

图 9.7　HDFS 文件存储示意图

9.3.3　HDFS 架构

Hadoop 2.0 之后提出了 HA（High Availability，高可用性）的概念。可以采用 HA 的 HDFS 集群配置两个 NameNode，使其分别处于 Active 和 Standby 状态。Hadoop 2.0 的 HDFS 架构如图 9.8 所示。

（1）Active NameNode 作为主 Master，管理 HDFS 的命名空间，配置副本策略并处理客户端读写请求；管理数据块映射信息，记录文件的两个维度信息。File→Block List 映射保存在内存中，并被序列化到磁盘中，这部分元数据信息称为 FSImage（File System Image）。Block→Node List 映射仅保存在内存中，其关系的维持主要依靠 DataNode 来周期性地向 NameNode 汇报自身的 Block List，当调用 Balance 组件时，DataNode 上面的 Node List 会发生变化，DataNode 会告知 NameNode 自身的情况。

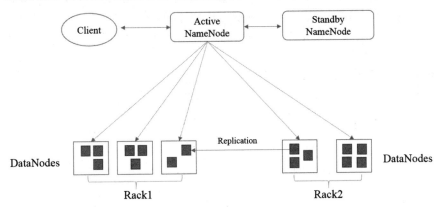

图 9.8　Hadoop 2.0 的 HDFS 架构

（2）Standby NameNode 是 NameNode 的热备份，定期合并 FSImage 和 Editlog，并推送给 NameNode。当 Active NameNode 发生故障后，Standby 会自动承担其责任并继续提供服务。

（3）NameNode 的内存会制约文件数量，HDFS Federation 提供了一种横向扩展 NameNode 的方式。

9.3.4　HDFS 读写文件流程

当客户端需要写入数据时，先在 NameNode 上创建文件结构并确定将数据块副本写入到哪几个 DataNode 中，然后将多个待写入的 DataNode 组成一个写数据管道，保证写入过程完整、统一。当客户端需要读取数据时，先通过 NameNode 找到存储数据块副本的所有 DataNode，根据与读取的客户端的距离（就近原则，本地→同机架→同交换机→同机房）排列数据块，然后选择距离最近的 DataNode 来读取数据。

1．写文件流程

（1）客户端（Client）向 NameNode 请求上传本地创建的文件（如 hdfs dfs -put 1TB.avi /hdfsinput）。

（2）NameNode 查找元数据，确认客户端是否有权限上传文件，检查目录树或上传路径是否存在。

（3）NameNode 确认客户端有权限上传文件后，若上传路径存在，则通知客户端可以上传文件。

（4）客户端接收到通知后，向 NameNode 请求上传文件的第一个块并确定上传到哪几个节点中。客户端将 128MB 的块再次切分成 512 字节包（进行 CRC32 校验，在 3 个 DataNode 之间进行验证，确保数据完整性）。

（5）NameNode 会生成由 3 个 DataNode 构成的 Data List，并选择副本存储策略，之后返回客户端分配到的 DataNode（本地节点、同一机架的另一节点，其他机架的另一节点）。

（6）客户端请求与第一个节点（距离最近的 DataNode）建立上传数据的连接通道，第一个节点请求与第二个节点建立连接通道，第二个节点请求与第三个节点建立连接通道。

（7）3 个节点请求建立通道确认后，逐一进行应答，客户端连接通道建立成功。

（8）客户端向第一个节点上传第一个块，然后根据连接通道复制到第二个和第三个节点，确认本次写入成功后，按照上述步骤，依次上传文件的其他块。

（9）将文件的所有块上传完成后，客户端关闭流资源，并告诉 HDFS 数据传输完成。NameNode 更新元数据。

HDFS 写文件流程如图 9.9 所示。

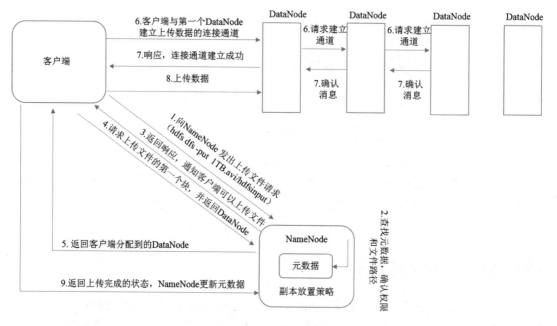

图 9.9　HDFS 写文件流程

2．读文件流程

（1）客户端向 NameNode 请求读取文件，发出下载文件命令，如 hdfs dfs -get /hdfsinput/1TB.avi。

（2）NameNode 查找元数据，确认客户端是否有权限下载文件，找到文件块所在的 DataNode 地址。

（3）NameNode 将文件的元数据信息返回给客户端。

（4）客户端按照就近原则（本地→同机架→同交换机→同机房）在相应的 DataNode 上

请求读取数据。

（5）DataNode 将数据传输给客户端，从集群中读取数据输入流，写入目标文件中。
HDFS 读文件流程如图 9.10 所示。

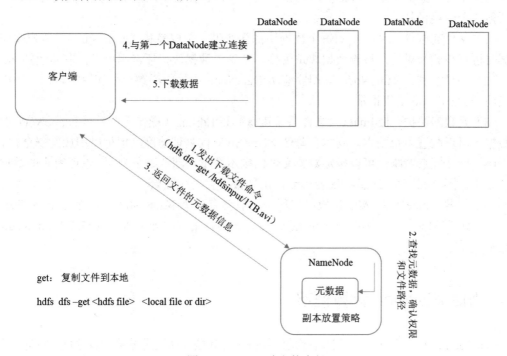

图 9.10　HDFS 读文件流程

9.3.5　HDFS 的 Block 副本放置策略和可靠性策略

1. HDFS 的 Block 副本放置策略

（1）第一个 Block 副本放置在客户端节点所在机架的 DataNode 中（如果客户端不在集群范围内，则会随机选择一个节点，但系统会尽量避开过满或过载的节点）。

（2）第二个 Block 副本放置在与第一个 DataNode 节点相同的机架中的另一个 DataNode 中（随机选择）。

（3）第三个 Block 副本放置在另一个随机远端机架的一个随机 DataNode 中。如果需要更多的副本，则随机放置在集群的节点中。这种策略旨在实现数据冗余和故障恢复，确保数据的安全性和可靠性。

将第一个和第二个 Block 副本放置在同一个机架中，当用户发起数据读取请求时，可以较快地读取数据；将第三个及更多的 Block 副本放置在其他机架中，当整个本地节点都失效时，HDFS 将自动通过远端机架上的数据副本将数据恢复为标准数据。HDFS 的 Block 副本放置策略如图 9.11 所示。

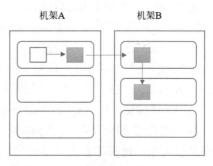

图 9.11　HDFS 的 Block 副本放置策略

2. HDFS 的可靠性策略

HDFS 的可靠性策略是由多个机制共同维护的，有文件完整性、心跳检测、元数据保护、副本冗余策略、主备 NameNode 实时切换、机架策略、安全模式、保护快照机制等。下面仅介绍前 5 个主要机制。

（1）文件完整性：文件中的每个数据块都会产生一个校验和（checksum），客户端获取数据时进行校验和对比，检查数据块是否损坏，若该数据块损坏，则可以读取其他副本。

（2）心跳检测：NameNode 周期性地从 DataNode 中接收心跳信号和块报告，收到心跳包说明该 DataNode 工作正常。

（3）元数据保护：FSImage（文件系统镜像）和 Editlog（操作日志）是 NameNode 的核心数据，可以配置多个副本。副本会降低 NameNode 的处理速度，但可以增加其安全性。

（4）副本冗余策略：可以指定数据文件的副本数量，默认数量为 3；保证所有的数据块都有副本，不会在一个 DataNode 宕机后，出现数据丢失的现象。

（5）主备 NameNode 实时切换：集群中一般会有两个 NameNode，一个处于 Active 状态，一个处于睡眠状态。当第一个 NameNode 挂掉时，集群中处于睡眠状态的 NameNode 就会启动。

9.4　MapReduce 计算框架

MapReduce 是一个分布式运算程序的计算框架，其核心功能是将用户编写的业务逻辑代码和自带的默认组件整合成一个完整的分布式运算程序，从而并发运行在一个 Hadoop 集群上。

MapReduce 的基本思路是先对庞大的数据集进行划分，将其分解成若干个小的数据集，再将每个（或多个）数据集交由集群中的某个普通计算节点运行，得到一个中间的输出结果。之后，将这些中间的输出结果根据一定的规则进行汇聚，归并出最后的输出结果到 HDFS 上。

9.4.1　MapReduce 架构

基于 Hadoop 1.0 和 Hadoop 2.0，MapReduce 也存在两个版本，即 MapReduce 1.0 与 MapReduce 2.0。从架构上区分，MapReduce 1.0 的运行环境包括 JobTracker 和 TaskTracker，数据处理引擎包括 MapTask 和 ReduceTask。MapReduce 2.0 的运行环境是 YARN，数据处理引擎包括 MapTask 和 ReduceTask。

MapReduce 2.0 采用了主从（Master/Slave）结构，ResourceManager（资源管理器）是 Master，NodeManager（节点管理器）是 Slave。架构设计思想是将 MapReduce 1.0 架构中的 JobTracker 的两个主要功能，即资源管理和作业调度/监控拆分成两个独立的进程，即全局的 ResourceManager 和与每个应用程序相关的 ApplicationMaster。ResourceManager 分为 Scheduler（调度器）和 ApplicationManager（应用程序管理器）。Scheduler 负责作业的调度并将集群中的资源分配给应用，ApplicationManager 负责接收任务。Container（容器）是 YARN 中资源的抽象，将操作系统中多维度的资源（如 CPU、内存、网络 I/O 和磁盘 I/O 等）封装在一起，是 YARN 中资源的基本单位。

客户端提交一个作业（应用程序）到 ResourceManager 中，ResourceManager 先与集群中的 NodeManager 通信，然后根据集群中 NodeManager 的资源使用情况，确定运行作业的 NodeManager；在确定运行的节点后，作业马上向 ResourceManager 申请资源，资源会被封装成 Container 的形式响应给作业，而在申请到资源后，ResourceManager 会马上在 NodeManager 中启动作业。在所有任务运行完成后，ApplicationMaster 向 ResourceManager 发送注销指令，结束整个应用程序的运行。MapReduce 2.0 架构如图 9.12 所示。

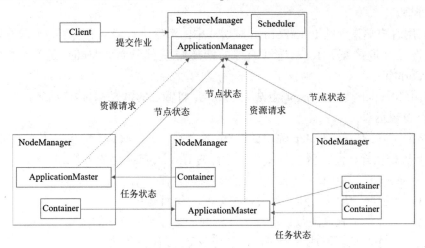

图 9.12　MapReduce 2.0 架构

9.4.2　MapReduce 的执行流程

一个完整的 MapReduce 程序在分布式运行时的实例进程有 3 种。

（1）MRAppMaster：负责整个 MR 程序的过程调度及状态协调。

（2）MapTask：负责 Map 阶段的整个数据处理流程。

（3）ReduceTask：负责 Reduce 阶段的整个数据处理流程。

一个 MapReduce 编程模型中只能包含一个 Map 阶段和一个 Reduce 阶段。在 MapReduce 的通信过程中，不同的 Map 任务之间是不会进行通信的，同时，不同的 Reduce 之间也不会进行信息交换，用户也不能显式地从一台机器向另外一台机器传输信息，所有的数据交换都是通过 MapReduce 实现的。MapReduce 的执行流程如图 9.13 所示。

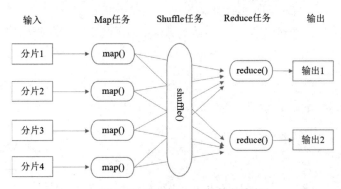

图 9.13　MapReduce 的执行流程

Map 阶段的执行流程如下。

一个 MapReduce 程序在启动运行时，首先启动 MRAppMaster 进程，然后根据客户提交任务（Job）的描述信息计算出需要的 MapTask 实例数量，最后向 ResourceManager 集群申请资源，启动相应数量的 MapTask 进程。

（1）客户端读取 HDFS 文件，并按照一定的标准逐个进行逻辑切片，序列化得到的分片信息对象，形成切片规划。默认切片大小 Split size = Block size（128MB），每个切片由一个 MapTask 处理。

（2）利用客户端指定的 InputFormat 对切片中的数据进行读取和解析，形成输入的键-值对。默认按行读取数据，Key 是每一行的起始位置偏移量，Value 是本行的文本内容（TextInputFormat）。

（3）调用 Mapper 类中的 map()方法处理数据，将输入的键-值对传递给客户定义的 map()方法，进行逻辑运算。

（4）按照一定的规则对 Map 输出的键-值对进行分区。默认不分区，因为通常只有一个 ReduceTask 进程运行，而分区的数量就是运行的 ReduceTask 进程数量。

（5）将 map()方法输出的键-值对收集到缓存中，在达到缓冲区总容量的比例（阈值）时溢写（spill）到磁盘。在溢写到磁盘时，根据 Key 进行排序。

（6）将所有溢写到磁盘的数据进行一次归并，并将各个分区的数据归并在一起。分区归并之后，再次排序，最后形成一个文件，等待 Reduce 任务获取。

Reduce 阶段的执行流程如下。

（1）MRAppMaster 进程在监控到所有的 MapTask 进程任务完成后，会根据客户端指定的参数启动相应数量的 ReduceTask 进程，并告知 ReduceTask 进程要处理的数据范围（数据分区）。ReduceTask 进程会主动从 MapTask 进程中复制需要自己处理的数据。

（2）从若干 MapTask 进程所在的运行节点上获取若干 MapTask 进程的输出结果文件，把获取的数据全部进行归并，把分散的数据合并成一个大的数据，再对合并后的数据进行排序，然后按照 Key 进行分组（相同 Key 的键-值对为一组）。

（3）对排序后的键-值对调用客户定义的 reduce()方法，相同 Key 的键-值对调用一次 reduce()方法进行逻辑运算，并收集运算输出的键-值对，最后调用客户指定的 OutputFormat，将输出的键-值对输入到 HDFS 文件中。

下面以一个基于 MapReduce 的 WordCount 例子的执行流程来展示 MapReduce 的执行流程，如图 9.14 所示。

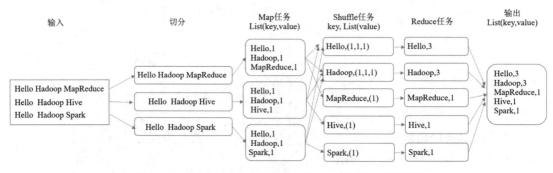

图 9.14　基于 MapReduce 的 WordCount 例子的执行流程

9.4.3　MapReduce 的 Shuffle 机制

Shuffle 是 MapReduce 中 Map 阶段与 Reduce 阶段之间进行数据传递的关键流程，其每个处理步骤都在不同的 MapTask 和 ReduceTask 节点上分布式地进行。具体而言，它负责将 MapTask 输出的结果数据发送给 ReduceTask，并在这一过程中，根据 Key 对数据进行分区和排序。Shuffle 的核心机制包括数据分区、数据排序（根据 Key 进行排序）、数据缓存（使用缓存机制对数据进行局部合并）及数据合并（经过缓存处理的数据最终需要进行合并）。MapReduce 的 Shuffle 过程如图 9.15 所示。

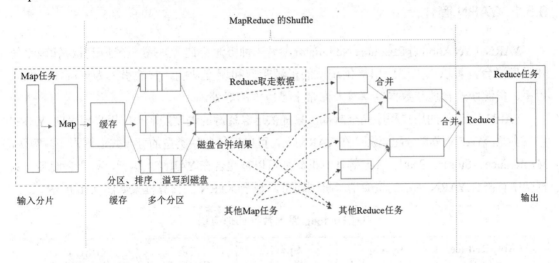

图 9.15　MapReduce 的 Shuffle 过程

1．Map 阶段的 Shuffle 过程

Map 任务的数据会被写入内存（每个 Map 任务分配一个默认的 100MB 缓存，io.sort.mb 默认大小为 100MB），当数据达到缓冲区总容量的 80%（阈值）时，会将数据溢写到本地磁盘。数据从缓冲区溢写到本地磁盘之前会进行分区、排序，之后会溢写到本地磁盘。在 Map 不断处理输入分片的过程中，数据会被不断溢写到本地磁盘，并在磁盘上生成很多小文件。由于最终 Reduce 只会取走 Map 输出的一个结果，所以会将溢写到磁盘的数据进行一次归并，将各个分区的数据归并在一起，之后再次排序并形成一个文件，等待 Reduce 任务获取。

分区：决定 Map 输出的数据将会被哪个 Reduce 任务处理。

排序：默认操作，对分区中的数据进行排序。排序后，可以进行合并。

溢写到磁盘：在达到设置的溢写比例时，将内存中的数据写入本地磁盘（hadoop.tmp.dir）。

在 Map 任务全部结束之前进行归并，得到一个大的文件，并将其存放到本地磁盘中。合并和归并是有区别的，比如两个相同的键-值对<"Hello",1>，如果进行合并，会得到<"Hello",2>；如果进行归并，会得到<"Hello",<1,1>>。

2．Reduce 阶段的 Shuffle 过程

当 Map 阶段的数据处理完成后，Reduce 任务会主动领取自己需要处理的数据并放入缓

存，将来自不同 Map 节点的数据先进行归并，再进行合并，之后根据 Reduce 端数据内存的阈值溢写到本地磁盘，形成一个个小文件。将多个溢写文件归并形成一个或多个大文件，对文件中的键-值对排序和分组（将相同 Key 的 Value 放在一起），最后形成 Reduce 输入，并传递给 reduce()方法，将得出的结果输出到 HDFS 中。

9.5 YARN 概述

9.5.1 YARN 简介

YARN（Yet Another Resource Negotiator，另一种资源协调者）是一个通用资源管理系统和调度平台，可以为上层应用提供统一的资源管理和调度功能，它的引入为集群在资源利用率、资源统一管理和数据共享等方面带来了巨大的好处。

YARN 与运行的用户程序完全解耦，只提供运算资源的调度功能，即用户程序向 YARN 申请资源，YARN 负责分配资源。在 YARN 上，可以运行各种类型的分布式运算程序，例如，MapReduce、Storm、Spark、Tez 等计算框架都可以被整合在 YARN 上运行，只要它们各自的框架中有符合 YARN 规范的资源请求机制即可。基于 YARN 的计算框架如图 9.16 所示。

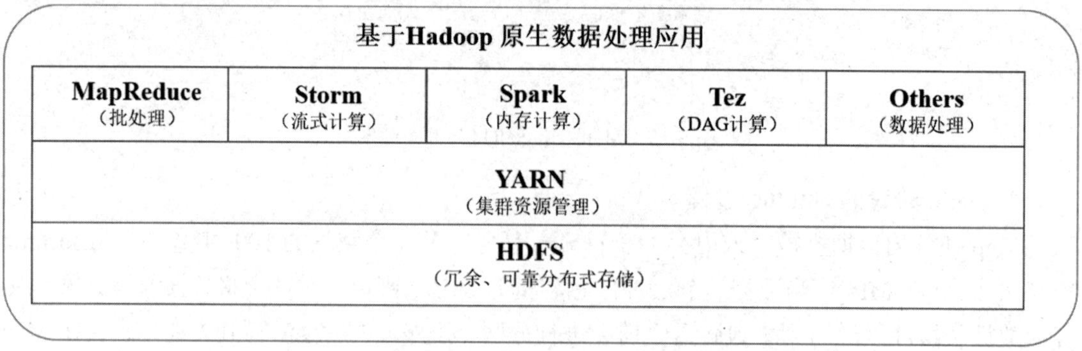

基于Hadoop 原生数据处理应用				
MapReduce （批处理）	Storm （流式计算）	Spark （内存计算）	Tez （DAG计算）	Others （数据处理）
YARN （集群资源管理）				
HDFS （冗余、可靠分布式存储）				

图 9.16　基于 YARN 的计算框架

9.5.2 YARN 的特点

YARN 基于 MapReduce 1.0 的缺陷进行了改进，解决了扩展性受限、单点故障、难以支持 MapReduce 之外的计算框架等问题。YARN 具有以下特点。

（1）对资源管理与计算框架进行解耦设计，将一个集群资源共享给上层的各个计算框架，并按需分配，大幅度提高资源利用率。

（2）运维成本显著下降，只需要运维一个集群，就可以同时运行满足多种业务需求的计算框架。

（3）集群内的数据共享一致，数据不再需要在集群间进行复制和转移，达到了共享互用的目的。

（4）避免了单点故障集群资源扩展的问题。

计算框架和资源管理解耦后的架构如图 9.17 所示。

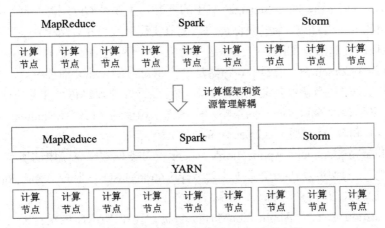

图 9.17　计算框架和资源管理解耦后的架构

9.5.3　YARN 的基本框架

YARN 设计的核心思想是将 MapReduce 1.0 中 JobTracker 的两个主要职责——资源管理和任务调度管理，分别交给两个角色负责。一个是全局的 ResourceManager，另一个是每个应用中唯一的 ApplicationMaster。YARN 总体上是 Master/Slave 结构的，ResourceManager 为 Master，NodeManager 为 Slave，其基本框架由一个 ResourceManager 与多个 NodeManager 组成，构成了一个新的通用系统，实现了分布式管理应用程序的系统。ResourceManager 负责对全局资源进行统一的管理和调度。每个应用程序对应一个 ApplicationMaster，YARN 会为每个任务分配一个 Container，且该任务只能使用该 Container 中描述的资源。YARN 主要由 ResourceManager、Scheduler、ApplicationManager、ApplicationMaster、NodeManager、Container 等几个组件构成。YARN 的基本框架如图 9.18 所示。

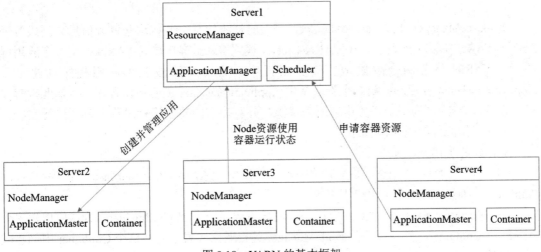

图 9.18　YARN 的基本框架

（1）ResourceManager：ResourceManager 是一个全局的资源管理器，负责整个系统的资源管理和分配。它主要由两个组件构成，即 Scheduler（调度器）和 ApplicationManager（应用程序管理器），用于管理 NodeManager 节点的资源（主要是 CPU 和内存等）。

（2）Scheduler：Scheduler 会根据特定的调度器实现调度算法，结合作业所在的队列资源容量，将资源按调度算法分配给各个正在运行的应用程序。资源分配单位使用一个抽象的概念——"容器"（Container）来表示。容器是一个相对封闭、独立的环境，已经将 CPU、内存及任务运行所需的环境条件封装在一起。容器可以很好地限定每个任务所使用的资源量。YARN 提供了多种调度器和可配置的策略：先进先出调度器（FIFO Scheduler）、公平调度器（Fair Scheduler）和容量调度器（Capacity Scheduler）等。

（3）ApplicationManager：ApplicationManager 负责管理整个系统中的所有应用程序，包括应用程序提交，与调度器协商资源以启动 ApplicationMaster，监控 ApplicationMaster 的运行状态并在其运行失败时将其重新启动等。

（4）ApplicationMaster：ApplicationMaster 负责管理在 YARN 内运行的每个应用程序的实例。每个应用程序对应一个 ApplicationMaster，它负责进行数据切分，并为当前应用程序向 ResourceManager 申请资源，当申请到资源时会和 NodeManager 进行通信，随后启动容器并运行相应的任务。ApplicationMaster 负责协调来自 ResourceManager 的资源，并通过 NodeManager 监视容器的执行和资源使用（CPU、内存等的资源分配）情况。通俗来讲，它负责管理发起的任务，并随着任务的创建而创建，随着任务的完成而结束。

（5）NodeManager：NodeManager 负责管理集群中每个节点上的资源和任务，一方面，它会定时地向 ResourceManager 汇报本节点上的资源使用情况和各个 Container 的运行状态；另一方面，它接收并处理来自 ApplicationMaster 的 Container 启动/停止等请求。

（6）Container：Container 是 YARN 中的资源抽象，它封装了某个节点上的多维度资源，如内存、CPU、磁盘、网络等。当 ApplicationMaster 向 ResourceManager 申请资源时，ResourceManager 为 ApplicationMaster 返回的资源便是用 Container 表示的。

9.5.4　YARN 的工作流程

ResourceManager 收集 NodeManager 反馈的资源信息，并将这些资源信息分割成若干组，在 YARN 中以队列表示。在 YARN-Cluster 模式中，当客户端向 YARN 提交一个应用程序后，YARN 将分两个阶段运行该应用程序。第一个阶段是为应用程序创建一个 ApplicationMaster 并启动；第二个阶段是由 ApplicationMaster 创建应用程序，将作业拆解成多个任务（Task），为每个任务申请所需资源，并监控它的整个运行过程，直至运行完毕。YARN 的工作流程如图 9.19 所示。

YARN 的工作流程如下。

（1）客户端向 YARN 提交应用程序，其中包括 ApplicationMaster 程序、启动 ApplicationMaster 的命令、用户程序等。

（2）ResourceManager 收到请求后，在集群中选择一个 NodeManager，为该应用程序分配第一个 Container，并与对应的 NodeManager 进行通信，要求它在这个 Container 中创建应用程序的 ApplicationMaster。

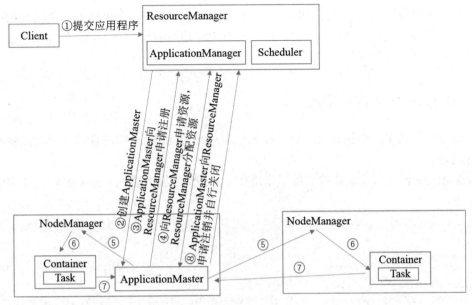

图 9.19　YARN 的工作流程

（3）ApplicationMaster 创建成功后向 ResourceManager 申请注册。

（4）ApplicationMaster 注册成功后，先对任务需要处理的数据进行切分，然后采用轮询的方式通过 RPC 协议向 ResourceManager 申请资源。ResourceManager 会根据给定的调度策略将资源提供给申请资源的 ApplicationMaster。

（5）一旦 ApplicationMaster 申请资源成功后，就可以与集群中对应的 NodeManager 进行通信，要求它启动任务。

（6）NodeManager 为任务设置好运行环境后，将任务启动命令写到一个脚本中，并通过运行该脚本来启动任务。

（7）任务启动后，通过 RPC 协议向 ApplicationMaster 汇报自己的状态和执行进度，以便让 ApplicationMaster 随时掌握各个任务的运行状态，从而可以在任务失败时重新启动任务。在应用程序运行过程中，客户端可以随时通过 RPC 协议向 ApplicationMaster 查询应用程序的当前运行状态。

（8）应用程序运行完成后，ApplicationMaster 向 ResourceManager 申请注销并自行关闭。

9.6　Hadoop 的部署与实践

要学习与实践 Hadoop，首先需要完成虚拟机和 Linux 系统的安装与配置，这里选择使用 VirtualBox 虚拟机软件、Linux 操作系统 CentOS 8.0，并安装 Hadoop 3.x 版本。VirtualBox 虚拟机软件和 CentOS 8.0 安装、CentOS 8.0 基本环境设置、JDK 1.8 和 MySQL 安装与配置的具体操作步骤，可以参考本书配套在线课程中的操作录屏和实验操作手册完成。对应的安装包可通过官方网站或国内镜像网站下载。

本书配套在线课程中 Hadoop 的安装部署采用伪分布模式。伪分布模式是指在一台单机上运行，但使用不同的守护进程模拟分布式运行中的各类节点。也就是说，伪分布模式在"单节点集群"上运行 Hadoop，其中所有的守护进程都运行在同一台机器上。该模式在单机模式的基础上增加了代码调试功能，允许用户检查内存使用情况，HDFS 输入/输出情况，以及其他的守护进程交互情况。

9.6.1 配置 SSH 免密码登录

在伪分布模式中，即使只有一台计算机也应当配置 SSH 免密码登录，否则需要不断地输入密码。

安装 Hadoop 分布式系统的准备工作是在 CentOS 环境中通过 Linux 操作指令完成的，代码如下：

```
[hadoop@hadoop ~]$ hostname                    #查看主机名
hadoop
[hadoop@hadoop ~]$ sudo vi /etc/hostname       #设置主机名
hadoop01
[hadoop@hadoop ~]$ sudo vi /etc/hosts
192.168.1.180   hadoop01  #增加一行，实现主机名和 IP 地址映射。IP 地址为自己机器的 IP 地址
[hadoop@hadoop ~]$ sudo systemctl status firewalld   #查看防火墙是否永久关闭，出现
Active: inactive (dead) 表示关闭
#查看 SELinux 是否被禁用
[hadoop@hadoop ~]$ sudo vi /etc/selinux/config
SELINUX=disabled                               #禁用 SELinux
#创建 hadoop 用户并给用户提权，如果已经存在 hadoop 用户，则不需要再创建
[hadoop@hadoop ~]$ sudo useradd hadoop         #创建 hadoop 用户，根据需求设置用户名
[hadoop@hadoop ~]$ sudo passwd hadoop          #设置密码，根据需求设置
#给 hadoop 用户设置 sudo 权限
#通过编辑/etc/sudoers 文件，对 hadoop 用户进行提权，使得 hadoop 用户具有超级管理员的权限。将用户
添加到 sudo 列表中
[root@hadoop etc]#cat sudoers
chmod u+w /etc/sudoers                          #修改/etc/sudoers 权限，增加可写权限
hadoop ALL=(ALL) NOPASSWD:ALL #修改/etc/sudoers 文件（在第 101 行添加 hadoop 用户的信任信息）
chmod u-w /etc/sudoers                          #修改/etc/sudoers 权限，删除可写权限
#安装 JDK 并检查是否安装成功
[hadoop@hadoop ~]$ which java                   #查看 JDK 路径
/opt/model/jdk1.8/bin/java
[hadoop@hadoop ~]$ java -version                #查看 JDK 版本
java version "1.8.0_231"
Java(TM) SE Runtime Environment (build 1.8.0_231-b11)
Java HotSpot(TM) 64-Bit Server VM (build 25.231-b11, mixed mode)
#SSH 免密码登录
# (1) 生成 RSA 公钥与私钥对
[hadoop@hadoop ~]$ ssh-keygen -t rsa           #创建密钥对 rsa，按 3~4 次回车键确认
[hadoop@hadoop ~]$ ll ~/.ssh                    #查看生成的密钥对
总用量 8
-rw------- 1 hadoop hadoop 2602 3月 26 15:42 id_rsa
-rw-r--r-- 1 hadoop hadoop 567 3月 26 15:42 id_rsa.pub
[hadoop@hadoop ~]$ cat ~/.ssh/id_rsa           #查看生成的私钥
-----BEGIN OPENSSH PRIVATE KEY-----
b3BlbnNzaC1rZXktdjEAAAAABG5vbmUAAAAEbm9uZQAAAAAAAAABAAABlwAAAdzc2gtcn
# (2) 将生成的公钥复制到免密码登录的主机上
[hadoop@hadoop ~]$ ssh-copy-id hadoop01        #将生成的公钥复制到免密码登录的主机上
/usr/bin/ssh-copy-id: INFO: Source of key(s) to be installed:
```

```
"/home/hadoop/.ssh/id_rsa.pub"
The authenticity of host 'hadoop01 (192.168.1.180)' can't be established.
ECDSA key fingerprint is SHA256:y/NxgLTyyWNRqBYSkP4scDIHWSLj7eaEyv+jujIB/9E.
Are you sure you want to continue connecting (yes/no/[fingerprint])? yes #确定连接
hadoop01
/usr/bin/ssh-copy-id: INFO: attempting to log in with the new key(s), to filter
out any that are already installed
/usr/bin/ssh-copy-id: INFO: 1 key(s) remain to be installed -- if you are
prompted now it is to install the new keys
hadoop@hadoop01's password:              #输入 hadoop 用户密码
Number of key(s) added: 1
Now try logging into the machine, with: "ssh 'hadoop01'"
and check to make sure that only the key(s) you wanted were added.
[hadoop@hadoop ~]$ ll ~/.ssh          #查看公钥是否被复制到要登录的节点机器上
总用量 16
-rw------- 1 hadoop hadoop 567 3月 26 15:46 authorized_keys
-rw------- 1 hadoop hadoop 2602 3月 26 15:42 id_rsa
-rw-r--r-- 1 hadoop hadoop 567 3月 26 15:42 id_rsa.pub
-rw-r--r-- 1 hadoop hadoop 184 3月 26 15:46 known_hosts
#测试免密码登录
 [hadoop@hadoop ~]$ ssh hadoop01
Activate the web console with: systemctl enable --now cockpit.socket
Last login: Sat Mar 26 15:04:10 2022
```

9.6.2　安装 Hadoop

使用 WinSCP 工具软件上传 Hadoop 安装包到 Linux 机器上，从宿主物理机上传文件到 Linux 机器的指定路径下（/opt/software），代码如下：

```
#以下代码演示了解压缩安装包并配置环境变量的过程
#查看 hadoop3.2.1 安装包文件
[hadoop@hadoop ~]$ cd /opt/software
 [hadoop@hadoop software]$ ll
[hadoop@hadoop software]$ cd hadoop3.2.1/
[hadoop@hadoop hadoop3.2.1]$ ll
#解压缩并上传 Hadoop 安装包到指定目录 /opt/model 下
[hadoop@hadoop hadoop3.2.1]$ tar -zxvf hadoop-3.2.1.tar.gz -C /opt/model
#配置环境变量
[hadoop@hadoop hadoop3.2.1]$ vi ~/.bashrc
JAVA_HOME=/opt/model/jdk1.8
HADOOP_HOME=/opt/model/hadoop-3.2.1              #增加环境变量 HADOOP_HOME
PATH="$HOME/.local/bin:$HOME/bin:$PATH:$JAVA_HOME/bin:$HADOOP_HOME/bin:$HADOOP_HOM
E/sbin" #追加 ":$HADOOP_HOME/bin:$HADOOP_HOME/sbin"，bin 目录和 sbin 目录下都有相应的可执行文件
export PATH
export JAVA_HOME
export HADOOP_HOME              #输出环境变量 HADOOP_HOME
[hadoop@hadoop hadoop3.2.1]$ source ~/.bashrc   #执行 source 命令，使环境变量立即生效
[hadoop@hadoop hadoop3.2.1]$ which hadoop       #查看 Hadoop 安装路径
/opt/model/hadoop-3.2.1/bin/hadoop
[hadoop@hadoop hadoop3.2.1]$ hadoop version      #查看 Hadoop 安装版本
Hadoop 3.2.1
```

9.6.3 修改配置文件

（1）查看配置文件路径，代码如下：

```
[hadoop@hadoop hadoop3.2.1]$ cd /opt/model/hadoop-3.2.1
[hadoop@hadoop hadoop-3.2.1]$ ll    #查看配置文件路径/opt/model/hadoop-3.2.1下的目录及文
件信息，了解 bin、sbin、share 等目录下的文件信息
```

（2）创建目录，代码如下：

```
#/opt/model/hadoop-3.2.1/etc/hadoop/tmp 是 Hadoop 文件系统依赖的基础配置，很多路径都依赖
它。如果 hdfs-site.xml 文件中不配置 NameNode 和 DataNode 的存放位置，则默认存放在这个路径下
#NameNode 数据存放路径 /opt/model/hadoop-3.2.1/etc/hadoop/dfs/name
#DataNode 数据存放路径 /opt/model/hadoop-3.2.1/etc/hadoop/dfs/data
[hadoop@hadoop hadoop-3.2.1]$ mkdir /opt/model/hadoop-3.2.1/tmp
[hadoop@hadoop hadoop-3.2.1]$ mkdir -p /opt/model/hadoop-3.2.1/dfs/name
[hadoop@hadoop hadoop-3.2.1]$ mkdir -p /opt/model/hadoop-3.2.1/dfs/data
#etc/hadoop 下的配置文件
[hadoop@hadoop01 hadoop-3.2.1]$ cd etc/hadoop
[hadoop@hadoop01 hadoop]$ ll
```

（3）修改配置文件 etc/hadoop/hadoop-env.sh，代码如下：

```
#Hadoop 运行环境：用来定义 Hadoop 运行环境相关的配置信息
[hadoop@hadoop hadoop-3.2.1]$ vi etc/hadoop/hadoop-env.sh
#The java implementation to use. By default, this environment
#variable is REQUIRED on ALL platforms except OS X!
#修改 etc/hadoop/hadoop-env.sh 文件中 export JAVA_HOME=行后面的文本如下
export JAVA_HOME=/opt/model/jdk1.8
```

（4）修改配置文件 etc/hadoop/core-site.xml，代码如下：

```
#集群全局参数：用于定义系统级别的参数，如 HDFS URL、Hadoop 的临时目录等，配置 HDFS 的 NameNode
的地址（NameNode 的 URI，hdfs://主机名:端口），配置 Hadoop 运行时产生的文件的目录
[hadoop@hadoop hadoop-3.2.1]$ vi etc/hadoop/core-site.xml
<!-- Put site-specific property overrides in this file. -->
<configuration>
#<!-- 指定 Hadoop 默认的文件系统 schema（URI）=hdfs(协议)://hadoop01(hdfs 主节点):9000 -->
#<! --这是一个描述集群中 NameNode 的 URI(包括协议、主机名称、端口号)，集群里面的每台机器都需要知
道 NameNode 的地址。DataNode 节点会先在 NameNode 上注册，这样它们的数据才可以被使用。独立的客户端程序
通过这个 URI 与 DataNode 进行交互，以取得文件的块列表-->
<property>
<name>fs.defaultFS</name>
<value>hdfs://hadoop01:9000</value>
</property>
#注意: hostname 要用主机名或域名，不能使用 IP 地址
#<!--hadoop.tmp.dir 是 Hadoop 文件系统依赖的基础配置，很多路径都依赖它。如果 hdfs-site.xml 中
不配置 NameNode 和 DataNode 的存放位置，则默认存放在这个路径下-->
<property>
<name>hadoop.tmp.dir</name>
<value>/opt/model/hadoop-3.2.1/tmp </value>
</property>
</configuration>
#最好配置 Hadoop 的默认临时文件存放路径，如果在新增节点或者其他情况下莫名其妙地无法启动 DataNode
了，则删除此文件中的 tmp 目录。不过如果删除了 NameNode 中的此目录，就需要重新执行 NameNode 格式化的命令
```

（5）修改配置文件 etc/hadoop/hdfs-site.xml、HDFS 的名称节点和数据节点的存放位置、文件副本的个数、文件的读取权限等，代码如下：

```
[hadoop@hadoop hadoop-3.2.1]$ vi etc/hadoop/hdfs-site.xml
#默认 Block 的大小为 128MB
<!-- Put site-specific property overrides in this file. -->
<configuration>
#<!-- dfs.replication 决定着系统中文件块的数据备份个数。对于一个实际的应用，它应该被设置为 3
（这个数字并没有上限，但更多的备份可能并没有更大的作用，而且会占用更多的空间）。如果备份少于 3 个，则可能
会影响到数据的可靠性（系统发生故障时，也许会造成数据丢失）-->
<property>
<name>dfs.replication</name>
<value>1</value>
</property>
#定义 NameNode Web UI 使用的监听地址和基本端口
<property>
<name>dfs.namenode.http-address</name>
<value>hadoop01:9870</value>
</property>
#<可选配置>
#<!-- dfs.namenode.name.dir 是 NameNode 存储 Hadoop 文件系统信息的本地系统路径。这个值只对
NameNode 有效，DataNode 并不需要使用它。dfs.datanode.data.dir 是 DataNode 被指定要存储数据的本地
文件系统路径。DataNode 上的这个路径没有必要完全相同，因为每台机器的环境很可能是不一样的。但是如果每台机
器上的这个路径都是统一配置的，则会使工作变得简单。在默认情况下，它的值为 hadoop.tmp.dir，这个路径只能
用于测试。因为它很可能会丢失一些数据，所以这个值最好被覆盖。上面对于/temp 类型的警告，同样适用于这里。
在实际应用中，它最好被覆盖-->
<property>
<name>dfs.namenode.name.dir</name>
<value>/opt/model/hadoop-3.2.1/dfs/name</value>
</property>
<property>
<name>dfs.datanode.data.dir</name>
<value>/opt/model/hadoop-3.2.1/dfs/data</value>
</property>
</configuration>
```

（6）修改配置文件 etc/hadoop/mapred-site.xml。MapReduce 参数包括 JobHistoryServer 和应用程序参数两部分，如 Reduce 任务的默认个数、任务所能够使用内存的默认上下限等。代码如下：

```
[hadoop@hadoop hadoop-3.2.1]$ vi etc/hadoop/mapred-site.xml
<!-- Put site-specific property overrides in this file. -->
<configuration>
#<!-- 指定 MapReduce 运行在 YARN 上，这个属性用于指定执行 MapReduce 作业的运行时框架。属性值可以
是 local、classic 或 yarn -->
<property>
<name>mapreduce.framework.name</name>
<value>yarn</value>
</property>
#指定查看运行 MapReduce 程序的服务器的 IPC 主机名和端口号，通过历史服务器查看已经运行完成的 MapReduce
作业记录
<property>
<name>mapreduce.jobhistory.address</name>
<value>hadoop01:10020</value>
</property>
```

```
#指定了使用 Web UI 查看 MapReduce 程序的主机名和端口号
<property>
<name>mapreduce.jobhistory.webapp.address</name>
<value>hadoop01:19888</value>
</property>
</configuration>
```

（7）修改配置文件 etc/hadoop/yarn-site.xml。集群资源管理系统的参数包括 ResourceManager 配置、NodeManager 的通信端口、Web 监控端口等。代码如下：

```
[hadoop@hadoop hadoop-3.2.1]$ vi etc/hadoop/yarn-site.xml
<configuration>
<!-- Site specific YARN configuration properties -->
#<!-- 指定 YARN 的 ResourceManager 的地址 -->
<property>
<name>yarn.resourcemanager.hostname</name>
<value>hadoop01</value>
</property>
#<!-- Reducer 获取数据的方式：这个属性用于指定在进行 MapReduce 作业时，YARN 使用
mapreduce_shuffle 混洗技术。这个混洗技术是 Hadoop 的一个核心技术 -->
<property>
<name>yarn.nodemanager.aux-services</name>
<value>mapreduce_shuffle</value>
</property>
#是否开启日志聚合。开启日志聚合后，会在应用程序运行完成后收集每个容器的日志，并将这些日志移动到文
件系统中，如 HDFS
<property>
<name>yarn.log-aggregation-enable</name>
<value>true</value>
</property>
#聚合日志保存时间（默认为-1，表示不删除）
<property>
<name>yarn.log-aggregation.retain-seconds</name>
<value>604800</value>
</property>
</configuration>
```
（8）修改配置文件 etc/hadoop/workers，代码如下：
```
[hadoop@hadoop hadoop-3.2.1]$ vi etc/hadoop/workers
hadoop01      #添加从节点名称，Hadoop 3.0 以后，slaves 更名为 workers
```

9.6.4 Hadoop 的启动和关闭

（1）格式化 NameNode，代码如下：

```
[hadoop@hadoop hadoop-3.2.1]$ hdfs namenode -format
#若格式化成功，会看到 "Successfully formatted" 和 "Exitting with status 0" 的提示信息，
若为 "Exitting with status 1"，则表示格式化出错
```

（2）启动集群服务，代码如下：

```
#通过 start-dfs.sh 和 start-yarn.sh 启动，或者直接执行 start-all.sh 来启动
#开启 NameNode 和 DataNode 守护进程
[hadoop@hadoop01 hadoop-3.2.1]$ start-dfs.sh
[hadoop@hadoop01 hadoop-3.2.1]$ jps
[hadoop@hadoop01 hadoop-3.2.1]$ start-yarn.sh
```

#通过 jps 命令查看启动的 Hadoop 进程。启动完成后，可以通过 jps 命令来判断是否成功启动，若成功启动，则会列出如下进程：NameNode、DataNode 和 SecondaryNameNode（如果 SecondaryNameNode 没有启动，则执行 stop-dfs.sh 关闭进程，并再次尝试启动）。如果没有列出 NameNode 或 DataNode，则表示配置不成功，必须仔细检查之前的步骤，或者通过查看启动日志来排查原因

```
[hadoop@hadoop01 hadoop-3.2.1]$ jps
3776 NodeManager
3267 SecondaryNameNode
2900 NameNode
3638 ResourceManager
4121 Jps
3036 DataNode
```

（3）启动 JobHistoryServer 进程，代码如下：

```
[hadoop@hadoop hadoop-3.2.1]$ mr-jobhistory-daemon.sh start historyserver
```

（4）关闭集群服务，代码如下：

```
#通过 stop-dfs.sh 和 stop-yarn.sh 关闭，或者直接执行 stop-all.sh 来关闭
[hadoop@hadoop01 hadoop-3.2.1]$ stop-all.sh
WARNING: Stopping all Apache Hadoop daemons as hadoop in 10 seconds.
WARNING: Use CTRL-C to abort.
Stopping namenodes on [hadoop01]
Stopping datanodes
Stopping secondary namenodes [hadoop01]
Stopping nodemanagers
Stopping resourcemanager
[hadoop@hadoop01 hadoop-3.2.1]$ jps
7139 Jps
```

第 10 章
Spark 计算平台

10.1 Spark 概述

10.1.1 Spark 简介

Apache Spark 是专门为处理大规模数据而设计的基于内存的快速通用计算平台。它是加州大学伯克利分校 AMP（Algorithms, Machines, and People Lab）实验室开发和开源的类 Hadoop MapReduce 的通用并行框架，可以用来构建大型的、低延迟的数据分析应用程序。Spark 计算平台如图 10.1 所示。

图 10.1 Spark 计算平台

Spark 拥有 Hadoop MapReduce 所具备的优点，但不同于 MapReduce 的是，Spark 的 Job 中间输出结果可以保存在内存中，从而不再需要读写 HDFS，因此 Spark 能更好地适用于数据挖掘与机器学习等需要迭代的 MapReduce 算法。从表面上看，Spark 的目的是支持分布式数据集上的迭代作业，但是实际上它是对 Hadoop 的补充，可以在 Hadoop 文件系统中并行运行。Spark 启用了内存分布数据集，除了能够提供交互式查询，还可以优化迭代工作。

10.1.2 Spark 的特点

（1）Spark 提供了内存计算功能，可以将中间输出结果保存在内存中，减少了迭代过程中将数据写入磁盘的需求，提高了处理效率。

（2）Spark 提供了一个全面、统一的框架，包括 Spark SQL、Spark Streaming、Spark MLlib、Spark GraphX 等技术组件，可以一站式地完成大数据领域的离线批处理、交互式查询分析、流计算、机器学习、图计算等常见任务。Spark 能够满足对文本数据、图表数据等不同性质的数据集，以及对批量数据或实时的流数据等不同数据源的大数据处理需求。

（3）Spark 的高级 API 剥离了对集群本身的关注，使 Spark 应用开发者可以专注于应用所要进行的计算本身。Spark 提供了多种数据集操作类型，除了 Map、Reduce 操作，还有 Filter、FlatMap、ReduceByKey 等转换操作，以及 Count、Collect 等行为操作。Spark 比 Hadoop 更加通用，可以支持更多类型的应用。

（4）Spark 基于 DAG（Directed Acyclic Graph，有向无环图）的任务调度执行机制，比 Hadoop MapReduce 的迭代执行机制更优越。

（5）Hadoop 各个处理节点之间的通信模型只有 Shuffle 一种。Spark 应用开发者可以使用 DAG 开发复杂的多步数据管道，控制中间结果的存储、分区等。

（6）Spark 基于内存进行数据处理，适用于数据量不是特别大但是要求进行实时统计分析的场景。同时，Spark 对硬件要求较高，特别是对内存和 CPU 有更高的要求。

10.1.3　Spark 计算平台的生态

Spark 生态圈以 Spark Core 为核心，可从 HDFS、Amazon S3 和 HBase 等持久层读取数据，以 YARN、Mesos 和自身携带的 Standalone 为 Cluster Manager 调度任务 Job 完成 Spark 应用程序的计算。这些应用程序可以来自不同的组件，都可以使用 Spark Core 的 API 处理问题，它们的方法几乎是通用的，处理的数据也可以共享，因此可以完成不同应用之间数据的无缝集成。Spark 计算平台的生态如图 10.2 所示。

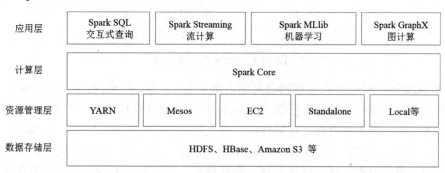

图 10.2　Spark 计算平台的生态

（1）Spark Core：实现了 Spark 的基本功能，包含任务调度、内存管理、容错机制、与存储系统的交互等。内部定义了 RDD（弹性分布式数据集），并提供了 APIs 来创建和操作这些 RDD，其他 Spark 的组件库都是构建在 RDD 和 Spark Core 基础上的。

（2）Spark SQL：提供通过 Apache Hive 的 Hive 查询语言（HiveQL）与 Spark 进行交互的 API，是 Spark 处理结构化数据的库。每个数据库表被当作一个 RDD，Spark SQL 查询被转换为 Spark 操作。操作的数据结构为 DataSet/DataFrame = RDD + Schema。

（3）Spark Streaming：实时数据流处理组件。Spark Streaming 提供了 API 来处理和控制实时数据流，允许程序像普通 RDD 一样处理实时数据。

（4）Spark MLlib：一个包含通用机器学习功能算法的库，且算法被实现为对 RDD 的 Spark 操作。这个库包含可扩展的学习算法，如分类、回归、聚类、协同过滤等需要对大量数据集进行迭代的操作，还包括模型的评估和数据导入。Spark MLlib 的数据结构是 RDD 或 DataFrame，且它所提供的上述方法都支持集群上的横向扩展。

（5）Spark GraphX：Spark GraphX 扩展了 RDD API，用于进行图计算，从而能够在海量数据上自如地进行复杂的图计算操作，包含控制图、创建子图和访问路径上所有顶点的操作。操作的数据结构为 RDD 或 DataFrame。Spark GraphX 提供了各种图的操作和常用的图算法，如 PangeRank 算法。

10.1.4 Spark 的应用场景

Spark 适用于计算量大、效率要求高的应用场景：基于实时数据流的数据处理，延迟性要求为数百毫秒到数秒；基于历史数据的交互式查询，要求响应较快。例如，使用大数据分析技术来构建推荐系统，进行个性化推荐、广告定点投放等，这种应用场景的数据量大且需要进行逻辑复杂的批数据处理，对计算效率有较高的要求。Spark 的应用场景如图 10.3 所示。

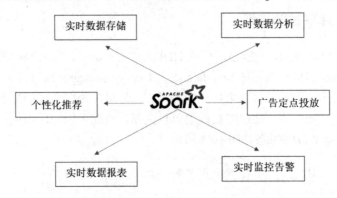

图 10.3　Spark 的应用场景

目前，大数据分析技术在互联网公司中主要应用在广告、报表、推荐系统等业务上。Spark 模拟广告投放的计算效率高、延迟低。机器学习、图计算等迭代计算，大大减少了网络传输、数据落地等开销，极大地提高了计算性能。在互联网广告业务中，可以利用 Spark 进行应用分析、效果分析、定向优化等业务。在推荐系统方面，可以利用 Spark 内置多次迭代的机器学习算法训练模型数据，进行社区发现、优化排名、个性化推荐及热点单击分析等业务。

Yahoo 将 Spark 应用于在广告单击或观看数据中寻找目标客户，进行单击预测和即席查询等。淘宝技术团队使用 Spark 来支持多次迭代的机器学习算法、计算复杂度高的算法等，将 Spark 应用于内容推荐相关算法、运用图计算解决基于度分布的中枢节点发现、基于最大连通图的社区发现、基于三角形计数的关系衡量、基于随机游走的用户属性传播等。腾讯大数据精准推荐借助 Spark 快速迭代的优势，实现了"数据实时采集、算法实时训练、系统实时预测"的全流程实时并行高维算法，最终将其成功应用于广点通 pCTR 投放系统。优酷土豆将 Spark 应用于视频推荐（图计算）和广告业务，主要用于实现机器学习、图计算等迭代算法。

10.2　Spark 架构

Spark 架构包括集群资源管理器（Cluster Manager）、运行作业任务的工作节点（Worker

Node）、每个应用的任务控制节点（Driver）和每个工作节点上负责具体任务的执行进程（Executor）。Spark 支持多种集群资源管理器，自带 Standalone 集群资源管理器、Mesos 或 YARN，系统默认采用 YARN 模式。

Spark Application 作为一系列独立的进程运行在集群上，用户使用 SparkContext 提供的 API 编写 Driver Program，使用 SparkContext 提交任务给 Cluster Manager。SparkContext 通过这些 Cluster Manager 分配整个程序资源。只要能连接上任意一种 Cluster Manager，Spark 就会获得每个工作节点上的 Executor。Spark Application 的 Task 由 Executor 负责计算和存储数据，之后由 Spark 分发这些代码（Jar 包或 Python 文件）到 Executor 中，最后由 SparkContext 发送 Task 到 Executor 中运行。Spark 架构的组成如图 10.4 所示。

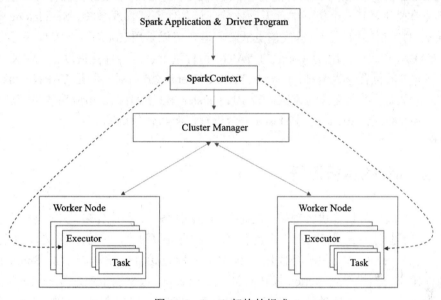

图 10.4　Spark 架构的组成

（1）Driver：Spark 的驱动节点，驱使整个应用运行起来的程序。它用于运行 Spark Application 中的 main()函数，并创建 SparkContext；负责实际代码的执行工作，主要负责将用户程序转化为作业（Job），在 Executor 之间调度任务，跟踪 Executor 的执行情况，通过 UI 展示运行情况等任务。

（2）SparkContext：负责与 Cluster Manager 通信，进行资源申请、任务的分配和监控等。

（3）Cluster Manager：负责申请和管理在 Worker Node 上运行应用所需的资源。目前包括 Spark 原生的 Standalone Cluster Manager、Mesos Cluster Manager、Hadoop YARN Cluster Manager 等。

（4）Worker Node：从节点，负责控制计算节点，启动 Executor 或 Driver。每个 Worker Node 上的 Executor 都服务于不同的 Application，它们之间是不可以共享数据的。

（5）Executor：某个 Application 运行在 Worker Node 上的一个进程，称为执行器。Executor 负责运行任务（Task），并且负责将数据存储在内存或磁盘中。每个 Application 都有各自独立的一批 Executor。每个 Executor 都包含了一定数量的资源来运行分配给它的 Task。

（6）Task：被传送到某个 Executor 上的工作单元，是运行 Application 的基本单位，多个 Task 组成一个 Stage，而 Task 的调度和管理等都是由 Task Scheduler（任务调度器）负责的。

10.3　Spark 的部署模式

Spark 的部署模式多种多样、灵活多变，当它以单机模式部署时，既可以采用 Local 模式运行，也可以采用伪分布模式运行；而当它以分布式集群模式部署时，也有众多的运行模式可供选择，这取决于集群的实际情况。例如，底层的资源调度可以使用 Spark 内建的 Standalone 模式，也可以依赖外部资源调度框架，如相对稳定的 Mesos 模式和 Hadoop 的 YARN 模式。

（1）Local 模式：本地模式，也称单节点模式，用于在本地部署单个 Spark 服务。该模式常用于本地开发学习和测试，分为 Local 和 Local Cluster 两类。

（2）Standalone 模式：独立集群运行模式。Spark 原生的简单集群资源管理器自带完整的服务，可被单独部署到一个集群中，无须依赖任何其他资源管理系统。Standalone 模式采用 Master/Slave 的典型架构，为了解决单点故障问题，可以采用 ZooKeeper 实现高可靠性。

（3）YARN 模式：使用 Hadoop 的 YARN 组件进行资源与任务调度。YARN 模式根据 Driver 在集群中的位置分为两种：一种是 YARN-Client 模式，另一种是 YARN-Cluster 模式。YARN-Client 模式适用于交互与调试，YARN-Cluster 模式适用于公司应用的生产环境。

（4）Mesos 模式：Spark 使用 Mesos 平台进行资源与任务调度。

10.4　Spark 的运行流程

无论 Spark 以何种模式进行部署，在提交 Spark 任务后，都会先启动 Driver，并由 Driver 向资源管理器注册应用程序，然后资源管理器会根据此任务的配置文件分配并启动 Executor。当 Driver 所需的资源全部满足后，Driver 就开始执行 main() 函数。Spark 查询为懒执行或惰性操作，当执行到 Action 操作时触发一个 Job，根据宽依赖进行 Stage 划分。每个 Stage 对应一个 TaskSet（任务集），TaskSet 中有多个 Task，根据本地化原则，Task 会被分发给指定的 Executor 执行。在任务执行的过程中，Executor 也会不断地与 Driver 通信，报告任务运行情况。Spark 的通用运行流程如图 10.5 所示。

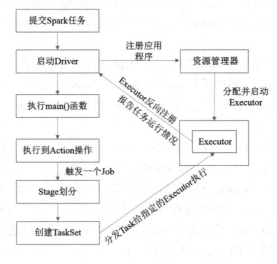

图 10.5　Spark 的通用运行流程

10.4.1　Spark 的 Job 提交流程

（1）构建 Spark Application 的运行环境，即启动 SparkContext。SparkContext 向资源管理器（可以是 Cluster Manager、Mesos 或 YARN）申请注册并运行 Executor 资源。

（2）资源管理器为 Executor 分配资源并启动 Executor 进程 StandaloneExecutorBackend，Executor 运行情况将随着"心跳"被发送到资源管理器上。

（3）SparkContext 构建 DAG，DAG Scheduler 将 DAG 分解成多个 Stage，并把每个 Stage 的 TaskSet 发送给 Task Scheduler。

（4）Executor 向 SparkContext 申请 Task，Task Scheduler 将 Task 发放给 Executor。同时，SparkContext 将应用程序代码分发给 Executor。

（5）Task 在 Executor 上运行，把执行结果反馈给 Task Scheduler，之后反馈给 DAG Scheduler。运行结束后写入数据，SparkContext 向 Cluster Manager 申请注销并释放所有资源。Spark 的 Job 提交流程如图 10.6 所示。

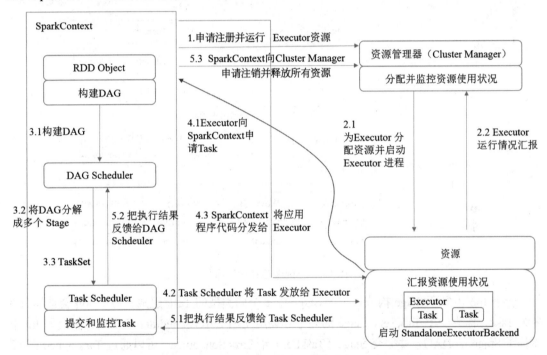

图 10.6　Spark 的 Job 提交流程

DAG Scheduler 可以决定运行 Task 的理想位置，并把这些信息传递给下层的 Task Scheduler。

DAG Scheduler 首先把一个 Spark 作业转换成 Stage 的 DAG，并根据 RDD 和 Stage 之间的关系找出开销最小的调度方法，然后把 Stage 以 TaskSet 的形式提交给 Task Scheduler。此外，DAG Scheduler 还可以处理因 Shuffle 数据丢失而导致的失败，这可能需要重新提交运行之前的 Stage。

Task Scheduler 维护所有的 TaskSet，当 Executor 向 Driver 发送"心跳"时，Task Scheduler 会根据其资源剩余情况分配相应的 Task。另外，Task Scheduler 维护所有 Task 的运行状态，并对失败的 Task 进行重试。

10.4.2 Spark 任务调度

一个 Spark 应用程序包括 Job、Stage 及 Task 三个基本概念。

（1）Job 以 Action 操作为界，遇到一个 Action 操作就触发一个 Job。

（2）Stage 是 Job 的子集，以 RDD 宽依赖（即 Shuffle）为界，遇到一个 Shuffle 就进行一次划分。

（3）Task 是 Stage 的子集，以并行度（分区数）来衡量，有多少个分区就有多少个 Task。

总体来说，Spark 任务调度分为两路：一路是 Stage 级的调度，一路是 Task 级的调度。Spark 总体调度流程如图 10.7 所示。

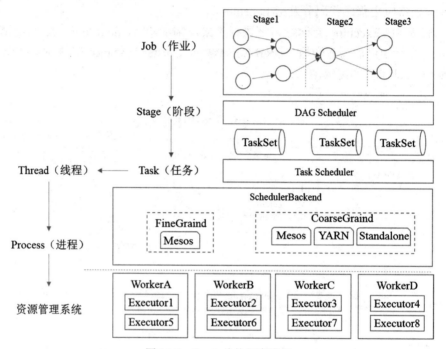

图 10.7　Spark 总体调度流程

一个 Job 由多个 Stage 构成，一个 Stage 由多个同类型的 Task 组成。每个 Job 会被拆分成多组 Task，作为一个 TaskSet。Stage 的划分和调度是由 DAG Scheduler 负责的，它根据 Job 构建基于 Stage 的 DAG，并提交 Stage（TaskSet）给 Task Scheduler。可以通过 Task Scheduler 管理 Task，并通过集群中的资源管理器（在 Standalone 模式下是 Master，在 YARN 模式下是 ResourceManager）把 Task 发给集群中 Worker 的 Executor。每个 Executor 运行的 Task 都是在此处分配的。

10.5　Spark 数据处理模型 RDD

10.5.1　RDD 的概念与特点

RDD（Resilient Distributed Dataset，弹性分布式数据集）是 Spark 中最基本的数据处理

模型。它是一种有容错机制的特殊数据集合，可以分布在集群的节点上，以函数式操作集合的方式进行各种并行操作。

在 Spark 中，对数据的操作主要包括创建 RDD、转换已有 RDD 和调用 RDD 进行求值。RDD 包括两种类型的操作，即 Transformation（转换）操作和 Action（行动）操作。如果想在代码中重复使用某个 RDD，则可以使用 RDD 的持久化操作。RDD 采用惰性求值，只有在执行 Action 操作时，才会真正地进行运算。每次调用 Action 操作时，整个 RDD 都会从头开始计算。为了避免这种抵消行为，一般会将中间结果进行持久化。

10.5.2　RDD 分区的基本知识

1．RDD 分区的概念

RDD 分区是指 RDD 内部的数据集合在逻辑上和物理上被划分成多个子集合，这样的每个子集合被称为分区，即数据集的一个逻辑块。

RDD 只是数据集的抽象，其分区内部并不会存储具体的数据，只会存储分区在该 RDD 内的 index。通过该 RDD 的编号+分区的 index 可以唯一确定该分区对应的块编号，之后利用底层数据存储层提供的接口，就能从存储介质（如 HDFS、内存）中提取出分区对应的数据。

2．RDD 分区的作用

RDD 分区主要有两方面的作用：一方面是增加并行度，另一方面是减少通信开销。

RDD 的分区数会决定对这个 RDD 进行并行计算的粒度。

在分布式程序中，网络通信的开销是很大的，因此控制数据分布以获得最少的网络传输开销可以极大地提升整体性能。Spark 程序可以通过控制 RDD 分区的方式来减少通信开销。

3．RDD 分区的原则

分区数不是越多越好。分区数太多意味着任务数太多，因为每次调度任务是很耗时的，所以分区数太多会导致总体耗时增多；分区数太少，一方面会导致一些节点没有分配到任务，另一方面会导致每个分区要处理的数据量增大，从而对每个节点的内存要求就会提高；分区数不合理，会导致数据倾斜问题。

所以，分区数会对 Spark 性能有影响。RDD 分区的原则是分区数尽可能等于集群中的 CPU 核心（Core）数，以实现数据的并行计算。

4．宽依赖和窄依赖

在 Spark 中，RDD 是否高效与 DAG 有很大的关系。在 DAG 调度中，通常需要对计算过程划分 Stage，而划分依据就是 RDD 之间的依赖关系。根据不同的转换函数，RDD 之间的依赖关系可以分为宽依赖（Wide Dependency）和窄依赖（Narrow Dependency）。由于 RDD 每次转换都会生成新的 RDD，所以 RDD 会形成类似流水线的前后依赖关系，但宽依赖后面的 RDD 的具体数据分片会依赖前面所有 RDD 的数据分片，这时数据分片就不进行内存中的传递了。RDD 是 Spark 的核心数据结构，通过 RDD 的依赖关系形成调度关系，通过对 RDD 的操作形成整个 Spark 程序。

宽依赖：多个子 RDD 的分区依赖一个父 RDD 的分区。例如，groupByKey、sortByKey 就属于宽依赖。宽依赖采用 Shuffle 机制或 MapReduce 机制的效果相同，它主要会将一些数据打散并重新分组。比如 groupByKey、join（父 RDD 不是 hash-Partitioned）、partitionBy、sort 等算子就是用来完成此功能的。

窄依赖：子 RDD 的分区数由父 RDD 的分区数决定，例如针对 Map 操作，父 RDD 和子 RDD 的分区数一致。窄依赖会将数据聚合到一起，收拢数据。比如 map、filter、union、join（父 RDD 是 hash-Partitioned）、mapPartitions、mapValues 等算子就是用来完成此功能的。

5. 分区的创建

Spark 提供两种划分器（Partitioner），即哈希分区划分器（Hash Partitioner）和范围分区划分器（Range Partitioner）。需要注意的是，分区划分器只存在于 PairRDD 中，普通非（Key，Value）类型的 Partitioner 为 None。

哈希分区划分器会根据 Key-Value 的 Key 的 Hashcode 进行分区，将同一类型的 Key 分配到同一个分区中，速度快，但是可能会产生数据偏移，造成每个分区中的数据量不均衡。虽然 Spark 不能控制每个 Key 具体被划分到哪个节点上，但是可以确保相同的 Key 出现在同一个分区中。哈希分区划分器范例如图 10.8 所示。

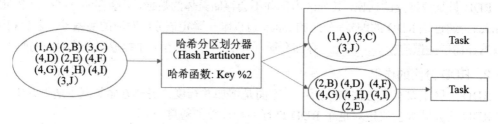

图 10.8　哈希分区划分器范例

范围分区划分器基于抽样的思想对 RDD 中的 Key-Value 进行抽样分区，尽可能找出均衡分割点，这在一定程度上解决了数据偏移问题，力求分区后的每个分区中的数据量均衡，但是速度相对较慢。范围分区划分器范例如图 10.9 所示。

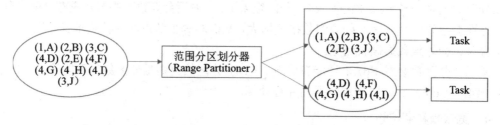

图 10.9　范围分区划分器范例

分区的划分对于 Shuffle 操作来说很关键，决定了该操作的父 RDD 和子 RDD 的依赖类型。例如，Join 操作如果采用协同划分，则两个父 RDD 之间和父 RDD 与子 RDD 之间能形成一致的分区安排，即保证同一个 Key 被映射到同一个分区中，这样就形成了窄依赖；如果不采用协同划分，就会形成宽依赖。所谓的协同划分（co-Partitioned），就是指定分区划分器，以产生前后一致的分区安排。

RDD 本质上是一个只读的分区记录集合。每个 RDD 可以被分成多个分区，而每个分区就是一个数据集片段。一个 RDD 的不同分区可以被保存到集群中的不同节点上，从而可以在集群中的不同节点上进行并行计算。

10.5.3　RDD 基本操作

Spark 支持两种 RDD 基本操作，即 Transformation（转换）操作和 Action（行动）操作。Transformation 操作是指将一个 RDD 通过一种规则映射为另一个 RDD，该操作由 RDD 的转换函数来实现，即懒操作函数，这些函数不触发执行，会返回另一个 RDD。而 Action 操作则主要是对 RDD 进行最后的操作，如遍历、Reduce、保存等，并且可以返回结果给 Driver 程序。

当 RDD 执行 Transformation 操作时，实际计算并没有被执行，只有当 RDD 执行 Action 操作时才会触发计算任务，从而执行相应的计算操作，并返回计算结果。

通过使用 RDD，用户不必担心底层数据的分布式特性，只需要将具体的应用逻辑表达为一系列 Transformation 操作就可以实现管道化，从而避免中间结果的存储，大大降低了数据复制、磁盘 I/O 和数据序列化的开销。RDD 基本操作的执行过程如图 10.10 所示。

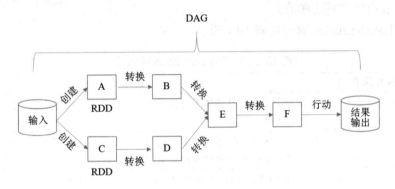

图 10.10　RDD 基本操作的执行过程

1．RDD 的创建操作

Spark 中的计算都是通过操作 RDD 完成的，Spark 提供了两种方式来创建 RDD。

第一种方式是从内存中直接读取数据来创建 RDD，需要使用 sc.parallelize()或 sc.makeRDD()方法，代码如下：

```
val rdd01 = sc.parallelize(List(1,2,3,4,5,6))
val rdd02 = sc.makeRDD(List(1,2,3,4,5,6))
```

上述语句创建了一个由"1,2,3,4,5,6"六个元素组成的 RDD。

第二种方式是通过文件系统创建 RDD，代码如下：

```
val rdd03 = sc.textFile("file:///opt/Spark_data/testWord.txt.txt",1)
```

上述语句使用的是本地文件系统，所以文件路径协议前缀是 file://。

```
val hdfsRDD = sc.textFile("hdfs:///input_data/testWord.txt.txt")
```

上述语句使用的是 HDFS，所以文件路径协议前缀是 hdfs://。

设置分区：

```
val rdd03 = sc.parallelize(List(1,2,3,4,5,6,7),4)
```

查看 RDD 的分区数：

```
rdd03.Partitions.size
```

查看不同分区中的数据：

```
rdd03.glom.collect
```

从内存中直接读取数据来创建的 RDD 的分区数与运行模式（Mesos 模式、YARN 模式、Standalone 模式）相关，但通过文件系统创建的 RDD 的分区数与运行模式无关。若调用 textFile()方法时不传入分区参数，则默认为两个分区。

2．Transformation 操作

Transformation 操作主要用于根据已有 RDD 创建新的 RDD，提供给下一次 Transformation 操作使用。转换出来的 RDD 是惰性求值的，整个转换过程只是记录了转换的轨迹，并不会进行真正的计算，直到遇到第一个 Action 操作时才会被计算。许多 Transformation 操作都是针对元素的，这些 Transformation 操作每次只会操作 RDD 中的一个元素，但并不是所有的 Transformation 操作都是这样的。

常用的 Transformation 算子如表 10.1 所示。

表 10.1　常用的 Transformation 算子

Transformation 算子	说明
filter(func)	提供一个函数，过滤掉不符合这个函数的元素，筛选出符合的元素并返回一个新的数据集
map(func)	接收一个函数，把这个函数应用于 RDD 中的每个元素，并进行一对一的映射，将函数的返回结果作为结果 RDD 中的对应元素返回为一个新的数据集
flatMap(func)	与 map()函数类似，但每个元素都可以映射到 0 或多个输出结果。其中一个简单用途就是把输入的字符串切分为单词
groupByKey()	在应用于（Key,Value）形式的数据集时，返回一个新的（Key,Iterable）形式的数据集。根据 Key 是否相同对元素进行分组，分组的结果是 Key 不变，Value 变成一个列表
reduceByKey(func)	在应用于（Key,Value）形式的数据集时，根据 Key 是否相同对元素进行分组，将值传入 func()函数中进行汇总计算并将结果作为新的值，返回一个新的（Key,Value）形式的数据集

3．Action 操作

Action 操作用于进行计算并按指定的方式输出结果。该操作接收 RDD，返回一个值或结果。在 RDD 执行过程中遇到 Action 操作时，才会进行真正的计算。

常用的 Action 算子如表 10.2 所示。

表 10.2　常见的 Action 算子

Action 算子	说明
count()	返回数据集中的元素个数
collect()	以数组的形式返回数据集中的所有元素
first()	返回数据集中的第一个元素
take(n)	以数组的形式返回数据集中的前 n 个元素
reduce(func)	通过 func()函数（输入两个参数并返回一个值）聚合数据集中的元素
foreach(func)	将数据集中的每个元素传递到 func()函数中运行

10.5.4　RDD 基本操作范例

1. RDD 基本操作范例 1

基于对 RDD 基本操作的介绍，以下给出 RDD 基本操作范例。RDD 的创建和基本操作的执行都是在 Spark 环境中完成的，并把执行结果显示出来，代码如下：

```
#使用 sc.parallelize 或 sc.makeRDD()方法从内存中直接读取数据来创建 RDD
scala> val rdd01 = sc.parallelize(List(1,2,3,4,5,6))
rdd01: org.apache.spark.rdd.RDD[Int] = ParallelCollectionRDD[13] at parallelize at
<console>:24
    scala>  val rdd02 = sc.makeRDD(List(1,2,3,4,5,6))
rdd02: org.apache.spark.rdd.RDD[Int] = ParallelCollectionRDD[14] at makeRDD at
<console>:24
    #查看创建的 RDD 的分区数
scala> rdd01.partitions.size
res10: Int = 1
scala> rdd02.partitions.size
res11: Int = 1
    #设置 RDD 的分区数
scala> val rdd03 = sc.parallelize(List(1,2,3,4,5,6,7),4)
rdd03: org.apache.spark.rdd.RDD[Int] = ParallelCollectionRDD[15] at parallelize at
<console>:24
    #查看设置分区数的 RDD 的分区数
scala> rdd03.partitions.size
res12: Int = 4
    #以下示例主要实现调用 RDD 的 Action 操作，接收 RDD，返回一个值或结果
    #返回数据集中的元素个数
scala> rdd03.count()
res14: Long = 7
    #以数组的形式返回数据集中的所有元素
scala> rdd03.collect()
res16: Array[Int] = Array(1, 2, 3, 4, 5, 6, 7)
    #将 RDD 中每个分区中的元素转换为数组，查看不同分区中的数据（设置 RDD 为 4 个分区）
scala> rdd03.glom.collect()
res23: Array[Array[Int]] = Array(Array(1), Array(2, 3), Array(4, 5), Array(6, 7))
scala> rdd01.glom.collect()   #rdd01 的分区数为 1
res25: Array[Array[Int]] = Array(Array(1, 2, 3, 4, 5, 6))
    #返回数据集中的第一个元素
scala> rdd03.first()
res17: Int = 1
    #以数组的形式返回数据集中的前 4 个元素
scala> rdd03.take(4)
res18: Array[Int] = Array(1, 2, 3, 4)
    #通过 func()函数（输入两个参数并返回一个值）聚合数据集中的元素
    #可以使用 rdd.reduce((x, y) => x + y)
scala> rdd03.reduce(_+_)
res19: Int = 28
    #将数据集中的每个元素传递到 func()函数中运行
scala> rdd03.foreach(x => println(x))    #打印换行输出

    1
    2
    3
    4
    5
    6
    7
```

```
scala> rdd03.foreach(x => print(x))        #打印输出
1234567
```

2. RDD 基本操作范例 2

要处理一个文本文件，第一步是将文本文件中的内容按行读入创建的 RDD 中，第二步是用 mapPartitionRDD 对数据进行分区操作，第三步是用 mapPartitionRDD 将数据转化为 Key-Value 形式，最后用 ShuffleRDD 对数据进行聚合操作，输出最终结果。RDD 基本操作如图 10.11 所示。

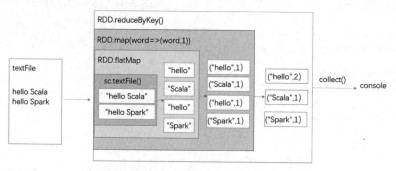

图 10.11　RDD 基本操作

（1）在 Linux 环境下创建一个本地文本文件 test.txt，之后在 test.txt 文件中写入两行文本，作为 RDD 基本操作范例 2 要处理的内容，代码如下：

```
#在 Linux 环境下创建一个本地文本文件 test.txt
hello Flink[hadoop@hadoop01 opt]$ cd /opt/spark_data
#使用 Linux 的 touch 命令创建空白文本文件
[hadoop@hadoop01 spark_data]$ touch test.txt
#查看当前目录，确认是否成功创建文件
[hadoop@hadoop01 spark_data]$ ls
test.txt  testWord.txt
#追加写入两行文本
[hadoop@hadoop01 spark_data]$ echo hello Scala >>test.txt
[hadoop@hadoop01 spark_data]$ echo hello Spark >>test.txt
#使用 Linux 的 cat 命令查看 test.txt 文件的内容
[hadoop@hadoop01 spark_data]$ cat test.txt
hello Scala
hello Spark
```

（2）对照图 10.11，理解 RDD 的基本操作及中间结果。首先创建 RDD，然后调用 RDD 基本操作来实现图 10.11 所示的过程，代码如下：

```
#通过文件系统创建 RDD
scala> val rdd_lines = sc.textFile("file:///opt/spark_data/test.txt")
rdd_lines: org.apache.spark.rdd.RDD[String] = file:///opt/spark_data/test.txt
MapPartitionsRDD[1] at textFile at <console>:24
#遍历输出 RDD 中的数据
scala> rdd_lines.foreach(println)
hello Scala                                               (0 + 1) / 1]
hello Spark
#对 RDD 执行 flatMap 转换操作
val rdd_words = rdd_lines.flatMap(line => line.split(" "))
```

```
rdd_words: org.apache.spark.rdd.RDD[String] = MapPartitionsRDD[2] at flatMap at
<console>:25
    #遍历输出 RDD 中的数据
    scala> rdd_words.foreach(println)
    hello
    Scala
    hello
    Spark
    #对 RDD 执行 map 转换操作
    scala> val rdd_by = rdd_words.map(word=>(word,1))
    rdd_by: org.apache.spark.rdd.RDD[(String, Int)] = MapPartitionsRDD[3] at map at
<console>:25
    #遍历输出 RDD 中的数据
    scala> rdd_by.foreach(println)
    (hello,1)
    (Scala,1)
    (hello,1)
    (Spark,1)
    #对 RDD 执行 reduceByKey 转换操作
    scala> val rdd_group = rdd_by.reduceByKey((a,b)=>a+b)
    rdd_group: org.apache.spark.rdd.RDD[(String, Int)] = ShuffledRDD[4] at reduceByKey
at <console>:25
    #遍历输出 RDD 中的数据
    scala> rdd_group.foreach(println)
    (Spark,1)
    (hello,2)
    (Scala,1)
    #对 RDD 执行 collect 行动操作，输出计算结果
    scala> rdd_group.collect()
    res5: Array[(String, Int)] = Array((Spark,1), (hello,2), (Scala,1))
```

　　RDD 的处理方式类似于操作系统的 I/O，图中的多层 RDD 只是定义了数据的处理逻辑，并不会真正执行，只有触发 collect()方法时才会触发真正的执行过程。操作系统的 I/O 中有缓冲区，而 RDD 中是没有缓冲区的，不保存数据。

10.5.5　RDD 运行过程

　　RDD 在 Spark 架构中的运行过程（或称工作原理）如图 10.12 所示。

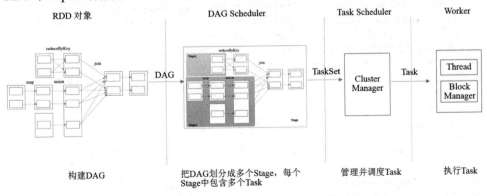

图 10.12　RDD 在 Spark 架构中的运行过程

（1）创建 RDD 对象，当 RDD 对象创建完成后，SparkContext 会根据 RDD 之间的依赖关系构建 DAG，并将 Task 提交给 DAG Scheduler。

（2）DAG Scheduler 负责把 DAG 划分成多个 Stage，每个 Stage 中包含多个 Task，且都是任务集合 TaskSet，并以 TaskSet 为单位提交给 Task Scheduler。

（3）Task Scheduler 通过 Cluster Manager 管理 Task，并通过集群中的资源管理器（在 Standalone 模式下是 Master，在 YARN 模式下是 ResourceManager）把 Task 发送给集群中 Worker 的 Executor。若期间有某个 Task 失败，则 Task Scheduler 会重试；若 Task Scheduler 发现某个 Task 一直没有运行结束，则可能在空闲的机器上启动同一个 Task，并且哪个 Task 先运行结束就用哪个 Task 的结果。但是，无论 Task 是否成功，Task Scheduler 都会向 DAG Scheduler 汇报当前的状态，若某个 Stage 运行失败，则 Task Scheduler 会通知 DAG Scheduler 重新提交 Task。需要注意的是，一个 Task Scheduler 只能服务于一个 SparkContext 对象。

（4）Spark 集群中的 Worker 接收到 Task 后，把 Task 运行在 Executor 进程中，这个 Task 就相当于 Executor 进程中的一个线程。一个进程中可以有多个线程在工作，从而可以处理多个数据分区（如运行任务、读取或存储数据）。

10.5.6　WordCount 词频统计案例

WordCount 词频统计案例主要用于展示通过 Spark 的 RDD 基本操作，加载和读取 testWord.txt 文件，创建 RDD，之后通过调用 RDD 的 Transformation 算子和 Action 算子，完成对 testWord.txt 文件中（包含多行英文文本）每个英文单词出现频次的统计并输出结果，代码如下：

```
# （1）在 Linux 环境下创建一个本地文本文件 testWord.txt，内容如下，并将其存储在
/opt/spark_data/目录下
    hello Hadoop
    hello Hive
    Spark nice
    hello Spark
    hello Flink
# （2）进入 spark-shell 环境
    [hadoop@hadoop01 spark-3.0.0]$ spark-shell
# （3）将 testWord.txt 文件加载到 Spark 环境中
    scala> val rdd01 = sc.textFile("file:///opt/spark_data/testWord.txt")
    rdd01: org.apache.spark.rdd.RDD[String] = file:///opt/spark_data/testWord.txt
MapPartitionsRDD[1] at textFile at <console>:24
# （4）遍历输出 RDD 中的值，即输出 testWord.txt 文件中每行英文文本的内容
    scala> rdd01.foreach(println)
    hello Hadoop                                        (0 + 1) / 1]
    hello Hive
    Spark nice
    hello Spark
    hello Flink
# （5）处理分析，通过调用 RDD 的 Transformation 算子和 Action 算子，完成对 testWord.txt 文件中每
个英文单词出现频次的统计
    scala> var rddLines = rdd01.flatMap(line=>line.split(" ")).filter(x=>x!=" ").
map(x=>(x,1)). reduceByKey(_+_).collect
```

```
rddLines: Array[(String, Int)] = Array((Flink,1), (Spark,2), (nice,1), (hello,4),
(Hive,1), (Hadoop,1))
  # (6) 遍历输出 RDD 中的值，输出 testWord.txt 文件中每个英文单词出现的频次
scala> rddLines.foreach(println)
(Flink,1)
(Spark,2)
(nice,1)
(hello,4)
(Hive,1)
(Hadoop,1)
```

10.6　Spark 与 Scala

　　Scala 源自 Java，构建在 JVM 基础上。Scala 与 Java 兼容，且支持互相调用。Spark 采用 Scala 来设计，并且基于 JVM，能够更快地融入大数据处理 Hadoop 生态圈。

　　Scala 是一个基于 JVM 的编程语言，与 Hadoop、YARN 等的集成比较容易，在大数据计算领域有着巨大的优势。Scala 是函数式编程语言，从对外 API 到对内实现上都更容易统一范式。函数式编程能更好地利用多核 CPU 的计算能力，在并发和并发计算方面的优势也逐渐显现出来。Scala 的很多特性与 Spark 本身的理念非常契合，可以说它们是"天生一对"，因此 Scala 顺理成章地成为开发 Spark 应用的首选语言。

　　此外，Spark 在很多宏观设计层面都借鉴了函数式编程思想，如接口、惰性求值和容错等。

第 11 章

Spark 平台的安装部署与实践

11.1 Scala 编程语言

11.1.1 Scala 简介

Scala 是一种运行在 Java 虚拟机（JVM）上的编程语言。它巧妙地融合了面向对象和函数式编程的特性，不仅提供了高级并发模型，还支持更高层次的抽象。

Scala 是一种面向对象的编程语言，所有的数值都被视为对象。这些对象的数据类型和行为是由类（Class）和特性（Trait）来定义的。类的继承机制可以通过子类继承和灵活的基于混入（Mixin）的组合机制来扩展，这种机制可以作为多重继承的简单替代方案，避免了多重继承可能带来的问题。

同时，Scala 也是一种函数式语言，在某种意义上，所有函数都可以被视为数值。Scala 提供了简洁的语法来定义匿名函数，支持高阶函数（Higher-order），允许函数嵌套，并支持局部套用（Currying）。Scala 的 Case 类及其内置支持的模式匹配模型代数类型被广泛应用于许多函数式编程语言中。

11.1.2 Scala 下载与安装

Scala 可以运行于 Windows、Linux、UNIX、macOS 等操作系统上，由于 Scala 的运行基于 JVM，它可以使用大量的 Java 类库和变量，因此必须在使用 Scala 之前安装 JDK，且要求 JDK 版本为 1.5 以上。

1. 进入 Scala 官网下载页面

进入 Scala 官网下载页面，如图 11.1 所示。

2. 查看 Scala 版本

在 Scala 官网下载页面中单击【PICK A SPECIFIC RELEASE】按钮，可以打开 Scala 所有可用版本的下载页面，查看最新发布版和维护发布版，如图 11.2 所示。

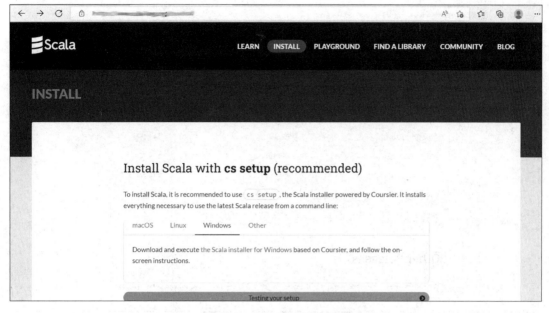

图 11.1　Scala 官网下载页面

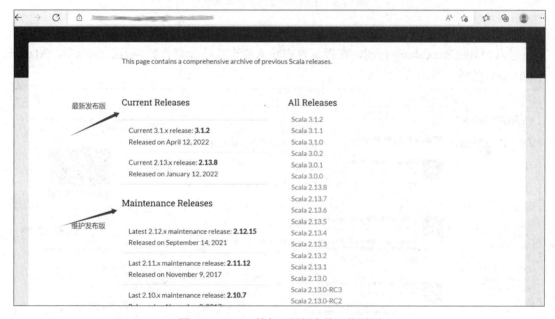

图 11.2　Scala 所有可用版本的下载页面

3. 下载 Windows 版本安装包

在 Scala 所有可用版本的下载页面中，可以单击任意版本链接来下载自己需要的版本。这里我们单击【Scala 2.12.10】链接，并在弹出的页面中选择【Windows（msi installer）】版本的安装包进行下载，如图 11.3 所示。

图 11.3　下载 Windows 版本安装包

4．进入 Maven Repository 官网

进入 Maven Repository 官网，在搜索栏中输入要查找的项目，如 Spark、Scala 等。Maven Repository 官网如图 11.4 所示。

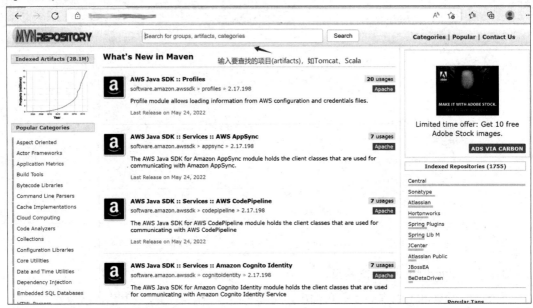

图 11.4　Maven Repository 官网

5．查看 Spark 和 Scala 的版本兼容性

在通过 Spark Project Core 查看 Spark 和 Scala 的版本兼容性时，可以根据安装的 Spark 版本选择 Scala 版本。Spark 和 Scala 的版本兼容情况如图 11.5 所示。

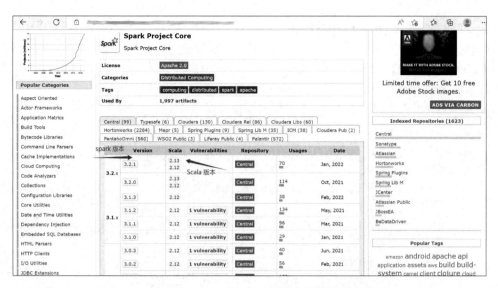

图 11.5　Spark 和 Scala 的版本兼容情况

6. 在 Windows 上安装 Scala

下载完成后，双击 Scala-2.12.10.msi 文件，根据提示信息安装即可，安装过程中可以使用默认的安装目录。

安装好 Scala 后，系统会自动提示安装完成。

11.1.3　Scala 环境变量设置

1. 开始设置环境变量

下面开始设置环境变量，以 Windows 10 为例，右击【此电脑】图标，在弹出的快捷菜单中选择【属性】选项，并在弹出的【设置】窗口（见图 11.6）中选择【高级系统设置】选项，进入【系统属性】对话框，如图 11.7 所示，单击【环境变量】按钮。

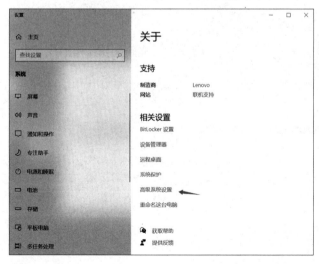

图 11.6　【设置】窗口

图 11.7　【系统属性】对话框

2. 创建 SCALA_HOME 系统变量

在弹出的【环境变量】对话框中，单击【系统变量】列表框下的【新建】按钮，并在弹出的【新建系统变量】对话框中的【变量名】文本框中输入【SCALA_HOME】，在【变量值】文本框中输入绝对路径【C:\Program Files (x86)\scala】。

SCALA_HOME 系统变量的创建过程如图 11.8 所示。

图 11.8　SCALA_HOME 系统变量的创建过程

3. 编辑 Path 环境变量

在【环境变量】对话框中的【系统变量】列表框中选中 Path 变量，并单击下面的【编辑】按钮，在弹出的【编辑环境变量】对话框中新建【%SCALA_HOME%\bin】环境变量，如图 11.9 所示。

图 11.9　新建【%SCALA_HOME%\bin】环境变量

4．验证 Scala 是否配置成功

单击【开始】菜单按钮，在弹出菜单中的搜索框中输入【cmd】，并按回车键，启动 cmd 命令提示符窗口。若环境变量设置正确，则在 cmd 命令提示符窗口中输入【Scala】并按回车键，可以看到如图 11.10 所示的结果，表明 Scala 配置成功。

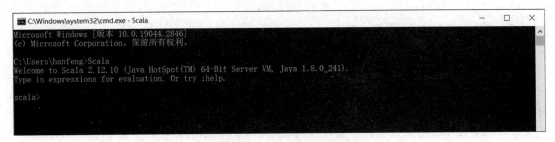

图 11.10　Scala 配置成功

11.1.4　启动 Scala

下面通过 cmd 命令提示符窗口启动 Scala，验证 Scala 版本和 Scalac 编译器版本；通过记事本创建一个 Hello World 的 Scala 程序，并进行编译和执行。

1．验证 Scala 版本和 Scalac 编译器版本

验证 Scala 版本和 Scalac 编译器版本的界面如图 11.11 所示。

```
命令提示符
Microsoft Windows [版本 10.0.19044.1706]
(c) Microsoft Corporation。保留所有权利。

C:\Users\hanfeng>scala -version
Scala code runner version 2.12.10 -- Copyright 2002-2019, LAMP/EPFL and Lightbend, Inc.

C:\Users\hanfeng>scalac -version
Scala compiler version 2.12.10 -- Copyright 2002-2019, LAMP/EPFL and Lightbend, Inc.

C:\Users\hanfeng>
```

图 11.11　验证 Scala 版本和 Scalac 编译器版本的界面

2．创建 Hello World 的 Scala 程序

打开 Windows 操作系统的记事本程序，输入以下代码，保存文件名为 myScala.scala。

```scala
object myScala{
    def main (args:Array[String]):Unit={
      println("Hello Scala!")
    }
}
```

3．编译和运行 Scala 程序

编译和运行 Scala 程序的界面如图 11.12 所示。

其中，第一行命令【c:\develop\ScalaProgram>scalac myScala.scala】表示将 Scala 源码编译成字节码，路径为保存代码的路径。第二行命令【c:\develop\ScalaProgram>scala myScala.scala】表示运行程序，运行结果为【Hello Scala!】。

```
C:\develop\ScalaProgram>scalac myScala.scala

C:\develop\ScalaProgram>scala myScala.scala
Hello Scala!
```

图 11.12　编译和运行 Scala 程序的界面

11.1.5　在 IDEA 中配置 Scala

1. 在 IDEA 中安装 Scala 插件

IDEA 全称为 IntelliJ IDEA，是 Java 编程语言的集成开发环境。IntelliJ 是业界公认的最好的 Java 开发工具。它的旗舰版支持 HTML、CSS、PHP、MySQL、Python 等语言；免费版只支持 Java、Kotlin 等少数语言。假设我们使用的计算机系统中已经安装好 IntelliJ IDEA 开发环境，启动 IDEA 并完成以下操作。

（1）打开 IDEA，选择【File】→【Settings】选项，并在弹出的【Settings】界面中选择【Plugins】选项。在界面中间的搜索框中输入【scala】后，按回车键进行搜索，找到 Scala 插件并进行下载和安装，界面如图 11.13 所示。

图 11.13　Scala 插件的下载和安装界面

（2）在 IDEA 的【Settings】界面中安装好 Scala 插件，安装成功后的界面如图 11.14 所示。

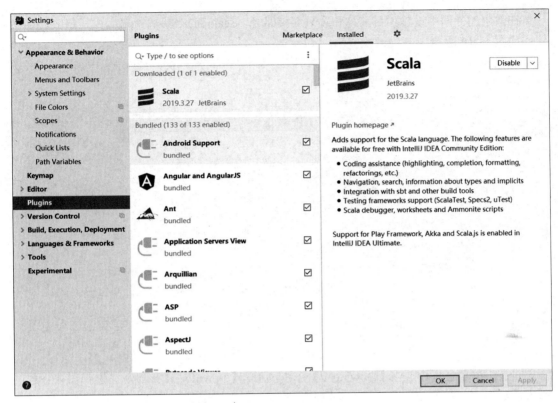

图 11.14　Scala 插件安装成功后的界面

2. 在 IDEA 中创建 Scala 程序

在 IDEA 的【New Project】界面中创建 Scala 程序，如图 11.15 所示，选择【Scala】→【IDEA】选项，单击【Next】按钮。

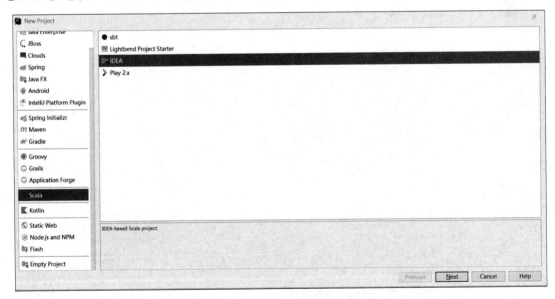

图 11.15　选择【Scala】→【IDEA】选项

在弹出的界面中设置项目名称和项目存储路径，Scala SDK 默认为无，单击【Create】按钮，如图 11.16 所示。

图 11.16　Scala 项目设置

在弹出的对话框中单击【Download】按钮，弹出【Download】对话框，选择需要下载的版本，如图 11.17 所示。

在【Version】下拉列表中选择【2.12.10】选项，将 Scala 的版本设置为 2.12.10，进行在线下载，如图 11.18 所示。

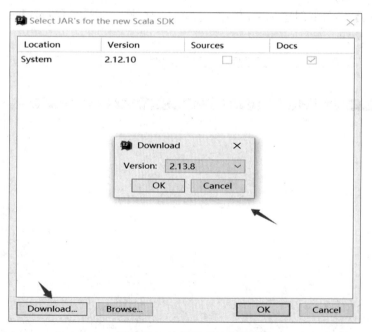

图 11.17　选择需要下载的版本

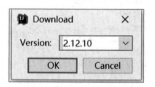

图 11.18　Scala 下载

下载成功后，Scala SDK 将被直接填入，如图 11.19 所示。

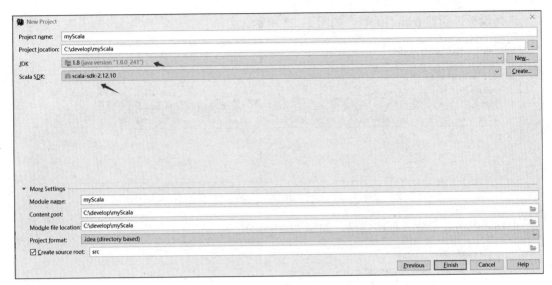

图 11.19　Scala SDK 被直接填入

为项目添加 com.bigdatatech 包，并右击 bigdatatech 文件夹，在弹出的快捷菜单中选择【New】→【Scala Class】选项，如图 11.20 所示。

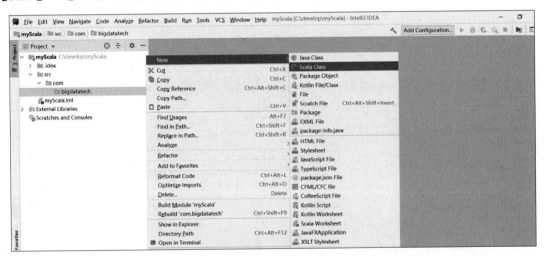

图 11.20　选择【New】→【Scala Class】选项

在弹出的【Create New Scala Class】对话框中输入类名【myScala】，创建 myScala 类，如图 11.21 所示。

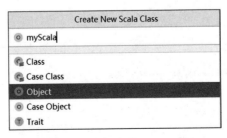

图 11.21　创建 myScala 类

选择模板，创建 main()函数，如图 11.22 所示。

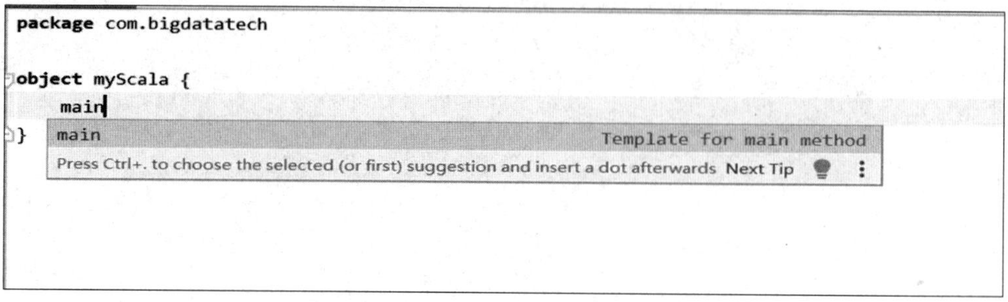

package com.bigdatatech
object myScala {
main
}
main
Template for main method
Press Ctrl+. to choose the selected (or first) suggestion and insert a dot afterwards Next Tip

图 11.22　创建 main()函数

在 main()函数中输入打印代码，如图 11.23 所示。

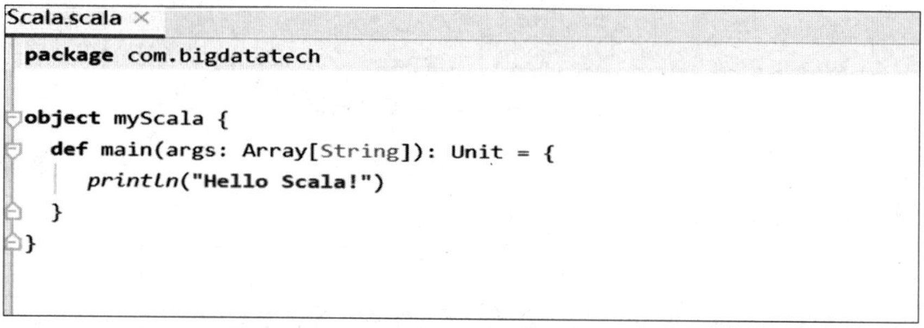

Scala.scala
package com.bigdatatech
object myScala {
def main(args: Array[String]): Unit = {
println("Hello Scala!")
}
}

图 11.23　输入打印代码

运行 Scala 程序，在控制台窗口中会显示运行结果，如图 11.24 所示。

Project
myScala C:\develop\myScala
.idea
out
src
myScala.iml
External Libraries
Scratches and Consoles
myScala.scala
package com.bigdatatech
object myScala {
def main(args: Array[String]): Unit = {
println("Hello Scala!")
}
}
myScala › main(args: Array[String])
Run: myScala
"C:\Program Files\Java\jdk1.8.0_241\bin\java.exe" ...
Hello Scala!
Process finished with exit code 0

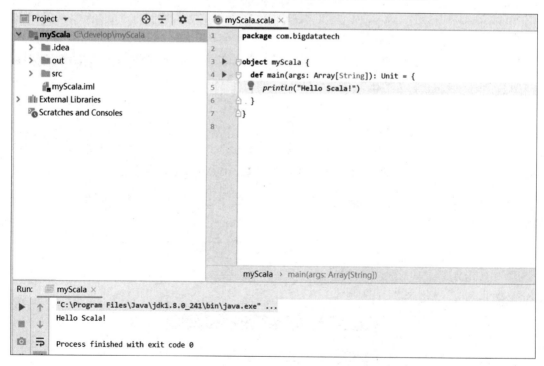

图 11.24　Scala 程序运行结果

11.1.6　Scala 语言编程基础

由于 Spark 的开发语言是 Scala，所以要学习 Spark 的编程知识，首先需要掌握 Scala。本节主要介绍 Scala 语言编程基础，包括常量和变量、数据类型、运算符、流程控制、函数编程、集合和面向对象编程等知识，使读者通过对编程语言基础知识和案例的学习，为 Spark 的编程实践打下基础。以下 Scala 语言编程基础案例可以在前面 Windows 环境下安装的 Scala 或者 IDEA 中编写和运行。

1. 常量和变量

常量和变量是任何编程语言的基础。在 Scala 中，常量和变量定义的基本语法格式如下：

```
val 常量名 [: 常量类型] = 初始值
val x:Int = 10
var 变量名 [: 变量类型] = 初始值
var y:Int = 5
```

注意：

（1）用 val 声明或定义的常量，其值不可改变。

（2）用 var 声明或定义的变量，其值可改变。

（3）在声明变量时，变量必须有初始值。

（4）用 var 声明或定义的变量的数据类型确定后，其值的数据类型不可改变。这说明 Scala 是强数据类型语言。

（5）在声明或定义变量时，可以省略数据类型，编译器会自动进行数据类型推导。

了解 Scala 常量和变量定义的基础知识与注意事项后，下面通过一个示例来学习 Scala 常量和变量的定义方法。

首先定义一个 com.bigdatatech 包和 myScala 对象，然后在 myScala 对象中定义 main()函数，在 main()函数中定义常量和变量，并通过 println()函数输出常量和变量的值，代码如下：

```
package com.bigdatatech                          //定义 com.bigdatatech 包
object myScala {
    def main(args: Array[String]): Unit = {
    //常量修饰符 val
    val PI=3.14                                  //定义常量 PI=3.14
    println(PI)
    //用 val 声明或定义的常量，其值不可改变
    //PI=3.14159   如果再次对 PI 常量进行赋值，则会报错，因为 val 修饰的常量的值不可改变
    //变量修饰符
    var x1:Int=10                                //Int 型变量
    var x2:Double=3.1415                         //Double 型变量
    var x3:Char='x'                              //Char 型变量
    var stuName:String="zhanghong"               //String 型变量
    println(x1,x2,x3,stuName)
    //用 var 声明或定义的变量，其值可改变
    x1=20
    x2=3.1419
    x3='y'
    stuName="wangbin"
    println(x1,x2,x3,stuName)
    //用 var 声明或定义的变量的数据类型确定后，其值的数据类型不可改变
    //Scala 是强数据类型语言
```

```
        //x1=3.14    报错，数据类型不匹配
        //在声明或定义变量时，可以省略数据类型，编译器会自动进行数据类型推导
        var y1=10
        y1=20
        //数据类型不可改变
        //y1=3.14    报错
    }
}
```

2．数据类型

Scala 作为面向对象的语言，其中所有的数据都被视为对象，并且都是基于 Any 的子类。Scala 的数据类型丰富多样，可以满足各种不同的编程需求。无论是数值类型、字符类型还是其他特殊类型，Scala 都提供了相应的支持，使得程序员能够更加灵活地处理各种数据。

（1）Unit 在 Scala 中对应 Java 中的 void，用于表示方法没有返回值。Unit 实际上是一个数据类型，它只有一个对象是()，即空。

（2）Null 是 Scala 中的一个数据类型，它只有一个对象，即 Null。

（3）Nothing 是所有数据类型的子类，它在 Scala 中表示一个通用的无类型。

（4）对于数值类型，Scala 提供了 4 种整数类型：Byte、Short、Int、Long。这 4 种整数类型都有固定的表示范围和字段长度。其中，Byte 采用 1 字节长度；Short 采用 2 字节长度；Int 采用 4 字节长度；Long 采用 8 字节长度。在默认情况下，Scala 的整数类型默认为 Int。

（5）Scala 还提供了两种浮点类型：Float、Double。其中，Float 采用 4 字节长度，Double 采用 8 字节长度。

（6）Scala 的字符类型为 Char，它可以表示单个字符。字符常量是用单引号括起来的单个字符。

（7）布尔类型，也叫 Boolean 类型，它在 Scala 中采用 1 字节长度。Boolean 型变量只允许被赋值为 true 和 false，常用于条件判断和逻辑控制。

了解 Scala 的数据类型后，下面通过一个示例来学习 Scala 数据类型的使用方法。继续使用上述示例中的 main()函数部分，定义一个 com.bigdatatech 包和 myScala 对象，在 myScala 对象中定义 main()函数，在 main()函数中定义带有数据类型的变量，通过 println()函数输出变量的值，来验证和理解 Scala 的数据类型，代码如下：

```
package com.bigdatatech
object myScala {
    def main(args: Array[String]): Unit = {
    //Int 型变量
    var num1:Byte=10
    //val num2:Byte=129    报错，Byte 表示 8 位有符号补码整数，数值区间为 -128～127
    var num3:Int=129
    var num4=133                    //Scala 默认整数类型是 Int，表示 32 位有符号补码整数，数值区间为
-2147483648 ～ 2147483647
    var num5=899012L                //声明 Long 型常量，赋值后加 l 或 L
    var num6:Long=899012
    println(num1,num3,num4,num5,num6)
    var num7=3.14159                //Scala 的浮点型常量默认为 Double 型
    var num8:Double=3.14158
    var num9:Float=3.1415f          //声明 Float 型常量，赋值后加 f 或 F
    println(num7,num8,num9)
    var c1:Char='c'
```

```
    //var c2:Char='c1'   运行报错，字符常量是用单引号括起来的单个字符
    println(c1)
    var b1:Boolean=true
    //var b2:Boolean=null 运行报错，Boolean 型变量只允许被赋值为 true 和 false
    println(b1)
    var str1="zhanghong"
    var str2:String="liuhong" //Scala 本身没有字符串类型
    println(str1,str2)
    }
}
//上面定义带数据类型的变量并赋值，调用 println() 函数输出结果
//下面是运行结果
(10,129,133,899012,899012)
(3.14159,3.14158,3.1415)
c
true
(zhanghong,liuhong)
```

3. 运算符

Scala 中包括丰富的内置运算符，如算术运算符、关系运算符、逻辑运算符、位运算符、赋值运算符。

运算符是一种特殊的符号，用于高速编译器来执行指定的数学运算和逻辑运算。Scala 运算符的使用方法和 Java 运算符的使用方法基本相同，只有个别细节上不同。下面介绍几种 Scala 运算符。

1）算术运算符

● 加、减、乘、除、取余：+、-、*、/、%。

● 正号、负号：+、-。

● 字符串连接：+。

2）关系运算符

关系运算符包括==（等于）、!=（不等于）、<（小于）、<（大于）、<=（小于或等于）、>=（大于或等于）。

3）逻辑运算符

逻辑运算符包括&&（逻辑与）、||（逻辑或）、!（逻辑非）。

4. 流程控制

Scala 中的流程控制与其他的编程语言一样，也包括分支控制、循环控制等。

1）分支控制

分支控制语句有 3 种：单分支控制语句、双分支控制语句、多分支控制语句。

单分支控制语句：

```
if（条件表达式）{
语句块
}
```

双分支控制语句：

```
if（条件表达式）{
语句块 1
}
```

```
else {
语句块 2
}
```

了解 Scala 流程控制的分支控制语句的语法结构后，下面通过一个示例来学习 Scala 单分支和双分支控制语句的使用方法。

在 main()函数中定义一个成绩变量 score，并将通过键盘读入的 Byte 型整数赋值给 score，使用单分支控制语句判断 score>=60 是否成立，若成立，则通过 println()函数输出"考试通过"，代码如下：

```
package com.bigdatatech
object myScala {
  def main(args: Array[String]): Unit = {
    println("input your scores:")
    var score = StdIn.readByte() //通过键盘读入 Byte 型整数，并赋值给 score
    if (score >= 60) {
      println("考试通过")
    }
```

输出结果：

```
input your scores:
70
考试通过
```

使用双分支控制语句判断 score<60 是否成立，若成立，则通过 println()函数输出"不及格"，否则输出"考试通过"，代码如下：

```
println("input your scores:")
var score = StdIn.readByte() //通过键盘读入 Byte 型整数，并赋值给 score
if (score < 60) {
  println("不及格")
}
  else
  {
    println("考试通过")
  }
```

输出结果：

```
input your scores:
50
不及格
```

2）循环控制

Scala 流程控制中的循环控制，是指使部分代码按照次数或一定的条件反复执行的一种代码结构。Scala 的循环控制包括 for 循环控制、while 循环控制、do…while 循环控制。

下面通过简单的示例来学习 for 循环控制、while 循环控制、do…while 循环控制的使用方法，代码如下：

```
package com.bigdatatech
object myScala {
    def main(args: Array[String]): Unit = {
    //for 循环控制示例
```

```
        for(i<-1 to 4)   //i 会从 1 到 4 循环，取值范围前后闭合，初始值符号为<-
        {
            print(i+" ")  //输出 1～4 的整数，+表示字符连接
        }
        println()
        for(i<-1 until  4)  //i 会从 1 到 4 循环，取值范围前闭合后开放
        {
            print(i+" ")  //输出 1～4 的整数，+表示字符连接
        }
        println()
}
//while 和 do…while 循环控制示例
//while 循环是先判断循环条件再执行循环体语句

 var n1: Int = 0    //循环变量初始化
    while (n1 < 4) {
      print(n1+" ")
      n1 = n1 + 1   //循环变量迭代
    }
    println()
//do…while 循环是先执行循环体语句再判断循环条件
var n2: Int = 0 //循环变量初始化
    do {
      print(n2+" ")
      n2 = n2 + 1  //循环变量迭代
    } while (n2 < 4)
    println()
```

for 循环的输出结果：

```
1 2 3 4
1 2 3
```

while 和 do…while 循环的输出结果：

```
0 1 2 3
0 1 2 3
```

5. 函数编程

Scala 是一门既面向对象，又支持过程式和函数式编程的语言。函数式编程是 Scala 的一个重要特性，它强调函数与类和对象具有同等的地位。在 Scala 中，函数可以作为参数传递、作为返回值返回，以及作为变量存储。这种特性使得 Scala 在处理数据和编写简洁、可读性强的代码方面非常强大。

定义函数的语法格式为：

```
def 函数名（[参数列表]）：[返回值类型] = {
函数体
返回值 //return 值，Scala 中可不加 return
}
```

调用函数的语法格式为：

```
函数名（参数）
```

继续使用前面示例中的 main()函数部分，定义一个 com.bigdatatech 包和 myScala 对象，

在 myScala 对象中定义 main()函数，在 main()函数中定义无参数无返回值函数、无参数有返回值函数、有参数无返回值函数、有参数有返回值函数和多参数无返回值函数，并通过函数调用的方式来使用定义的函数，代码如下：

```
package com.bigdatatech
import scala.io.StdIn
object myScala {
  def main(args: Array[String]): Unit = {
    //定义无参数无返回值函数
    def sayHello() :Unit={
      println("Hello everybody!")
    }
    sayHello()

    //定义无参数有返回值函数
    def sayHello2():String ={
      return "sayHello2 "
    }
    println(sayHello2())
    //定义有参数无返回值函数
    def sayHello3(uname:String):Unit={
      println(s"Hello: $uname")
    }
    sayHello3("zhangsan")

    //定义有参数有返回值函数
    def square (x: Int) :Int={
      println("正方形边长:"+x)
      x*x
    }
    square(4)
    //定义多参数无返回值函数
    def stuInfo(name:String,age:Int):Unit={
      println("name:"+name,"age:"+age)
    }
    stuInfo("zhangsan",18)
  }
```

6. 集合

Scala 提供了一套很好的集合实现和一些集合类型的抽象。Scala 的集合有三大类：序列 Seq、集 Set 和映射 Map。Scala 集合分为可变集合和不可变集合。可变集合是指这个集合可以直接对原对象进行修改，且不会返回新对象；不可变集合是指这个集合不可修改，每次修改都会返回一个新对象，且不会对原对象进行修改。

1）数组

定义数组的语法格式为：

```
val arr01 = new Array[数据类型](数组长度)
val arr01 = Array(初值列表)
```

下面的示例主要用于展示数组的定义、赋值和输出，代码如下：

```
//*******************************************
package com.bigdatatech
```

```
import scala.io.StdIn
object myScala {
  def main(args: Array[String]): Unit = {
    //定义数组
    val arr01 = new Array[Int](4)
    println(arr01.length) //输出数组长度
    //遍历输出
    for (i <- arr01) {
      print(i +" ")     //数组元素默认初始化为 0
    }
    println()
    //定义数组并初始化
    val arr02 =  Array(1,2,3,4)
    println(arr02.length)  //输出数组长度
    //遍历输出
    for (i <- arr02) {
    print(i +" ")
    }
    println()
    //定义数组 colors
    var colors : Array[String] = new Array[String](3)
    colors(0) = "red"
    colors(1) = "green"
    colors(2)="blue"
    //遍历输出
    for(i <- colors) println(i)
  }
}
```

输出结果:

```
4
0 0 0 0
4
1 2 3 4
red
green
blue
```

2）元组

元组可以被理解为一个容器，其中可以存放各种相同或不同类型的数据。简单来说，就是将多个无关的数据封装为一个整体，这个整体就是元组。注意：元组中最多只能有 22 个元素。

定义元组的语法格式为：

```
(元素 1，元素 2，元素 3)
```

下面的示例主要用于展示元组的定义、访问和输出，代码如下：

```
package com.bigdatatech
import scala.io.StdIn
object myScala {
  def main(args: Array[String]): Unit = {
    //定义一个存储学生信息的元组
    val stuInfo = ("王小虎",'男',20,"软件工程","信息学院")
```

```
        println("姓名:"+stuInfo._1)
        println("性别:"+stuInfo._2)
        println("年龄:"+stuInfo._3)
        println("专业:"+stuInfo._4)
        println("学院:"+stuInfo._5)
    }
}
```

输出结果:

```
姓名:王小虎
性别:男
年龄:20
专业:软件工程
学院:信息学院
```

3）List 集合

List 集合默认为不可变集合，List 集合的特征是元素以线性方式存储，集合中可以存放重复对象。

下面的示例主要用于展示 List 集合的定义、输出和方法调用，代码如下:

```
package com.bigdatatech
import scala.io.StdIn
object myScala {
  def main(args: Array[String]): Unit = {
    //List 默认为不可变集合
    //定义一个 List 集合
    val list: List[Int] = List(1, 2, 3, 4, 5, 6)
    //遍历 List 集合
    list.foreach(print)
    println()
    //List 集合常用函数
    println("元素个数:"+list.length)
    println("元素个数:${list.size}")
    //迭代器
    for (ele <- list.iterator) {
      print(ele)
    }
    println()
    //生成字符串
    println(list.mkString(","))
    //是否包含
    println(list.contains(3))
    //获取前面和后面 3 个元素
    println(list.take(3))
    println(list.takeRight(3))
    //去掉前面和后面 3 个元素
    println(list.drop(3))
    println(list.dropRight(3))
    //按照奇偶分组
    var groups = list.groupBy(data => data%2==0)
     println(groups)
     println(groups.get(true))  //返回偶数列表
    //排序: 对一个集合进行升序排列（从小到大）
    var sortResults = list.sorted
```

```
        println(sortResults)
        //反转
        var reveResults = list.reverse
        println(reveResults)
        //过滤（提取 x>3 的数值）
        var results = list.filter(x => x>3)
        println(results)
    }
}
```

输出结果：

```
123456
元素个数:6
元素个数:6
123456
1,2,3,4,5,6
true
List(1, 2, 3)
List(4, 5, 6)
List(4, 5, 6)
List(1, 2, 3)
Map(false -> List(1, 3, 5), true -> List(2, 4, 6))
Some(List(2, 4, 6))
List(1, 2, 3, 4, 5, 6)
List(6, 5, 4, 3, 2, 1)
List(4, 5, 6)
```

7．面向对象编程

Scala 是一门面向对象的编程语言，Scala 中的一切变量都是对象，一切操作都是方法调用。下面主要介绍使用 Scala 实现面向对象编程时包和类的定义与使用方法，并通过一个简单的示例来学习 Scala 面向对象编程中类和对象的使用。

1）Scala 包

Scala 包的主要作用是区分相同名称的类。当类很多时，可以很好地管理类，控制访问范围。

引入包的基本语法格式为：

```
package 包名.类名
```

包的命名一般采用"小写字母+小圆点"的形式，如 com.公司名.项目名.业务模块名。

2）类和对象

类：可以被看作一个模板。

对象：模板生成的具体实例。

定义类的基本语法格式为：

```
[修饰符] class 类名 {
类体
}
```

注意：在 Scala 类的定义语法中，类不需要被声明为 public 的，因为它默认就是 public 的。一个 Scala 源文件中可以包含多个类。

下面定义一个 com.bigdatatech 包和 student 类，并在 student 类中定义三个成员变量和一个

show()方法。之后定义一个 testStudent 对象，在该对象的 main()函数中创建 student 类的实例对象 student 并初始化，调用 student 对象的 show()方法，输出类对象的初始化值。代码如下：

```
package com.bigdatatech
class student( nameParam: String, ageParam: Int, sexParam: String) {
  //定义成员变量
  var name: String = nameParam
  var age: Int = ageParam
  var sex: String = sexParam
  //定义方法
  def show(): Unit = {
    println(name, age, sex)
  }
}
  object testStudent {
    def main(args: Array[String]): Unit = {
      //定义 student 对象并实例化
      val student = new student("李小红", 18, "男")
      //调用方法
      student.show()
    }
  }
```

输出结果：

```
(李小红,18,男)
```

11.2 Spark 的安装与部署

11.2.1 Spark 的安装环境

Spark 是运行在 JVM 上的，由于 JVM 是跨平台的，所以 Spark 可以跨平台运行在各种类型的操作系统上。在实际应用或实践中，一般都将 Spark 安装与部署在 Linux 服务器上，继续使用前面章节安装好的 Linux 环境 CentOS。

（1）安装与配置 JDK 1.8：由于 Spark 是使用 Scala 编写的，需要在 JVM 环境下运行，所以需要在安装 Spark 的服务器上安装与配置 Java。

（2）安装与配置 Scala 2.12.10：Spark 的编程语言是 Scala，选择 Maven Repository 库中提示的与 Spark 匹配的版本即可。

（3）安装与配置 Spark 3.0.0：Spark 安装包，选择与 Hadoop 安装环境匹配的版本即可。

11.2.2 Spark Linux 版本下载

要将 Spark 安装与部署在 Linux 服务器上，需要访问 Spark 官网或 Apache 官网并下载相应安装包。

Spark 官网首页（可随时间变化更新）为用户提供了最近的发布版本，如图 11.25 所示。

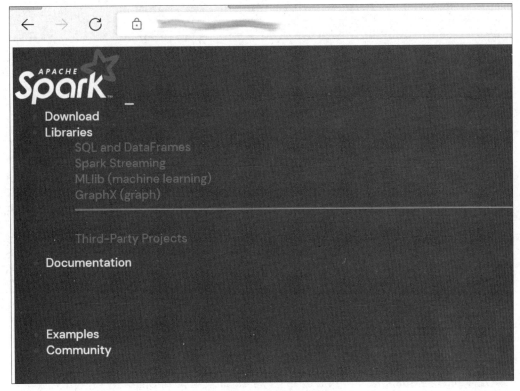

图 11.25　Spark 官网首页

若要下载历史版本，则可以访问 Apache 官网（可随时间变化更新）并下载，此网站包括 Apache 软件基金会所有公共软件版本的主要文档，如图 11.26 所示。

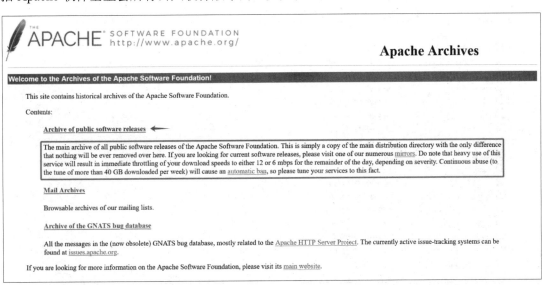

图 11.26　Apache 官网

单击【Archive of public software releases】文字链接，进入 Apache 软件基金会所有公共软件的主要文档目录，按字母顺序找到要下载安装的公共软件名称，如图 11.27 所示。

servicemix/	2022-06-17 12:39	-
shale/	2017-10-04 10:51	-
shardingsphere/	2023-10-21 06:44	-
shenyu/	2024-01-17 12:55	-
shindig/	2017-10-04 10:45	-
shiro/	2024-02-28 17:05	-
singa/	2023-11-17 08:50	-
sis/	2023-10-12 16:04	-
skywalking/	2023-12-01 18:43	-
sling/	2024-03-08 23:58	-
solr/	2024-01-13 02:54	-
spamassassin/	2022-06-17 12:54	-
spark/ ←	2024-02-22 05:56	-
sqoop/	2022-06-17 12:54	-
stanbol/	2022-06-17 12:54	-
stdcxx/	2017-10-04 10:51	-
storm/	2024-02-02 11:31	-
stratos/	2017-10-04 10:47	-
streampark/	2023-02-20 05:46	-
streampipes/	2023-11-27 14:52	-
streams/	2022-06-17 12:35	-
struts/	2023-12-06 18:50	-

图 11.27　公共软件的主要文档目录

确定要下载的 Spark 版本，可在相应的 spark 目录下找到 Spark 的不同历史版本，如图 11.28 所示。

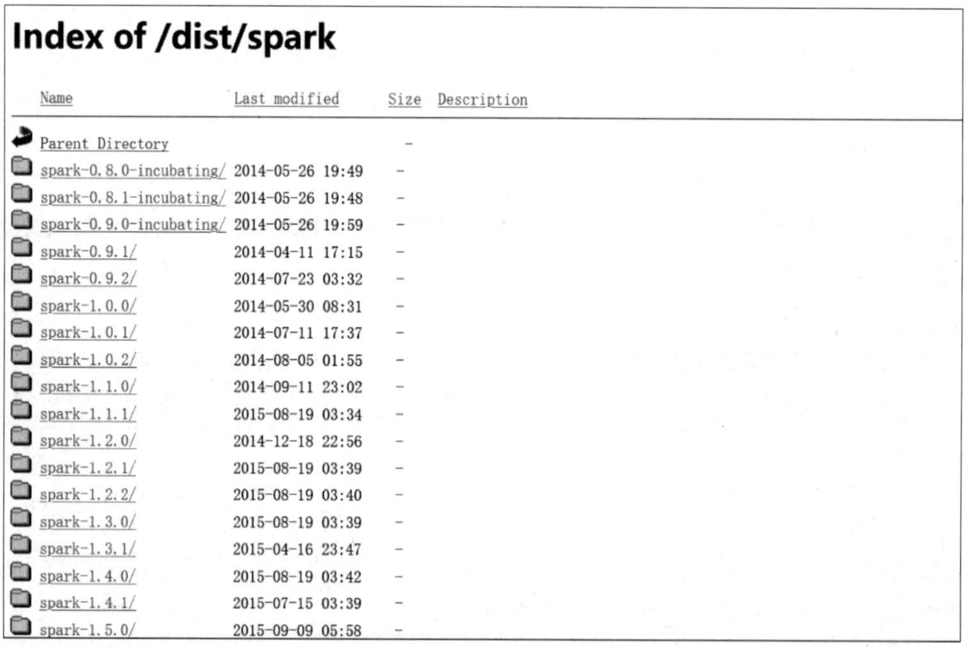

Index of /dist/spark

Name	Last modified	Size	Description
Parent Directory		-	
spark-0.8.0-incubating/	2014-05-26 19:49	-	
spark-0.8.1-incubating/	2014-05-26 19:48	-	
spark-0.9.0-incubating/	2014-05-26 19:59	-	
spark-0.9.1/	2014-04-11 17:15	-	
spark-0.9.2/	2014-07-23 03:32	-	
spark-1.0.0/	2014-05-30 08:31	-	
spark-1.0.1/	2014-07-11 17:37	-	
spark-1.0.2/	2014-08-05 01:55	-	
spark-1.1.0/	2014-09-11 23:02	-	
spark-1.1.1/	2015-08-19 03:34	-	
spark-1.2.0/	2014-12-18 22:56	-	
spark-1.2.1/	2015-08-19 03:39	-	
spark-1.2.2/	2015-08-19 03:40	-	
spark-1.3.0/	2015-08-19 03:39	-	
spark-1.3.1/	2015-04-16 23:47	-	
spark-1.4.0/	2015-08-19 03:42	-	
spark-1.4.1/	2015-07-15 03:39	-	
spark-1.5.0/	2015-09-09 05:58	-	

图 11.28　Spark 的不同历史版本

单击【spark-3.0.0-bin-hadoop3.2.tgz】文字链接，进入安装包的下载页面，下载安装包，如图 11.29 所示。

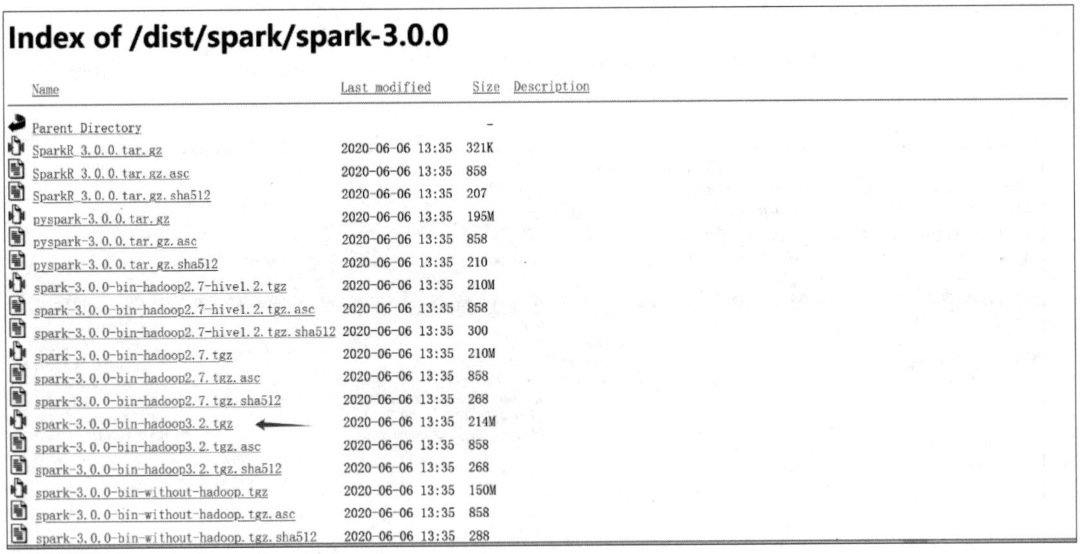

Index of /dist/spark/spark-3.0.0

Name	Last modified	Size	Description
Parent Directory		–	
SparkR_3.0.0.tar.gz	2020-06-06 13:35	321K	
SparkR_3.0.0.tar.gz.asc	2020-06-06 13:35	858	
SparkR_3.0.0.tar.gz.sha512	2020-06-06 13:35	207	
pyspark-3.0.0.tar.gz	2020-06-06 13:35	195M	
pyspark-3.0.0.tar.gz.asc	2020-06-06 13:35	858	
pyspark-3.0.0.tar.gz.sha512	2020-06-06 13:35	210	
spark-3.0.0-bin-hadoop2.7-hive1.2.tgz	2020-06-06 13:35	210M	
spark-3.0.0-bin-hadoop2.7-hive1.2.tgz.asc	2020-06-06 13:35	858	
spark-3.0.0-bin-hadoop2.7-hive1.2.tgz.sha512	2020-06-06 13:35	300	
spark-3.0.0-bin-hadoop2.7.tgz	2020-06-06 13:35	210M	
spark-3.0.0-bin-hadoop2.7.tgz.asc	2020-06-06 13:35	858	
spark-3.0.0-bin-hadoop2.7.tgz.sha512	2020-06-06 13:35	268	
spark-3.0.0-bin-hadoop3.2.tgz ←	2020-06-06 13:35	214M	
spark-3.0.0-bin-hadoop3.2.tgz.asc	2020-06-06 13:35	858	
spark-3.0.0-bin-hadoop3.2.tgz.sha512	2020-06-06 13:35	268	
spark-3.0.0-bin-without-hadoop.tgz	2020-06-06 13:35	150M	
spark-3.0.0-bin-without-hadoop.tgz.asc	2020-06-06 13:35	858	
spark-3.0.0-bin-without-hadoop.tgz.sha512	2020-06-06 13:35	288	

图 11.29　spark-3.0.0-bin-hadoop3.2.tgz 安装包的下载页面

11.2.3　Scala Linux 版本下载

由于要将 Spark 安装与部署在 Linux 服务器上，因此要下载对应 Linux 版本的 Scala 安装包。参考前面的章节，访问 Scala 官网，找到对应的 Linux 版本进行下载，Linux 版本安装包 scala-2.12.10.tgz 的下载页面如图 11.30 所示。

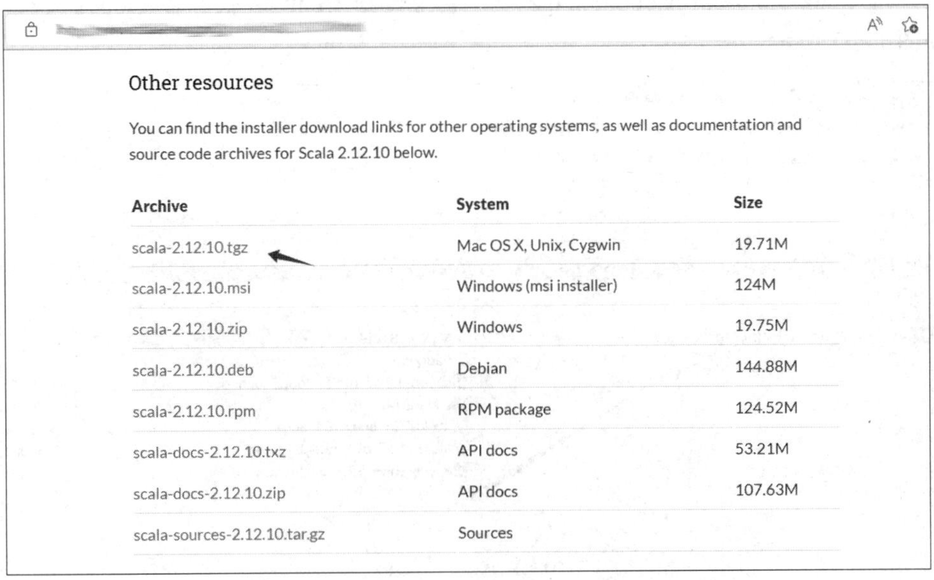

Other resources

You can find the installer download links for other operating systems, as well as documentation and source code archives for Scala 2.12.10 below.

Archive	System	Size
scala-2.12.10.tgz ←	Mac OS X, Unix, Cygwin	19.71M
scala-2.12.10.msi	Windows (msi installer)	124M
scala-2.12.10.zip	Windows	19.75M
scala-2.12.10.deb	Debian	144.88M
scala-2.12.10.rpm	RPM package	124.52M
scala-docs-2.12.10.txz	API docs	53.21M
scala-docs-2.12.10.zip	API docs	107.63M
scala-sources-2.12.10.tar.gz	Sources	

图 11.30　scala-2.12.10.tgz 安装包的下载页面

11.2.4　上传 Scala 和 Spark 安装包

将通过官网下载的 Scala 和 Spark 安装包用工具软件 WinSCP 上传到 CentOS 服务器的指

定目录下。

（1）将 scala-2.12.10.tgz 安装包上传到 CentOS 服务器的/opt/software 目录下，如图 11.31 所示。

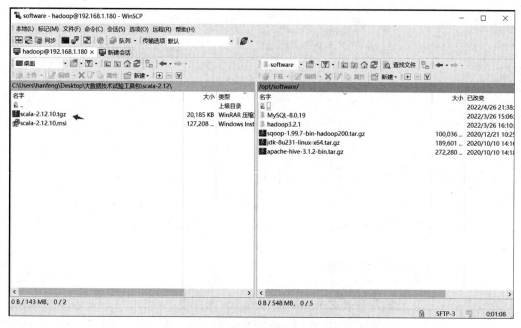

图 11.31　上传 scala-2.12.10.tgz 安装包

（2）将 spark-3.0.0-bin-hadoop3.2.tgz 安装包上传到 CentOS 服务器的/opt/software 目录下，如图 11.32 所示。

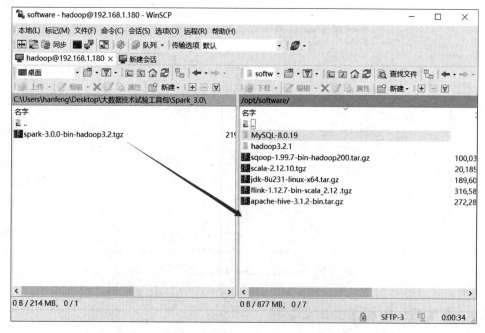

图 11.32　上传 spark-3.0.0-bin-hadoop3.2.tgz 安装包

11.2.5　安装与配置 Scala 和 Spark

1．解压缩 Scala 安装包

解压缩 Scala 安装包到指定目录下。在使用 Scala 之前安装 JDK，且要求 JDK 版本为 1.5 以上版本。

下面查看安装包目录/opt/software/，确定 Scala 和 Spark 安装包上传成功，并解压缩 Scala 安装包到指定目录下，代码如下：

```
#在 CentOS 服务器的安装包目录中查看 Scala 和 Spark 安装包是否上传成功
[hadoop@hadoop01 ~]$ cd /opt/software/
[hadoop@hadoop01 software]$ ll
总用量 1117896
-rw-rw-r-- 1 hadoop hadoop 278813748 10月 10 2020  apache-hive-3.1.2-bin.tar.gz
-rw-rw-r-- 1 hadoop hadoop 324186364 6月   5 2022  'flink-1.12.7-bin-
scala_2.12 .tgz'
drwxrwxr-x 2 hadoop hadoop       119 3月 26 16:10  hadoop3.2.1
-rw-rw-r-- 1 hadoop hadoop 194151339 10月 10 2020  jdk-8u231-linux-x64.tar.gz
drwxrwxr-x 2 hadoop hadoop       220 3月 26 15:06  MySQL-8.0.19
-rw-rw-r-- 1 hadoop hadoop  20669259 5月  30 17:30  scala-2.12.10.tgz
-rw-rw-r-- 1 hadoop hadoop 224453229 10月 10 2020  spark-3.0.0-bin-hadoop3.2.tgz
-rw-rw-r-- 1 hadoop hadoop 102436055 12月 21 2020  sqoop-1.99.7-bin-
hadoop200.tar.gz
#解压缩 Scala 安装包到指定目录下
[hadoop@hadoop01 software]$ tar -zxvf scala-2.12.10.tgz -C /opt/model/
```

2．配置环境变量

在完成 Scala 的安装后，使用 Scala 编程前首先要配置 Scala 的环境变量。下面主要完成 Scala 环境变量的配置，查看 scala-2.12.10 目录下与 Scala 运行相关的文件，进入 bin 目录查看和了解与 Scala 运行相关的执行文件，在配置文件.bashrc 中配置与 Scala 运行相关的环境变量。配置完成后，运行 Scala，查看环境变量配置是否生效，代码如下：

```
#查看 scala-2.12.10 目录下的文件，了解与 Scala 运行相关的文件夹及功能
[hadoop@hadoop01 scala-2.12.10]$ ll
总用量 16
drwxrwxr-x 2 hadoop hadoop   162 9月  11 2019 bin
drwxrwxr-x 4 hadoop hadoop    86 9月  11 2019 doc
drwxrwxr-x 2 hadoop hadoop   245 9月  11 2019 lib
-rw-rw-r-- 1 hadoop hadoop 11357 9月  11 2019 LICENSE
drwxrwxr-x 3 hadoop hadoop    18 9月  11 2019 man
-rw-rw-r-- 1 hadoop hadoop   646 9月  11 2019 NOTICE
#查看 scala-2.12.10/bin 目录下的文件，了解与 Scala 运行相关的执行文件
[hadoop@hadoop01 scala-2.12.10]$ ll bin
总用量 80
-rwxrwxr-x 1 hadoop hadoop 6195 9月  11 2019 fsc
-rwxrwxr-x 1 hadoop hadoop 4983 9月  11 2019 fsc.bat
-rwxrwxr-x 1 hadoop hadoop 6199 9月  11 2019 scala
-rwxrwxr-x 1 hadoop hadoop 4991 9月  11 2019 scala.bat
-rwxrwxr-x 1 hadoop hadoop 6186 9月  11 2019 scalac
-rwxrwxr-x 1 hadoop hadoop 4965 9月  11 2019 scalac.bat
-rwxrwxr-x 1 hadoop hadoop 6190 9月  11 2019 scaladoc
-rwxrwxr-x 1 hadoop hadoop 4973 9月  11 2019 scaladoc.bat
-rwxrwxr-x 1 hadoop hadoop 6189 9月  11 2019 scalap
```

```
-rwxrwxr-x 1 hadoop hadoop 4971 9月 11 2019 scalap.bat
#配置环境变量
[hadoop@hadoop01 scala-2.12.10]$ vi ~/.bashrc
SCALA_HOME=/opt/model/scala-2.12.10                              #添加
PATH="$HOME/.local/bin:$HOME/bin:$PATH:$JAVA_HOME/bin:$HADOOP_HOME/bin:$HADOOP_HOM
E/sbin:$HIVE_HOME/bin:$SQOOP2_HOME/bin:$SCALA_HOME/bin"          #追加
export SCALA_HOME                                               #添加
#确认环境变量配置生效
[hadoop@hadoop01 scala-2.12.10]$ source ~/.bashrc
#确认 Scala 的安装与配置成功
[hadoop@hadoop01 scala-2.12.10]$ scala -version               #查看 Scala 版本号
Scala code runner version 2.12.10 -- Copyright 2002-2019, LAMP/EPFL and Lightbend, Inc.
[hadoop@hadoop01 scala-2.12.10]$ scalac -version
#查看 Scala 编译器 Scalac 的版本号
Scala compiler version 2.12.10 -- Copyright 2002-2019, LAMP/EPFL and Lightbend, Inc.
[hadoop@hadoop01 scala-2.12.10]$ which scala
/opt/model/scala-2.12.10/bin/scala
```

3. 解压缩 Spark 安装包

在完成 Scala 的安装和环境变量配置后，下一步需要完成 Spark 的安装和环境变量配置。解压缩 Spark 安装包并修改 Spark 的名称，代码如下：

```
#查看指定目录下的 Spark 安装包，确保 Spark 安装包上传成功
[hadoop@hadoop01 software]$ ll
总用量 1117896
-rw-rw-r-- 1 hadoop hadoop 278813748 10月 10 2020 apache-hive-3.1.2-bin.tar.gz
-rw-rw-r-- 1 hadoop hadoop 324186364 6月   5 2022 'flink-1.12.7-bin-scala_2.12 .tgz'
drwxrwxr-x 2 hadoop hadoop       119 3月  26 16:10 hadoop3.2.1
-rw-rw-r-- 1 hadoop hadoop 194151339 10月 10 2020 jdk-8u231-linux-x64.tar.gz
drwxrwxr-x 2 hadoop hadoop       220 3月  26 15:06 MySQL-8.0.19
-rw-rw-r-- 1 hadoop hadoop  20669259 5月  30 17:30 scala-2.12.10.tgz
-rw-rw-r-- 1 hadoop hadoop 224453229 10月 10 2020 spark-3.0.0-bin-hadoop3.2.tgz
-rw-rw-r-- 1 hadoop hadoop 102436055 12月 21 2020 sqoop-1.99.7-bin-hadoop200.tar.gz
#解压缩 Spark 安装包到指定目录下
[hadoop@hadoop01 software]$ tar -zxvf spark-3.0.0-bin-hadoop3.2.tgz -C /opt/model/
#为了方便管理和使用，修改 Spark 的名称
[hadoop@hadoop01 model]$ mv spark-3.0.0-bin-hadoop3.2/ spark-3.0.0
```

4. 配置 Spark

在完成 Spark 的安装后，要想正确地运行 Spark，就需要配置 spark-env.sh 文件和 slaves 文件。配置文件所在目录为$SPARK_HOME/conf。

1）配置 spark-env.sh 文件

首先查看 conf 目录下的文件，找到 spark-env.sh.template 文件，修改配置文件名为 spark-env.sh，然后编辑配置文件 spark-env.sh，代码如下：

```
#修改配置文件名
[hadoop@hadoop01 conf]$ mv spark-env.sh.template spark-env.sh
#编辑配置文件
[hadoop@hadoop01 conf]$ vi spark-env.sh
export JAVA_HOME=/opt/model/jdk1.8
export SCALA_HOME=/opt/model/scala-2.12.10
export HADOOP_HOME=/opt/model/hadoop-3.2.1
export HADOOP_CONF_DIR=/opt/model/hadoop-3.2.1/etc/hadoop
```

```
export SPARK_MASTER_IP=hadoop01
export SPARK_WORKER_MEMORY=4G
export SPARK_WORKER_CORES=2
```

2）配置 slaves 文件

首先查看 conf 目录下的文件，找到 slaves.template 文件，修改配置文件名为 slaves，然后编辑配置文件 slaves，代码如下：

```
#修改配置文件名
[hadoop@hadoop01 conf]$ mv slaves.template slaves
#编辑配置文件
[hadoop@hadoop01 conf]$ vi slaves
hadoop01
```

3）配置环境变量

在.bashrc 文件中完成 Spark 环境变量的配置，代码如下：

```
#配置环境变量
[hadoop@hadoop01 software]$ vi ~/.bashrc
SPARK_HOME=/opt/model/spark-3.0.0#添加
PATH="$HOME/.local/bin:$HOME/bin:$PATH:$JAVA_HOME/bin:$HADOOP_HOME/bin:$HADOOP_HOM
E/sbin:$HIVE_HOME/bin:$SQOOP2_HOME/bin:$SCALA_HOME/bin:$SPARK_HOME/bin:$SPARK_
HOME/sbin"#追加
export SPARK_HOME#添加
#确保环境变量配置生效
[hadoop@hadoop01 software]$ source ~/.bashrc
```

4）启动 spark-shell

在完成 Spark 的环境变量配置后，就可以运行 Spark 了。启动 Spark bin 目录下的 spark-shell，启动成功页面如图 11.33 所示。

图 11.33　spark-shell 启动成功页面

11.2.6　启动 Spark 服务

要启动 Spark 服务，需要启动 Hadoop 的 HDFS。本书将 Spark 部署在 Hadoop 上，并将 Spark 文件存储在 HDFS 中。以下代码主要完成 HDFS、Spark 服务、spark-shell 的启动（spark-shell 启动成功后，就可以进行 Spark 的代码编写和运行了）：

```
#启动 HDFS
[hadoop@hadoop01 spark-3.0.0]$ start-dfs.sh
Starting namenodes on [hadoop01]
Starting datanodes
Starting secondary namenodes [hadoop01]
#查看 HDFS 是否启动
[hadoop@hadoop01 spark-3.0.0]$ jps
8450 NameNode
8586 DataNode
8956 Jps
8814 SecondaryNameNode
#启动 Spark 服务
[hadoop@hadoop01 spark-3.0.0]$ $SPARK_HOME/sbin/start-all.sh
org.apache.spark.deploy.master.Master running as process 9002. Stop it first.
hadoop01: starting org.apache.spark.deploy.worker.Worker, logging to
/opt/model/spark-3.0.0/logs/spark-hadoop-org.apache.spark.deploy.worker.Worker-1-
hadoop01.out
#查看 HDFS、Spark 服务是否启动
[hadoop@hadoop01 spark-3.0.0]$ jps
8450 NameNode
9139 Worker
9193 Jps
8586 DataNode
9002 Master
8814 SecondaryNameNode
#启动 spark-shell
[hadoop@hadoop01 spark-3.0.0]$ spark-shell
2022-08-21 16:35:58,488 WARN util.NativeCodeLoader: Unable to load native-hadoop
library for your platform... using builtin-java classes where applicable
Setting default log level to "WARN".
To adjust logging level use sc.setLogLevel(newLevel). For SparkR, use
setLogLevel(newLevel).
Spark context Web UI available at http://hadoop01:4040
Spark context available as 'sc' (master = local[*], app id = local-1661070977067).
Spark session available as 'spark'.
Welcome to
      ____              __
     / __/__  ___ _____/ /__
    _\ \/ _ \/ _ `/ __/  '_/
   /___/ .__/\_,_/_/ /_/\_\   version 3.0.0
      /_/

Using Scala version 2.12.10 (Java HotSpot(TM) 64-Bit Server VM, Java 1.8.0_231)
Type in expressions to have them evaluated.
Type :help for more information.
scala>
```

11.2.7　Spark Web UI

通过 Web UI 查看 Spark Master、Spark Worker 的启动情况和相关属性信息。

（1）Spark Master 服务页面如图 11.34 所示。

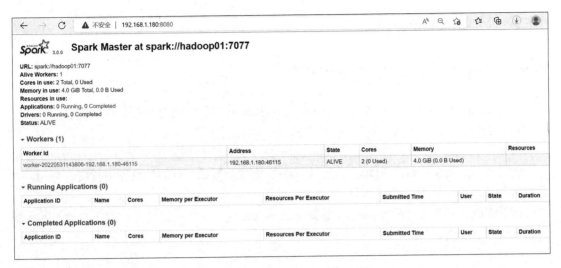

图 11.34　Spark Master 服务页面

（2）Spark Worker 服务页面如图 11.35 所示。

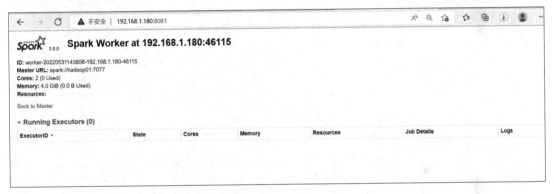

图 11.35　Spark Worker 服务页面

扩充知识——spark.default.parallelism

参数说明：该参数用于设置每个 Stage 的默认 Task 数量。这个参数极为重要，如果不设置，则可能会直接影响 Spark 的作业性能。

参数调优建议：Spark 作业的 Task 数量为 500～1000 个较为合适。一个的常见错误就是不设置这个参数，此时就会导致 Spark 自行根据底层 HDFS 的 Block 数量来设置 Task 数量，默认一个 HDFS Block 对应一个 Task。通常来说，Spark 默认设置的 Task 数量是偏少的（比如几十个 Task），如果 Task 数量偏少，就会导致前面设置好的 Executor 进程的参数都失效。试想一下，无论 Executor 进程有多少个，内存和 CPU 有多大，但是 Task 只有 1 个或 10 个，那么 90%的 Executor 进程可能没有可执行的 Task，也就白白浪费了资源！因此，Spark 官网建议的设置原则是，设置该参数为 num-executors * executor-cores 的 2～3 倍，比如 Executor 进程的总 CPU Core 数量为 300 个，那么可以设置 1000 个 Task，此时可以充分地利用 Spark 集群的资源。

11.3 Spark 编程实践

11.3.1 基于 HDFS 文件进行数据统计

在完成 Spark 的安装与配置后，下面通过一些简单实例完成对 Spark 编程的学习。

基于 HDFS 文件进行数据统计的步骤如下。

（1）将 Linux 服务器的本地 mall_customers.csv 文件上传到 HDFS 集群的/inputData 目录下。使用 Spark 编程并创建 RDD，实现从 HDFS 加载源数据，对加载数据进行统计分析，以获取购买频次为第一名的用户信息。

（2）将统计结果存储到 HDFS 集群新建的 firstData 目录下，把统计结果下载到 Linux 服务器本地进行查看。

（3）mall_customers.csv 文件格式为"姓名、性别、日期、订单金额"。

示例代码如下：

```
#将 Linux 服务器的本地 mall_customers.csv 文件上传到 HDFS 集群的/inputData 目录下
[hadoop@hadoop01 spark_data]$ ll
#查看本地 spark_data 目录下的 mall_customers.csv 文件
总用量 12
-rw-rw-r-- 1 hadoop hadoop 467 6月  6 20:55 mall_customers.csv
#通过 hdfs 命令将本地 mall_customers.csv 文件上传到 HDFS 集群的/inputData 目录下
[hadoop@hadoop01 spark_data]$ hdfs dfs -put mall_customers.csv  /inputData
#通过 hdfs 命令查看是否上传成功
[hadoop@hadoop01 ~]$ hdfs dfs -ls /inputData
Found 1 items
-rw-r--r--  1 hadoop supergroup  467 2022-06-07 07:57 /inputData/mall_customers.csv
#基于 HDFS 文件进行数据统计
#1）基于 sc.textFile 创建 RDD，从 HDFS 集群的/inputData 目录中加载 mall_customers.csv 文件中
的源数据
scala> val rdd01 = sc.textFile("hdfs:///inputData/mall_customers.csv")
rdd01: org.apache.spark.rdd.RDD[String] = hdfs:///inputData/mall_customers.csv
MapPartitionsRDD[17] at textFile at <console>:24
#2）对数据源进行分析处理
scala> val rdd02 =
rdd01.map(line=>line.split(",")).map(x=>x(0)).map(x=>(x,1)).reduceByKey(_+_)
rdd02: org.apache.spark.rdd.RDD[(String, Int)] = ShuffledRDD[13] at reduceByKey at
<console>:25
#3）对数据进行位置交换、排序
scala> val sortRdd = tempRdd.map(x=>x.swap).sortByKey(false).map(x=>x.swap)
#4）统计分析，获取购买频次为第一名的用户信息
scala> sortRdd.first()
res4: (String, Int) = (wangwu,11)
#5）将统计分析的结果存储到集群的 hdfs://hadoop01:9000/inputData/firstData 目录下，firstData
目录是新创建的目录
scala> sortRdd.saveAsTextFile("hdfs://hadoop01:9000/inputData/firstData")
#查看 HDFS 集群的/inputData/firstData 目录下是否存在统计结果
[hadoop@hadoop01 ~]$ hdfs dfs -ls /inputData/firstData
Found 2 items
-rw-r--r-- 1 hadoop supergroup 0 2022-06-07 09:47 /inputData/firstData/SUCCESS
-rw-r--r-- 1 hadoop supergroup 46 2022-06-07 09:47 /inputData/firstData/part-00000
#从 HDFS 集群的/inputData/firstData/part-00000 目录中下载文件到本地 Linux 文件所在目录中
```

```
[hadoop@hadoop01 spark_data]$ hdfs dfs -get /inputData/firstData/part-00000
 2022-06-07 09:52:17,500 INFO sasl.SaslDataTransferClient: SASL encryption trust
check: localHostTrusted = false, remoteHostTrusted = false
#查看是否下载成功
[hadoop@hadoop01 spark_data]$ ll
总用量 952
-rw-r--r-- 1 hadoop hadoop      46 6月  7 09:52 part-00000
#获取 part-00000 文件中的第一条记录
[hadoop@hadoop01 spark_data]$ head -1 part-00000
 (wangwu,11)
```

11.3.2　Spark SQL 操作外部数据源

　　Spark SQL 是用来处理结构化数据的模块，是学习 Spark 的首要模块。Spark SQL 中增加了 DataFrame，即带有 schema 信息的 RDD，使用户可以在 Spark SQL 中执行 SQL 语句。数据既可以来自 RDD，也可以来自 Hive、HDFS 等外部数据源，还可以是 JSON 格式的数据。

　　下面的代码实例将 Linux 服务器本地 JSON 文件 student.json 的数据源映射为 DataFrame 数据集，并将数据集注册为临时表 student，通过 Spark SQL 进行 SQL 语句操作，查询临时表 student 的数据。这种模式要求源数据必须具有格式，如 CSV[带有标题行]和 JSON 格式的数据。

```
#Linux 本地 JSON 文件/opt/spark_data/student.json
#student.json 文件内容如下
{"name":"zhangsan","sex":"female","age":20}
{"name":"lisi", "sex":"male","age":19}
{"name":"wangwu", "age":21}
#加载 JSON 数据源并映射为 DataFrame 数据集
scala> val studentRdd = spark.read.json("file:///opt/spark_data/student.json")
studentRdd: org.apache.spark.sql.DataFrame = [age: bigint, name: string … 1 more field]
#将 DataFrame 数据集注册为临时表 student
scala> studentRdd.createOrReplaceTempView("student")
#基于临时表 studen 调用 spark.sql()方法进行 SQL 语句操作，并显示结果
scala> spark.sql("select name,sex,age  from student ").show()
+--------+------+---+
|  name  | sex |age |
+--------+------+---+
|zhangsan|female| 20|
|  lisi   | male | 19|
| wangwu|  null | 21 |
+--------+------+---+
```

第 12 章
Flink 计算平台与实践

12.1　Flink 简介

大数据计算分为离线计算和实时计算，它们分别有自己的代表技术和特点。离线计算也称为批处理，主要用于处理大规模数据集。它通常在数据生成后，先将数据存储起来，然后进行批量处理。这种计算方式的目的是提高计算的效率和准确性，其代表技术包括 Hadoop、MapReduce 和 Hive。实时计算也称为流处理，主要用于处理实时生成的数据流。这种计算方式需要快速、连续地对数据流进行实时处理，以便能够做到即时响应和决策，其代表技术包括 Apache Storm、Heron、Apache Kafka（Kafka Streams）、Apache Spark（Spark Streaming）及 Apache Flink。随着技术的发展，许多系统开始将这两种计算方式融合使用，例如，Apache Flink 既支持批处理也支持流处理，Apache Spark 也提供了流处理的功能。

12.1.1　Flink 及其特点

Flink 是一个分布式大数据处理引擎和框架，用于在无边界和有边界的数据流上进行有状态的计算。

流处理的特点在于其无边界和实时性，不需要针对整个数据集进行处理，而是对系统传输的每条数据执行相应操作，这种处理方式能够更真实地反映人们的生活和工作方式，因此被广泛应用于各种应用场景。

Flink 是一个为了提升流处理性能而创建的平台，因此它非常适用于各种需要低延迟（微秒到毫秒级）的实时数据处理场景。例如，阿里巴巴的实时计算平台在"双十一"期间能平稳运行，计算峰值可达到每秒 40 亿条记录，数据量可达到每秒 7TB。该计算平台就采用了 Flink 流处理技术，展现了 Flink 在处理大规模实时数据流方面的强大能力。

Flink 的特点是实现了真正的实时流处理，支持低延迟、高吞吐量和 Exactly-Once 语义。Flink 采用基于事件的、有状态的高性能分布式数据流处理，主要特性包括批流一体化、精密的状态管理、事件时间支持及"精确一次"的状态一致性保障等。

12.1.2　Spark 和 Flink 的比较

在 Spark 的应用场景中，数据处理是基于批次的，离线数据是大批次数据，实时数据则是由连续的小批次数据组成的。而在 Flink 的应用场景中，一切都是基于流的，离线数据是有界限的流，实时数据则是一个无界限的流。同时，Spark 采用批处理的思想来模拟流处理，而 Flink 采用流处理的思想来模拟批处理。这种做法的一个特点是，在流处理和批处理共享大部分代码的同时，能够保留批处理特有的一系列优化。因此，Flink 的扩展性更好，能够更好地处理大规模的实时数据流。

Spark 利用微批处理实现流处理，将连续事件的流数据分割成一系列微小的批量作业。虽然这种方法可以实现 Exactly-Once 语义，但它仍然是基于批次的，因此延迟只能达到秒级，无法实现真正的流处理。而 Flink 则基于每个事件进行处理，每当有新的数据输入，都会立即进行处理，可以实现真正的流处理，支持毫秒级计算。Spark 流处理和 Flink 流处理的区别如图 12.1 所示。

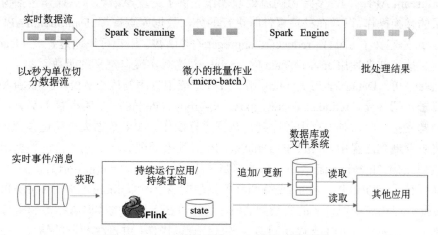

图 12.1　Spark 流处理和 Flink 流处理的区别

Spark 只支持基于时间的窗口操作（处理时间或事件时间），而 Flink 支持的窗口操作则非常灵活，不仅支持基于时间的窗口操作，还支持基于数据本身的窗口操作，使得开发者可以自由定义需要的窗口操作。

12.1.3　Flink 的分层抽象 API

Flink 根据抽象程度分层，提供了不同级别的 API。每个层次的 API 在简洁性和表达力方面有不同的侧重点，并且针对不同的应用场景。层次越高，开发人员写的代码越简洁，面向的开发人员越广，但 API 灵活性越差。层次越低，API 灵活性越高，但开发越复杂，需要开发人员具备一定的编程能力。Flink 为流处理和批处理提供了两套强大的 DataStream API 和 DataSet API，以满足流处理和批处理中的各种场景需求，并在更高层级提供了一种关系型的 Table API 和 SQL API 来实现 Flink API 的流处理与批处理的统一。Flink 的分层抽象 API 如图 12.2 所示。

Stateful Stream Processing：有状态的流处理。它可以处理一条或两条输入数据流中的单个事件或归入一个特定窗口内的多个事件，并使用一致的容错状态；提供了对于时间和状态的细粒度控制。开发者可以在其中任意地修改状态，也可以注册定时器，用于在未来的某一时刻触发回调函数。因此，用户可以利用处理函数实现许多有状态的事件驱动型应用所需要的基于单个事件的复杂业务逻辑。

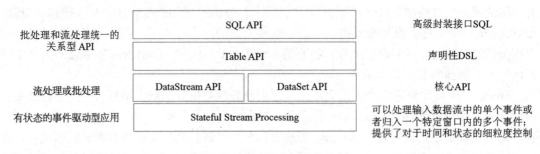

图 12.2　Flink 的分层抽象 API

DataStream API：为许多通用的流处理操作提供了处理原语。这些操作包括窗口操作、逐条记录的转换操作，以及在处理事件时进行的外部数据库查询等。DataStream API 支持 Java 和 Scala，预先定义了 map()、reduce()、aggregate() 等函数。用户可以通过扩展（DataSet API）实现预定义接口或者使用 Java、Scala 的 lambda 表达式实现自定义的函数。

DataSet API：DataSet API 是 Flink 用于批处理应用程序的核心 API。DataSet API 所提供的基础算子包括 map、reduce、(outer) join、co-group、iterate 等。所有算子都有相应的算法和数据结构支持，可以对内存中的序列化数据进行操作。如果数据大小超过预留内存，则过量数据将被存储到磁盘中。Flink 的 DataSet API 的数据处理算法借鉴了传统数据库算法，例如混合散列连接（hybrid hash-join）和外部归并排序（external merge-sort）。

Table API 和 SQL API：Flink 支持两种关系型的 API，即 Table API 和 SQL API。这两个 API 都是批处理和流处理统一的关系型 API，意味着在无边界的实时数据流和有边界的历史记录数据流上，关系型 API 会以相同的语义执行查询操作，并产生相同的结果。高级封装接口 SQL 构建在 Table 之上，相当于 Table API 在 DataStream API 中可以定义数据的 Table 结构，可以进行 Table 操作。SQL API 相当于用户可以直接使用 SQL 查询语句对数据进行处理，更简单且更方便。SQL 查询语句和 Table API 交互密切，SQL API 可以直接在 Table API 创建的表上进行查询。

Table API 和 SQL API 都借助了 Apache Calcite 进行查询的解析、校验及优化。它们可以与 DataStream API 和 DataSet API 无缝集成，并支持用户自定义的标量函数、聚合函数和表值函数。Flink 的关系型 API 旨在简化数据分析、数据流水线和 ETL 应用的定义。

12.1.4　Flink 应用场景

Flink 已广泛应用于实时 ETL，如实时数仓、商业数据即席分析、特征工程和在线数据服务等对稳定性要求比较高的场景。在实际生产环境中，大量数据在不断地产生，例如金融交易数据，支付宝交易数据，微信交易数据，电商订单数据，交通"两客一危"车辆 GPS 定位数据，工业领域带传感器的制造设备、机车设备等数据，家庭天然气表、水表、电表等传感器信号，移动终端产生的数据，通信信号数据，以及电信网质量监控、网络流量监控、服务器产生的日志数据，这些数据最大的共同点就是从不同的数据源中实时产生，之后被传输到下游的分析系统中。Flink 框架处理流程如图 12.3 所示。

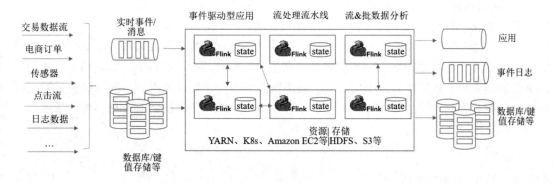

图 12.3　Flink 框架处理流程

Flink 对以下场景提供了良好的支持。

1．实时智能推荐

利用 Flink 流处理高吞吐量、低延迟、高性能的特性，可以构建实时智能推荐系统。该系统不仅可以对用户行为指标进行实时计算，对机器学习模型进行实时更新，对用户行为指标进行实时预测，并将预测的信息推送给 Web 或 App 端，帮助用户获取想要的商品信息，还可以帮助企业提高销售额，创造更大的商业价值。

2．复杂事件处理

复杂事件处理常见于工业领域，如自动化生产流水线上的制造设备故障检测、精密产品的瑕疵自动检测等。这类业务通常数据量较大，且对数据的时效性要求较高。使用 Flink 提供的 CEP（复杂事件处理）进行事件模式的抽取，同时使用 Flink 的 SQL API 进行事件数据的转换，可以在流式系统中构建实时规则引擎，进行实时故障检测或瑕疵检测等。

3．实时欺诈检测

实时欺诈检测是指实时进行数据结算、实时监测异常数据。在银行金融领域的业务中，常常出现各种类型的欺诈行为，如信用卡欺诈、信贷申请欺诈等。使用 Flink 流处理技术能够在毫秒内完成对欺诈行为判断指标的计算，之后对交易流水进行实时规则判断或模型预测，一旦检测出交易中存在欺诈嫌疑，则直接对交易进行实时拦截，避免因为处理不及时而导致的经济损失。

4．实时数仓与 ETL

结合实时数仓，并利用流处理的诸多优势和 SQL 灵活的加工能力，可以对流数据进行实时清洗、归并和结构化处理，对离线数仓进行补充和优化。另外，结合实时 ETL，利用有状态的流处理技术，可以尽可能降低企业在离线数据处理过程中调度逻辑的复杂度，高效、快速地获得企业需要的统计结果，帮助企业更好地应用实时数据所分析出来的结果。

5．流数据分析

实时计算各类数据指标，并利用计算结果及时调整在线系统的相关策略，可以广泛应用于各类广告投放或内容投放、无线智能推送领域中。流处理技术将数据分析场景实时化，可以帮助企业实现实时分析 Web 应用或 App 应用的各种指标，提供多维度用户行为分析，支持日志自主分析，实现基于大数据技术的精细化运营，提升产品质量和体验效果，增强用户黏性。

6. 实时报表分析

实时报表分析是近年来很多公司采用的报表统计方案之一，其中最主要的应用是实时大屏展示。利用流处理实时得出的结果可被直接推送给前端应用，并由前端应用实时展示出重要的指标变换。最典型的案例就是淘宝的"双十一"实时战报，在整个计算链路中，从用户下单到数据采集、数据计算、数据校验，最终落到"双十一"大屏上展示的全链路时间压缩在 5 秒以内，顶峰计算性能高达每秒 30 万笔订单，并通过多条链路流计算备份，确保万无一失。

12.2　Flink 软件栈

Flink 软件栈如图 12.4 所示，其核心是 Distributed Streaming Dataflow，用于执行数据流处理程序。Flink 运行时程序是一个通过有状态的算子连接的数据流的有向无环图（DAG），对上层提供有限数据流的 DataSet API 和无限数据流的 DataStream API。

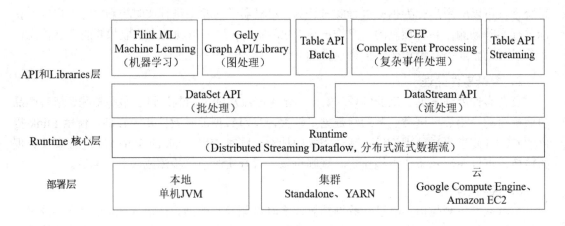

图 12.4　Flink 软件栈

Flink 软件栈是一个由多个层次组成的系统，各层次都有其特定的功能和作用。

部署层：这一层主要涉及 Flink 的部署方式。目前，Flink 支持多种部署方式，包括本地、集群、云及 Kubernetes（K8s）等。通过这些部署方式，Flink 可以灵活地适应不同的环境并满足不同的需求，从而更好地为用户提供服务。

Runtime 核心层：这一层是 Flink 软件栈的核心，主要负责为上层的不同接口提供基础服务。这一层支持分布式 Stream 作业的执行，能够将 JobGraph 映射转换为 ExecutionGraph，实现任务调度等功能。更为重要的是，Runtime 核心层能够将 DataStream 和 DataSet 统一转换为可执行的 Task，从而实现在流式引擎下同时进行批处理和流处理的目的。

API 和 Libraries 层：这一层提供了支持流处理和批处理的丰富 API，让开发者能够以简洁明了的方式编写数据处理逻辑。同时，Flink 还提供了一系列库，用于处理各种复杂的数据转换和操作。

Flink 提供了两个核心 API，即 DataSet API 和 DataStream API。DataSet 代表有界数据集，用于批处理；而 DataStream 代表无界数据流，用于流处理。Flink 内部使用 DataSet API

进行批处理。实际上，DataSet 也可以被看作特殊的数据流。DataSet 与 DataStream 可以无缝切换，因此 Flink 的核心是 DataStream。Flink 采用了基于算子或操作符（Operator）的连续流模型，可以做到微秒级的延迟，其核心数据结构是 Stream，代表一个运行在多个分区上的并行流。在 Stream 上，可以进行各种转换操作，且转换操作是逐条进行的，这意味着每当有新数据进入，整个流程就会被执行并更新输出结果，决定了 Flink 比 Spark Streaming 有更低的流处理延迟性。

Flink 的 Libraries 层也称为应用组件层，它根据 API 层的划分构建了满足特定应用领域的计算框架，包括面向流处理和面向批处理两类。

面向流处理支持 CEP（复杂事件处理）和基于 Table 的关系操作。CEP 库提供了 API，使用户能够利用正则表达式或状态机的方式指定事件模式。CEP 库可以与 Flink 的 DataStream API 集成，以便在 DataStream 上评估模式。CEP 库的应用包括工业领域设备故障检测、基于规则的告警、网络检测、业务流程监控和金融交易行为欺诈检测。

面向批处理支持 Flink ML（机器学习库）、Gelly（图处理）和基于 Table 的关系操作。Gelly 是一个可扩展的图形处理和分析库，它是在 DataSet API 之上实现的，并与 DataSet API 集成。Gelly 提供了内置算法，如标签传播算法、三角形枚举算法和 Page Rank，也提供了一个简化自定义图算法实现的 Graph API。

12.3　Flink 程序

12.3.1　Flink 程序的执行流程

Flink 程序主要由三个核心组件组成，即 Source、Transformation 和 Sink。这些组件共同构成了 Flink 程序的执行流程，使得数据能够从源点进入，在经过一系列转换操作后，最终输出到目标点。Flink 程序的执行流程如图 12.5 所示。

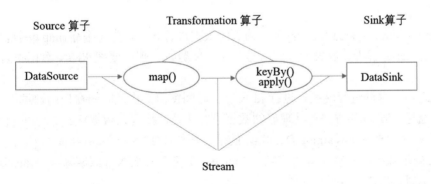

图 12.5　Flink 程序的执行流程

DataSource：表示数据源组件，主要负责数据读取，如 readTextFile、socketTextStream、fromCollection 及一些第三方 Source 组件。

Transformation 算子：表示转换算子，主要负责对数据的转换操作，如 map()、keyBy()、apply()、flatMap()、filter()、reduce()、aggregation()等。

DataSink：表示输出组件，主要负责把最终数据输出到其他存储介质中，如 writeAsText、Kafka、Redis、ElasticSearch 等第三方 Sink 组件。

Stream：在各个组件之间流转的数据，称为流。

12.3.2　Flink 程序和数据流

当一个 Flink 程序被执行时，它会被映射为 Streaming Dataflow。一个 Streaming Dataflow 是由一组 Stream 和 Transformation 算子组成的，它类似于一个 DAG，在启动时从一个或多个 Source 算子开始，结束于一个或多个 Sink 算子。

Flink 对数据的处理被抽象为以下 3 个步骤。

（1）接收数据：接收一个或多个数据源。

（2）处理数据：执行若干用户需要的 Transformation 算子。

（3）输出处理结果：将转换后的结果输出。

1．Streaming Dataflow

下面的代码示例为 Flink 的词频统计（WordCount）程序，读者可以通过词频统计程序了解 Flink 程序。

```
DataStream<String> lines=env.addSource(new FlinkKafkaConsumer<>(…));
DataStream<Event> events=lines.map((line)->parse(line));
DataStream<Statistics> stats=events
                           .keyBy(event->event.id)
                           .timeWindow(Time.seconds(10))
                           .apply(new MyWindowAggregationFunction());
  stats.addSink(new mySink(…));
```

代码说明：

（1）env 指的是 Flink 的运行环境或 Flink 的运行上下文。

（2）addSource(new FlinkKafkaConsumer<>(…))表示通过 Flink 消费 Kafka，并作为数据输入，即 Source。

（3）map((line)→parse(line))表示对输入的数据进行转换，首先进行 map 映射，然后对每条数据进行 parse 解析。假如输入的数据是 JSON 数据，那么要把 JSON 数据映射为代码中的实体类。

（4）之后，继续进行转换，进行 id 聚合、时间窗口操作及时间窗口函数调用。

（5）通过 addSink()方法对处理好的数据进行落地，如写入数据库。

Flink 程序映射为 Streaming Dataflow 的示意图如图 12.6 所示。

Flink 处理数据流的算子分为三类：Source，负责数据输入（数据源）；Transformation，负责数据运算；Sink，负责结果输出。

对于 Transformation 算子，Flink 中的 map()、flatMap()、reduce()、apply()等算子和 Java Stream 中对应的算子含义差不多。keyBy()作为 Flink 的一个高频使用算子，其功能与 MySQL 的 group by 语句的功能差不多；而 window()算子则可以通过窗口机制，将无界数据集拆分成一个个有界数据集。

Stream 是 Flink 计算流程中产生的中间数据。Flink 是由 Event 驱动的，每个 Event 都有一个 Event Time，即事件的时间戳，表明事件发生的时间，这个时间戳对 Flink 的处理性能很重要。Flink 在处理乱序数据流时，就是根据时间戳来判断处理的先后顺序的。

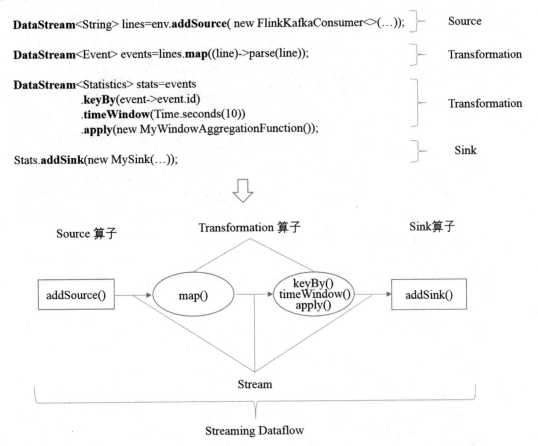

图 12.6　Flink 程序映射为 Streaming Dataflow 的示意图

2．Flink 程序的并行数据流

Flink 会把一个任务拆分为多个子任务，且子任务会由多个并行的线程来执行。一个任务的并行线程数，就称为该任务的并行度。

Flink 会把子任务分配到 Slot（插槽）中执行，因此，任务的最大并行度是由每个 TaskManager 上可用的 Slot 数决定的。比如一个 TaskManager 上有 4 个可用的 Slot，那么 TaskManager 会为每个 Slot 分配 25%的内存。同一个 Slot 中可以运行一个或多个线程。

Flink 是支持并行的，数据的输入、转换和输出都可以并行。首先对 Source 进行分区，将一个 Source 分成多个子任务，对每个子任务进行 Map 操作，Map 操作完成后是一个 Shuffle 过程。然后根据 Key 进行聚合、窗口操作等。最后由 Sink 操作将子任务移除。这里设置的并行度为 2，即一个 Source 被拆分为两个并行的 Source，同时进行计算。Flink 并行数据流如图 12.7 所示。

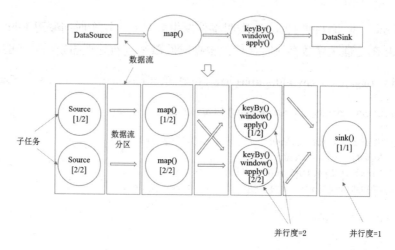

图 12.7　Flink 并行数据流

12.3.3　Flink 程序流理解

与其他分布式大数据处理引擎类似，Flink 也遵循一定的程序架构。以常见的 WordCount 程序为例，代码如下：

```
//创建一个 Flink 的运行环境 env
val env = ExecutionEnvironment.getExecutionEnvironment
val inputFile="/opt/spark_data/testWord.txt"
//为应用添加数据源
val text = env.readTextFile(inputFile)
//通过调用一系列的算子对数据进行处理
val counts = text.flatMap { _.toLowerCase.split("\\W+") filter { _.nonEmpty } }
  .map { (_, 1) }
  .groupBy(0)
  .sum(1)
//数据存储
counts.writeAsCsv(outputPath, "\n", " ")
```

下面我们分解一下这个程序。

第一步，获取一个 ExecutionEnvironment 对象（如果是实时数据流，则需要创建一个 StreamExecutionEnvironment 对象）。这个对象可以设置执行的一些参数并添加数据源，所以在代码的 main() 函数中都需要通过类似下面的语句获取这个对象：

```
val env = ExecutionEnvironment.getExecutionEnvironment
```

第二步，为这个程序添加数据源。这个程序是通过读取文本文件的方式获取数据的。在实际开发中，数据源可能有很多种，如 Kafka、ElasticSearch 等，Flink 官方也提供了很多 Connector 以减少开发者的开发时间。数据源一般都是通过 addSource() 方法添加的，这里是从文本中读入的，所以调用了 readTextFile() 方法。当然，用户也可以通过实现接口来自定义 Source。

```
val text = env.readTextFile(inputFile)
```

第三步，定义一系列的算子来对数据进行处理。我们可以调用 Flink API 中已经提供的算子，也可以通过实现不同的函数来实现自定义的算子。

```
val counts=text.flatMap{_.toLowerCase.split("\\W+") filter { _.nonEmpty } }
    .map { (_, 1) }
    .groupBy(0)
    .sum(1)
```

在上面的代码中，先对输入的数据进行分割，然后将其转换成（word,count）类型的元组，接着通过第一个字段进行分组，最后调用 sum()方法通过第二个字段进行聚合。

第四步，进行数据的存储。我们可以从外部系统导入数据，也可以将处理完的数据导入外部系统，这个过程称为 Sink。与 Connector 类似，Flink 官方为用户提供了很多 Sink，用户也可以通过实现接口来自定义 Sink。

```
counts.writeAsCsv(outputPath, "\n", " ")
```

12.4　Flink 运行时架构

Flink 集群主要由 3 部分组成：JobManager、TaskManager 和客户端（Client）。这三者各自运行在独立的 Java 虚拟机（JVM）进程中。当 Flink 集群启动时，至少会启动一个 JobManager 和一个 TaskManager，但根据集群规模和作业需求，可以启动多个 TaskManager。客户端将任务提交给 JobManager，JobManager 将任务拆分成 Task 并调度到各个 TaskManager 中执行，最后 TaskManager 将 Task 执行的情况汇报给 JobManager。

12.4.1　Flink 运行时架构简介

Flink 提供了专门的客户端用于提交作业（Job）到集群中。在服务端，Flink 采用了分布式的主从架构，其中，JobManager 作为主节点，而 TaskManager 作为从节点或工作节点。JobManager 负责管理计算资源和任务的调度，同时创建 Checkpoint（检查点）以进行容错处理；TaskManager 则负责实际执行 SubTask。这种主从架构的设计使得 Flink 能够高效地处理大规模数据流，并提供高可用性和容错功能，通过检查点机制来确保在故障发生时能够恢复作业的状态，并从故障点继续执行，从而保证了数据的可靠性和一致性。Flink 运行时架构如图 12.8 所示。

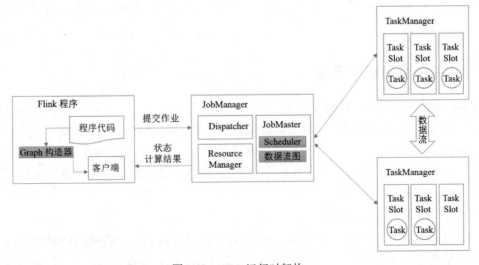

图 12.8　Flink 运行时架构

客户端在 Flink 中主要负责准备数据流并提交给 JobManager。它不直接参与程序的执行。客户端可以在多种设备上运行，包括 Windows、macOS、Linux 等操作系统，只要保证与 JobManager 的网络连通性即可。在提交作业后，客户端可以选择断开连接（分离模式），或者保持连接以接收进程报告（附加模式）。无论哪种类型的作业，客户端都会将提交的应用程序构建为 JobGraph 结构，并最终提交到集群上运行。

JobManager 是 Flink 集群中的管理节点，负责接收和执行客户端提交的 JobGraph。一旦接收到作业，JobManager 就会根据算子的并发度（parallelism）将作业拆分为多个 SubTask，并将它们分配到 TaskManager 的 Slot 上执行。JobManager 具有众多与协调 Flink 应用程序分布式执行相关的职责，包括负责整个任务的 Checkpoint 协调工作、协调和调度提交的任务、将 JobGraph 转换为 ExecutionGraph 结构，并通过调度器执行 ExecutionGraph 的节点。ExecutionGraph 中的 ExecutionVertex 节点最终会以 Task 的形式在 TaskManager 的 Slot 中执行。JobManager 进程由 ResourceManager、Dispatcher 和 JobMaster 三个组件组成。

ResourceManager 负责 Flink 集群中的资源提供、回收和分配，Flink 集群中的资源调度单位是 Task Slot。Flink 为不同的环境和资源提供者（如 YARN、Mesos、Kubernetes 和 Standalone 部署）实现了对应的 ResourceManager。

Dispatcher 提供了一个 REST API 接口，负责接收客户端提交的 Flink 应用程序执行作业，并为每个提交的作业启动一个新的 JobMaster。

JobMaster 负责管理单个 JobGraph 的执行。它会根据 ExecutionGraph 生成任务调度计划，与 TaskManager 进行通信以分配和执行 SubTask，并负责作业的 Checkpoint、失败恢复等容错工作。Flink 集群中可以同时运行多个作业，每个作业都有自己的 JobMaster。

TaskManager 作为整个集群的工作节点，主要作用是向集群提供计算资源，每个 TaskManager 都包含一定数量的内存、CPU 等计算资源。这些计算资源会被封装成 Slot 资源卡槽，之后通过主节点中的 ResourceManager 组件进行统一协调和管理，任务中并行的 Task 会被分配到 Slot 计算资源中执行。

根据底层集群资源管理器的不同，TaskManager 的启动方式及资源管理形式也会有所不同。例如，在基于 Standalone 模式的集群中，所有的 TaskManager 都是按照固定数量启动的，而 YARN、Kubernetes 等资源管理器上创建的 Flink 集群则支持按照需求动态启动 TaskManager 节点。

12.4.2　Flink 任务提交流程

Flink 不仅可以部署在包括 YARN、Mesos、Kubernetes 在内的多种资源管理框架上，还支持在裸机集群上独立部署，同时能轻松部署在云端。在不同的部署环境下，Flink 任务的提交流程可能会有所不同，以满足特定的环境和需求。无论是在资源管理框架上还是在裸机集群或云端，Flink 都具备出色的灵活性和可扩展性，能够适应各种环境和规模的数据处理需求。

1. 独立模式（Standalone）

在独立模式下，有会话（Session）模式和应用（Application）模式两种部署方式。这两种部署方式的整体流程非常相似：都需要手动启动 TaskManager，当资源管理器

（ResourceManager）收到 JobMaster 的资源请求时，会直接要求 TaskManager 提供资源。但是 JobMaster 的启动时间点是不同的，会话模式是预先启动的，应用模式则是在作业提交时启动的。

2．YARN 集群模式

在 YARN 集群模式下，有会话模式、单作业（Per-Job）模式和应用模式 3 种部署方式。

（1）会话模式：在会话模式下，先启动一个 YARN 会话。这个会话会创建一个 Flink 集群，首先向 YARN 资源管理器请求启动一个带有 JobManager 容器的 NodeManager，然后由 TaskManager 根据需要动态地启动 JobManager。在 JobManager 内部，由于还没有提交作业，所以只有资源管理器和分发器（Dispatcher）在运行。

（2）单作业模式：Flink 集群不会预先启动 JobManager，而是在提交作业时才会启动新的 JobManager。会话模式和单作业模式的区别在于 JobManager 的启动方式，以及单作业模式省去了分发器。当作业被提交给 JobMaster 之后，相关流程就与会话模式完全一样了。

（3）应用模式：应用模式与单作业模式的提交流程非常相似，只是初始提交给 YARN 资源管理器的不再是具体的作业，而是整个应用。一个应用中可能包含多个作业，这些作业都将在 Flink 集群中启动各自对应的 JobMaster。应用模式会在 YARN 上启动集群，应用 Jar 包的 main()函数将会在 JobManager 上执行。只要应用程序执行结束，Flink 集群就会被马上关闭。当然，也可以手动关闭集群。应用模式与单作业模式的区别在于，在应用模式下，用户的 main()函数是在集群中执行的。

12.5　Flink 时间处理机制

流处理（Streaming Process），有时也称为事件处理（Event Processing），可以被简明扼要地描述为对一个无止境的数据或事件序列的持续处理。一个流处理应用通常可以通过一个有向图来表示。这个有向图详细描绘了各个组件、模块或节点之间的数据流动和交互，以实现高效、连续的数据处理和事件响应。

12.5.1　Flink 的 3 种时间

Flink 的无限数据流是一个持续的过程，而时间是判断业务状态是否滞后，数据处理是否及时的重要依据。Flink 中针对 Stream 流事件的时间分为 Event Time、Ingestion Time 和 Processing Time，3 种时间之间的关系如图 12.9 所示。

Event Time（事件时间）是指每个事件在其设备上发生的时间，通常由事件中的时间戳来描述。在进入 Flink 之前，Event Time 通常已经被嵌入数据记录中，后续计算会从每条记录中提取该时间。Event Time 能够准确地反映事件发生的先后顺序，这对流处理系统而言是非常重要的。在涉及较多的网络传输时，传输过程中不可避免地会发生数据发送顺序改变，导致流处理系统统计结果出现偏差的问题，从而很难通过实时计算的方式得到正确的统计结果。我们可以通过 Watermark（水印）对乱序事件进行处理。例如，在采集的系统日志数据中，每条日志都会记录自己的生成时间，Flink 可以通过时间戳分配器访问事件的时间戳。

Ingestion Time（接收时间）是指事件进入 Flink（Flink Source）时的时间，是由 Source 算子自动根据当前时间生成的，每个事件都会将进入 Flink 时的时间作为时间戳。在存在多个 Source 算子的情况下，每个 Source 算子都可以使用自己本地系统的当前时间指派 Ingestion Time。

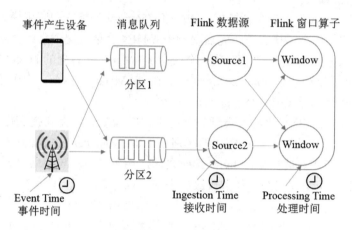

图 12.9　3 种时间之间的关系

Processing Time（处理时间）是指事件被处理时机器当前的系统时间，与机器相关。默认的时间属性是 Processing Time，可以在代码中设置。但是，在分布式和异步的环境下，不能保证 Processing Time 的准确性，因为它容易受到事件到达 Flink 的速度、事件在 Flink 中流动的速度及中断的影响。

12.5.2　Flink 时间窗口

Flink 流处理过程中经常用到窗口（Window）的概念，那么如何理解窗口呢？一个窗口是若干元素的集合。Flink 的并行度设置在横向上对数据流进行了分割，而窗口在纵向上对数据流进行了分割。Flink 中窗口的作用是将无限的数据流划分成一个个有限的数据集。所以，基于窗口的操作都是针对这些有限的数据集进行的。

在批处理应用场景下，如电商网站、视频社交网站经常将用户行为日志按天或其他频次存储，并且在数据采集时会说明数据采集的时间始末。在数据集批处理任务中，其实就是对数据集对应的时间窗口内的数据进行处理。在流处理应用场景下，数据以流的形式存在，且数据是源源不断的。在对数据流进行处理时，也需要明确一个时间窗口，比如，数据在"每秒""每分钟""每小时"等维度下的一些特性。

基于业务数据方面的考虑，Flink 支持两种类型的窗口：一种是基于时间的窗口，即 Time Window；另一种是基于输入数据数量的窗口，即 Count Window。根据不同的业务场景，Time Window 可以分为 3 种类型，分别是滚动窗口（Tumbling Window，窗口和窗口之间没有数据重叠）、滑动窗口（Sliding Window，会出现数据重叠）和会话窗口（Session Window，由不活动的间隙打断）。综合来看，Flink 时间窗口的类型如下。

（1）滚动时间窗口（Tumbling Time Window）根据固定时间间隔进行切分，且窗口之间的数据互不重叠。这种类型的窗口的最大特点是比较简单，只需要指定一个窗口长度

（Window Size）即可。如图 12.10 所示，设置滚动时间窗口的固定时间间隔为 10 秒，即窗口长度为 10 秒。

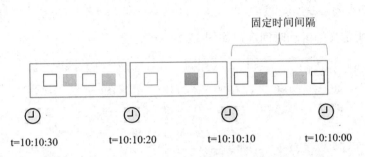

图 12.10　滚动时间窗口

Flink 中的窗口长度设置可以使用 Time.milliseconds(x)、Time.seconds(x) 或 Time.minutes(x) 方法。例如，Flink 中滚动时间窗口的窗口长度设置代码如下：

```
val  env=StreamExecutionEnvironment.getExecutionEnvironment
val  text=env.socketTextStream("Node1",9999)
val counts=text.flatMap{_.toLowerCase.split("\W+")filter{_.nonEmpty}}
            .map{(_,1)}
            .keyBy(0)
            .timeWindow(Time.seconds(10))   //定义窗口长度为 10 秒的滚动时间窗口
            .sum(1)
```

（2）滑动窗口（Sliding Window）是一种比较常见的窗口类型，其特点是在滚动时间窗口的基础上增加了滑动步长（Slide Size），且允许窗口之间的数据发生重叠。当窗口长度固定之后，该窗口并不像滚动时间窗口一样按照窗口长度向前移动，而是根据设定的滑动步长向前滑动。滑动窗口如图 12.11 所示。

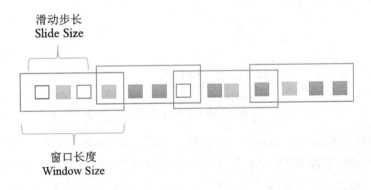

图 12.11　滑动窗口

窗口之间的数据重叠范围由窗口长度和滑动步长决定：当滑动步长小于窗口长度时，就会出现窗口重叠的情况；当滑动步长大于窗口长度时，就会出现窗口不连续的情况，可能造成数据不能在任意一个窗口内计算的情况；当滑动步长和窗口长度相等时，滑动窗口其实就是滚动时间窗口。

在实际应用中，需要指定窗口长度和滑动步长两个参数，例如，在 Flink 中定义窗口长度为 1 分钟的滑动时间窗口，每 30 秒滑动一次，代码如下：

```
stream.timeWindow(Time.minutes(1), Time.seconds(30))
//其中 1 分钟为窗口长度，30 秒为滑动步长
```

上述示例所定义的滑动时间窗口如图 12.12 所示。

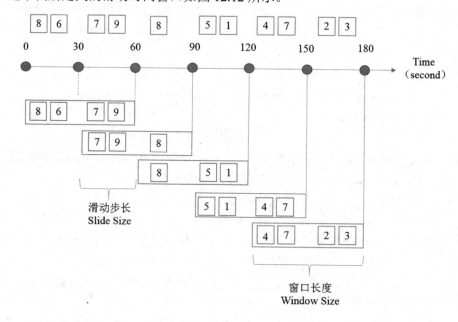

图 12.12　滑动时间窗口

（3）滚动数量窗口（Tumbling Count Window）：需要指定每个窗口的数据数量。如图 12.13 所示，Count Size=4 表示一个滚动数量窗口内需要 4 条数据。每当窗口内的 4 条数据抵达后，就开始进行下一个窗口的计算。

图 12.13　滚动数量窗口

（4）会话窗口（Session Window）：会话是一个用户交互的概念，在互联网应用中经常使用。会话窗口主要用于将某段时间内活跃度较高的数据聚合成一个窗口进行计算，触发条件是 Session Gap，即如果在规定的时间内没有数据接入，则认为窗口运行结束，之后触发窗口计算结果。会话窗口的长度并不固定，需要注意的是，如果数据一直不间断地进入窗口，也会导致窗口始终不触发。可以规定，如果用户在访问时，10s 内没有进行操作，则默认一次会话结束，等待下一次会话开始，再进行计算，以此类推。

比如，移动用户在手机淘宝 App 上短时间内有大量的搜索和点击行为，这一系列行为事件会组成一个会话，之后用户可能因为一些其他因素暂停与 App 的交互，经过一段时间后又返回 App，进行一系列搜索、点击、与客服沟通的行为后下单。会话窗口如图 12.14 所示。

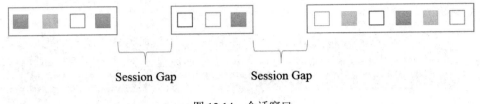

图 12.14　会话窗口

12.5.3　Watermark

1．Event Time

Event Time 是实际应用中最常见的时间，一般用于业务需求时间字段。例如，通过电商平台购物时需要先有下单事件，再有支付事件；借贷事件的风控需要根据时间来进行判断；机器异常检测触发的告警需要有具体的异常事件；将互联网商品广告及时、精准地推荐给用户依赖的是用户浏览商品的时间段/频率/时长等，而这些场景只能根据 Event Time 来处理数据。

在 Flink 中，Event Time 能够反映事件在某个时间点发生的真实情况，即使在任务重跑的情况下也能够被还原。要计算某段时间内的数据，只需要将 Event Time 范围内的数据进行聚合计算即可。但是数据在上报、传输过程中难免会发生延时的情况，进而造成数据乱序，这时就需要考虑何时触发聚合计算。Flink 使用 Watermark 来衡量当前数据进度。Watermark 使用时间戳表示，在数据流中随着数据一起传输，当 Watermark 到达用户设定的允许延时时间时，就会触发聚合计算。

2．Watermark 的引入背景

在流处理系统中，流处理从事件产生到进入 Flink Source，再到 Flink 窗口算子，中间有一个过程和时间。在大部分情况下，到达 Flink 窗口算子的数据是按照 Event Time 顺序排列的，有序数据流中的 Watermark 如图 12.15 所示。但在实际生产环境中，我们可能会遇到这样的问题，因为网络的抖动（网络发生拥塞，排队延迟将造成端到端的延迟，并导致通过同一连接传输的分组的延迟各不相同，这种情况称为抖动）、设备的故障、应用的异常等原因，Flink 接收到的事件的先后顺序并不是严格地按照 Event Time 顺序排列的，出现了事件乱序和事件延迟问题。无序数据流中的 Watermark 如图 12.16 所示。

在 Flink 中，用户可以配置最大延迟的时间间隔，Flink 会用最新的数据时间减去这个时间间隔来更新 Watermark。当 Watermark 大于窗口结束时间且窗口中有数据时，就会立刻触发窗口计算。例如，以 30 分钟作为最大延迟的时间间隔，窗口长度为 1 小时，那么窗口时间就应该为（00:00—01:00），（02:00—03:00），…，（23:00—00:00）。假设现在有一条 03:31 的数据进入应用，将该时间减去 30 分钟就是 03:01，大于（02:00—03:00）的结束时间，就认为没有其他数据时间迟于 03:00 了，此时如果窗口内存在数据，就会立马触发窗口计算。这个计算需要通过延迟的时间间隔和最新的数据来判断是否已经超过了窗口允许的延迟时间。设置 30 分钟作为最大延迟的时间间隔意味着每个窗口的数据可以延迟 30 分钟到达，如果数据到达时间超过了这个延迟时间，就需要指定这类迟到数据的处理策略。

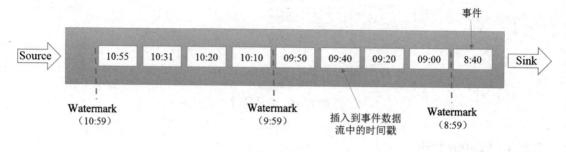

图 12.15 有序数据流中的 Watermark

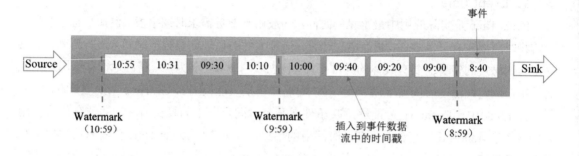

图 12.16 无序数据流中的 Watermark

然而，在某些场景下，尤其是特别依赖于 Event Time 而不是 Processing Time 的场景。例如，错误日志的时间戳代表发生错误的具体时间，程序员只有知道了这个时间戳，才能还原系统在那个时间点所发生的问题，或者根据该时间戳关联其他的事件，找出导致问题发生的源头。

再如，安装在监测设备或器件上的传感器，需要实时上传对应时间点的设备状态数据，并根据设置的阈值控制系统运行在稳定状态。设备监控系统需要实时上传设备周围的监控情况，进行实时控制和分析监控数据，进行实时告警和提示可疑事件，并在发生事故后还原最近的监控数据。

在实际应用中，一旦出现乱序和延迟，即最先进行窗口计算的数据不一定是业务上最先产生的数据。如果只根据事件时间进行窗口计算，就不能明确数据是否全部到位，但又不能无限期地等待，此时必须采用一个机制来保证在特定的时间点后，必须触发窗口计算，这个机制就是 Watermark。

3. Watermark 的应用场景

Watermark 是用于处理乱序事件的，并且使用 Watermark 机制处理乱序事件时通常需要结合使用窗口。当基于 Event Time 的数据流进行窗口计算时，由于 Flink 接收到的事件的先后顺序并不是严格按照 Event Time 顺序排列的（会因为各种各样的问题改变，如网络的抖动、设备的故障、应用的异常等），所以最困难的一点就是如何确定对应当前窗口的事件已经全部到达。实际上，我们并不能做到准确判断。业界常用的方法是基于已经收集的消息来估算是否还有消息未到达，这就是 Watermark 的思想。

Watermark 本质上就是一个时间戳，表示比该时间戳早的事件已经全部到达窗口，即不会再有比该时间戳还早的事件到达，这个假设是触发窗口计算的基础，只有 Watermark 大于窗口对应的结束时间，窗口才会关闭和进行计算。

在实际的应用环境中，Flink 利用 Watermark 机制来确定窗口内的数据是否已经全部到达。Watermark 能够衡量数据进度，确保数据在乱序情况下也能被正常处理，得出连续的结果。Watermark 作为数据流中的一部分流入下游，当一个 Watermark(t)到达下游时就表示后面的数据时间都是迟于 t 的。

Watermark 有如下 3 种应用场景。

（1）顺序数据流中的 Watermark 如图 12.17 所示。

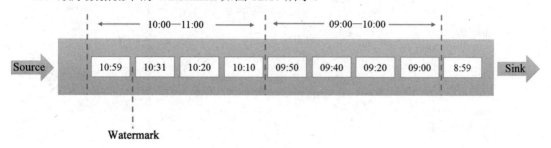

图 12.17　顺序数据流中的 Watermark

在数据流有序的情况下，当 10:00 的数据到达时，就代表 09:00—10:00 的窗口可以操作了，因为不会有比 10:00 的数据还早的数据了，所有 09:00—10:00 窗口内的数据已经全部到达。但是因为设置了 30 分钟作为最大延迟时间间隔的 Watermark，10:00 减去 30 分钟为 09:30，小于窗口的结束时间（09:00—10:00），所以它会等待数据，直到 10:31 的数据到达，10:31 减去 30 分钟为 10:01，大于 10:00，达到触发窗口计算的时间。原本早就可以执行的窗口计算现在延迟了 30 分钟，所以在数据流有序的情况下，并不能很好地发挥 Watermark 的作用，反而会增加应用的延迟。

（2）无序数据流中的 Watermark 如图 12.18 所示。

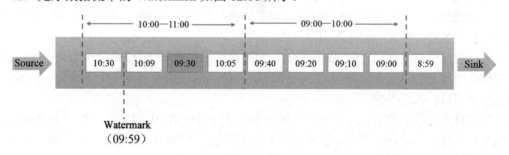

图 12.18　无序数据流中的 Watermark

在实际环境中使用 Event Time 时，我们也会遇到因为网络阻塞或其他原因导致的无序数据流。在这种情况下，Watermark 可以保证窗口内的数据按照指定的窗口长度和延迟时间进行计算。值得注意的是，Flink 的延迟时间是相对 Event Time 而言的，不是根据系统时间匹配的。也就是说，如果设置的窗口长度为 1 小时，延迟时间为 10 分钟，则对 09:00—10:00 的窗口而言，它不一定会在系统时间超过 10:10 后进行计算，因为此刻不一定有时间戳大于 10:10 的数据到达。只有当 Watermark 大于窗口结束时间时才会进行窗口计算。Watermark 一般都是根据 Event Time 计算的。

如上所述，假设窗口长度为 1 小时，延迟时间为 10 分钟。显而易见地，09:30 的数据已经迟到了，但它依然会被正确计算，只有当有数据时间大于 10:10 的数据到达之后（即对应的 Watermark 大于 10:10 减去 10 分钟），09:00—10:00 的窗口才会执行计算。

（3）并行数据流中的 Watermark 如图 12.19 所示。

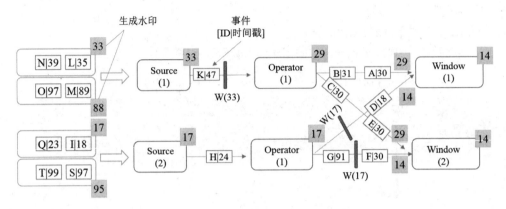

图 12.19　并行数据流中的 Watermark

对于并行度大于 1 的 Source Task 来说，其每个独立的 Sub Task 都会生成各自的 Watermark。这些 Watermark 会随着数据流一起被分发到下游算子，并覆盖之前的 Watermark。当有多个 Watermark 同时到达下游算子时，Flink 会选择较小的 Watermark 进行更新。当一个 Task 的 Watermark 大于窗口结束时间时，就会立即触发窗口计算。

4．Watermark 的使用案例

下面以 Watermark 在电商平台的使用为例进行讲解。

在"双十一"期间，淘宝平台需要统计 10:00—11:00 这个时间段内打开淘宝 App 的用户数量，Flink 可以指定一个窗口进行 sum 聚合操作，但是由于网络的抖动或数据发送延迟等问题，无法保证在窗口时间结束时窗口中已经收集好了在 10:00—11:00 时间段内用户打开 App 的事件数据，但又不能无限期地等待。

下面通过模拟场景来理解 Watermark，例如淘宝平台的统计任务在 10:00:00 开启，设置窗口长度为 1 分钟的滚动时间窗口，10:00:00—10:01:00 为第一个窗口，10:01:00—10:02:00 为第二个窗口，以此类推。

现在有一条数据的 Event Time 是 10:00:50，在 10:00:00—10:01:00 的第一个窗口内，然而这条数据却在 10:01:10 到达，按照正常的处理流程，该窗口会在到达结束时间（10:01:00）时触发计算，那么这条数据会被丢弃，不会被统计。

但是在开启 Watermark 后，设置的延迟时间为 10 秒，窗口在 10:01:00 时就不会触发计算，因为采用的是 Event Time，而数据本身的时间是 10:00:50，所以该条数据肯定会被第一个窗口接收。

假设在 10:01:10 时（currentMaxTimestamp 减去 10 秒）的 Watermark 为 10:01:00，这个 Watermark 和第一个窗口的结束时间相等（满足第一个条件：Watermark ≥ Window Endtime）；数据的 Event Time 是 10:00:50，在 10:00:00—10:01:00 的第一个窗口内（满足第二个条件）。因为同时满足两个条件，此时触发第一个窗口的计算操作，这条延迟数据正好参与计算，不会造成数据丢失。

12.6　Flink 状态和容错机制

12.6.1　Flink 状态

Flink 支持有状态计算。State 是 Flink 中一个非常基本且重要的概念，State 的字面意义为状态。无状态是指每个事件都是独立的，各个事件之间没有关联，输出结果只与当前事件有关联。比如电子围栏告警系统，当触发设置的电子围栏时就进行告警。有状态是指当前的事件与之前的事件状态有关联，输出结果与之前各个事件的输出结果相关。比如，淘宝"双十一"活动实时战报的实时总成交金额播报等。

无状态计算不会存储计算过程中产生的结果，也不会将结果用于下一步计算。程序只会在当前的计算流程中执行，当计算完成时就输出结果，之后接入下一条数据，继续处理，如 Flink 中的 map()、flatMap()、filter()算子。有状态计算是指在程序计算过程中，程序内部存储计算会产生中间结果，并且会被提供给后续的算子进行计算，如 Flink 中的 sum()和 reduce()算子。有状态计算用于比较复杂的业务场景，如实时复杂事件处理，按秒、分钟、小时、天进行聚合计算，求最大值、均值等聚合指标等。无状态计算和有状态计算如图 12.20 所示。

图 12.20　无状态计算和有状态计算

1. State 的引入背景

在流处理场景中，无界数据流不断流入，每条流入的数据都可能触发计算。比如 count()或 sum()算子，在一般情况下每次的计算都会基于上次的计算结果进行增量计算，但上一次的中间计算结果会被保存在什么地方呢？由于存在网络抖动、硬件或软件故障造成某个计算节点失败的情况，对应的计算结果也会丢失，在节点恢复时，若将所有历史数据重新计算一遍，则在实际生产环境中是很难令人接受的。比如在需要历史数据的流处理系统中，上游的系统数据可能会重复，下游希望把重复的数据去除，此时就需要记录历史数据。再如，在触发窗口计算函数前，需要将窗口中收集的数据保存起来，等到触发窗口时进行计算。

Flink 提供了 State 来存放计算过程中的中间计算结果或元数据属性等，并提供了 Exactly-Once 语义。由于大多数的流处理场景都是增量计算，数据需要逐条处理，当前结果都是基于上一次的计算结果进行处理的，这就要求将上一次的计算结果进行存储持久化。中间计算结果可以存储在本地内存中，也可以存储在第三方存储介质中，比如 Flink 已经实现的 RocksDB。在处理数据时，我们可以为每条数据准备一个相应的空间（State）来存储它的变化过程。Flink 的有状态计算如图 12.21 所示。

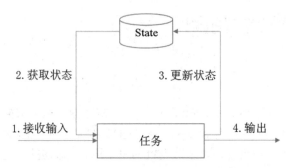

图 12.21　Flink 的有状态计算

在 Flink 中，我们可以把所有数据都视为有状态的。若在程序执行过程中，由于硬件或软件故障造成某个计算节点失败，导致程序执行失败，那么要恢复中间计算结果，可以使用 State 配合 Checkpoint（检查点）来实现。

2．State 的定义和分类

State 其实是一种数据结构，即一种为了满足算子计算时需要历史数据的，使用 Checkpoint 机制进行容错的，存储在 State Backend 中的数据结构。Flink 中的 State 是与时间相关的 Flink 任务内部数据（计算数据或元数据属性）的快照。

Flink 的 State 有两种存在形式：Managed State（托管状态）和 Raw State（原生状态）。Managed State 在开发中推荐使用，由 Flink Runtime 管理，可以自动存储、自动恢复，在存储管理和持久化上做了一些优化。Raw State 只支持字节，任何上层数据结构都需要被序列化为字节数组。在使用时，需要用户进行序列化，以底层的字节数组形式进行存储，Flink 并不知道存储的是数据结构。Flink 的两种 State 如表 12.1 所示。

表 12.1　Flink 的两种 State

区别	分类	
	Managed State	Raw State
状态管理方式	由 Flink Runtime 管理，可以自动存储、自动恢复，在内存管理上有优化	由用户管理，需要自己进行序列化
数据结构	Flink 提供的常用数据结构，如 ListState、MapState、ValueState 等	字节数组：byte[]
使用场景	大多数情况下均可使用	自定义算子时

Managed State 分为两种，即 Keyed State 和 Operator State；而 Raw State 只有 Operator State。

Keyed State 的每个 Key 对应一个 State，一个 Operator 实例可处理多个 Key，可访问相应的多个 State；支持并发改变，State 随着 Key 在实例间迁移；支持的数据结构有 ValueState、ListState、ReducingState、AggregatingState、MapState 等。Keyed State 类似于一个分布式的 Key-Value Map 数据结构，只能用于 KeyedStream（keyBy()算子处理之后）。

Operator State 可以用于所有算子，一般用于 Source、Sink 等与外部系统连接的算子，或者完全没有 Key 定义的场景中。比如，Flink 的 Kafka 连接器就用到了 Operator State。一个 Operator 实例对应一个 State，在并发改变时有多种重新分配的方式可选。Operator State 支持的数据结构有 ListState、BroadcastState 和 UnionListState。

3．State 的应用场景

Flink 任务中的 State 主要用于聚合操作，机器学习迭代训练模型，Job 故障恢复、重启等场景。这里以常用的 Keyed State 为例。

State 本质上是一种用来存储数据的数据结构，作为 Keyed State，Flink 提供了几种现成的数据结构供用户使用，包括 ValueState、ListState 等。State 主要有 3 种实现，分别为 ValueState、MapState 和 AppendingState，AppendingState 又可以细分为 ListState、ReducingState 和 AggregatingState。下面介绍几种主要实现。

（1）ValueState[T]是单一变量的状态，这个状态与对应的 Key 绑定，T 是某种具体的数据类型，如 Double、String 或自定义的复杂数据结构。可以使用 T value()方法获取状态，使用 update(value: T)方法更新状态。例如，在电商平台中统计 user_id 对应的交易次数，每次用户交易完成都会使 count 状态值更新。

（2）MapState[K, V]存储了一个 Key-Value Map 数据结构，就是把状态放到 Map 中，形成键-值对。可以使用 get(key: K)方法获取某个 Key 的 Value，使用 put(key: K, value: V)方法对某个 Key 设置 Value，使用 contains(key: K)方法判断某个 Key 是否存在，使用 remove(key: K)方法删除某个 Key 及对应的 Value。需要注意的是，MapState 中的 Key 和 Keyed State 中的 Key 不是同一个 Key。

（3）ListState[T]存储了一个由 T 类型数据组成的 Key 的状态值列表。可以使用 add(value: T)或 addAll(values: java.util.List[T])方法向状态中添加元素，使用 get(): java.lang.Iterable[T]方法获取整个列表，使用 update(values: java.util.List[T])方法更新列表，让新的列表替换旧的列表。例如，可以使用 ListState 统计各个用户访问过的 IP 地址列表。

12.6.2　Flink 容错机制

Flink 容错机制主要是指状态的保存和恢复。Flink 提供了失败恢复的容错机制 Checkpoint，这个容错机制的核心是通过持续创建分布式数据流的快照（Snapshot）来实现的，涉及 State Backend（状态后端）、Savepoint，以及 Job 和 Task 的错误恢复。Flink 由 JobManager 协调各个 TaskManager 来进行 Checkpoint 存储，并将 Checkpoint 存储在 State Backend 中。State Backend 默认是内存级的，也可以将其修改为文件级的再进行持久化保存。

Flink 属于分布式大数据处理引擎，而分布式大数据处理引擎必须面对的问题就是故障，例如进程被强制关闭、服务器宕机、网络连接中断等。当出现以上故障时，会造成 Flink 作业意外失败，需要在重启后进行恢复，要想 State 的值不从头开始计算，就需要进行容错处理。为了保证计算过程中出现异常时可以进行容错处理，需要将中间的计算结果 State 存储起来。State 使用 Checkpoint（类似于 Windows 操作系统发生死机等问题时，将系统恢复到某个时间点的恢复点）机制进行容错处理，可以理解为从 Checkpoint（检查点）处恢复。

1．State Backend

当 Flink 程序的 Checkpoint 机制启动时，状态将在 Checkpoint 中持久化以应对数据丢失及恢复的问题。而状态在内部如何表示，如何持久化到 Checkpoint 中及持久化到哪里都取决于选定的 State Backend。Checkpoint 其实就是 Flink 在某一时刻的所有算子的全局快照，而快照需要有一个位置进行存储，这个存储的位置称为 State Backend。

State Backend 用来保存 State 的存储后端，是保存 Checkpoint 数据的容器。在默认情况下，State 会存储在 TaskManager 的内存中，Checkpoint 会存储在 JobManager 的内存中。State 和 Checkpoint 的存储位置取决于 State Backend 的配置。

Flink 内部提供了 3 种 State Backend：基于内存的 MemoryStateBackend（默认配置）、基于文件系统的 FsStateBackend、基于 RocksDB 数据库存储的 RocksDBStateBackend。

2．Checkpoint

Flink 为了进行实时容错处理，将中间计算结果定期存储起来，在出现故障时将系统重置为正确的状态，这种定期触发中间计算结果的机制称为 Checkpoint。

Checkpoint 是 Flink 用来从故障中恢复的容错机制。它可以根据配置周期性地基于 Stream 中各个算子的状态来生成快照，从而将这些状态数据定期、持久化地存储起来。当作业出现意外崩溃的情况时，通常需要和错误恢复机制（作业重启策略或 Failover 策略）配合使用。Flink 作业会根据作业重启策略自动重启并通过最近一个成功的快照（Checkpoint）来恢复状态。合适的作业重启策略可以减少作业不可用时间并避免人工介入故障处理的运维成本，因此对 Flink 作业稳定性来说有着举足轻重的作用。

1）Checkpoint Barrier

Checkpoint Barrier（检查点分界线）是数据源产生数据时由 Checkpoint Coordinator（检查点协调器）注入数据流中的轻量数据（快照 ID）。Checkpoint Coordinator 将数据流切分为段，通过 Checkpoint Barrier 把数据流中的数据划分到不同的 Checkpoint 中。Flink 的 Checkpoint 逻辑是，新数据流的流入导致状态发生了变化，Flink 的算子接收到 Checkpoint Barrier 后，对状态进行快照。每个 Checkpoint Barrier 有一个 ID，表示该数据流属于哪个 Checkpoint。这样一来，Checkpoint Barrier 就将数据流从逻辑上分成了两部分。在 Checkpoint Barrier 之前到来的数据导致的状态更改，都会被包含在当前 Checkpoint Barrier 所属的 Checkpoint 中；而在 Checkpoint Barrier 之后到来的数据导致的状态更改，都会被包含在之后的 Checkpoint 中。

如图 12.22 所示，在 ID 为 n 的 Checkpoint Barrier 到达每个算子后，需要对 Checkpoint n-1 和 Checkpoint n 之间状态的更新做快照。Checkpoint Barrier 类似于 Event Time 中的 Watermark，它被插入到数据流中，但并不影响数据流原有的处理顺序。

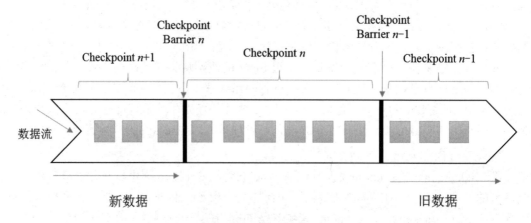

图 12.22　Checkpoint Barrier 示意图

2）Checkpoint 执行流程

在理解 Flink 状态和 Flink 容错机制后，需要进一步理解 Checkpoint 执行流程。Checkpoint 执行流程如图 12.23 所示。

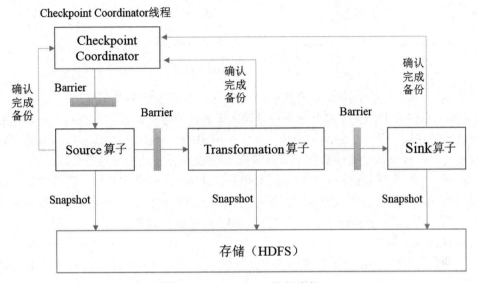

图 12.23　Checkpoint 执行流程

（1）Checkpoint Coordinator 线程周期性地生成分界线 Barrier，并向所有的 Source 算子发送 Barrier。

（2）Source 算子接收到 Barrier 后，暂停当前的操作并制作快照 Snapshot，并将其存储在 HDFS 等介质中。

（3）Source 算子向 Coordinator 汇报，确认 Snapshot 已经完成。

（4）Source 算子继续向下游 Transformation 算子发送 Barrier。

（5）Transformation 算子重复 Source 算子的操作，完成 Snapshot 存储和汇报，直到 Sink 算子向 Checkpoint Coordinator 确认 Snapshot 已经完成。

（6）CheckPoint Coordinator 接收到所有的算子执行成功的汇报结果，认为本次快照制作成功。

3）Barrier 对齐机制

Checkpoint 通过 Barrier 对齐机制保证 Exactly-Once 的一致性语义。Flink 通过一个 Input Buffer 将在对齐阶段接收到的数据缓存起来，待对齐完成之后进行处理。

当一个算子实例上游有两个或多个输入流时，在执行 Checkpoint 时可能会出现输入流中数据流速不一样的情况，导致多个输入流同一批次的 Barrier 到达下游算子的时间不一致。此时，速度较快的 Barrier 到达下游算子后，这个 Barrier 之后到达的数据将会被存放到缓冲区中，不会进行处理。待其他速度较慢的 Barrier 到达后，此算子才执行 Checkpoint，并把状态存储到 State Backend 中，这就是 Barrier 对齐机制。

Barrier 对齐机制如图 12.24 所示，当前的算子实例接收上游两个输入流的数据，一个是字母流，一个是数字流。无论是字母流还是数字流，都会向流中发送 Checkpoint Barrier。但是算子处理数据的速度不同，Flink 在这种情况下如何判断何时执行 Checkpoint 呢？

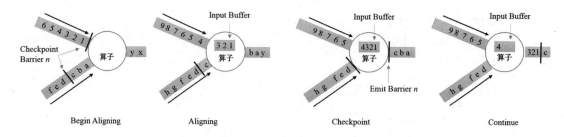

图 12.24　Barrier 对齐机制

（1）对于一个有多个输入流的算子实例来说，当算子实例从其中一个输入流接收到 Checkpoint Barrier n 时，就不能处理来自该输入流的任何数据记录了，直到它从其他所有输入流接收到 Barrier n 为止。如图 12.24 中第 1 个小图所示，数字流的 Barrier 先到达了，算子实例就不会继续接收数字流的数据，等待字母流的 Barrier 到达后再进行处理。

（2）第一个接收到 Barrier n 的输入流会被暂时搁置，之后从这些输入流接收到的数据不会被立即处理，而是会被放入输入缓冲区中。如图 12.24 中第 2 个小图所示，数字流对应的 Barrier n 已经到达了，Barrier n 之后的 "1、2、3" 这些数据只能被放入输入缓冲区中，等待字母流的 Barrier n 到达。

（3）一旦所有的 Barrier n 都被输入流接收到，算子实例就会把 Barrier n 之前所有已经被处理完成的数据和 Barrier n 一起发送给下游。之后，算子实例就可以对状态信息进行快照操作。如图 12.24 中第 3 个小图所示，算子实例接收到上游所有输入流的 Barrier n，此时算子实例就可以将 Barrier n 和 Barrier n 之前的数据发送到下游，并对自身状态进行快照操作。

（4）快照操作完成后，算子实例将继续处理缓冲区的数据，处理完成后就可以正常处理输入流的数据了。如图 12.24 中第 4 个小图所示，先处理完缓冲区的数据，然后就可以正常处理输入流的数据了。

Flink 的 JobManager 可以初始化 Checkpoint，并在数据源之后放置一个 Barrier，以此分隔。使用 Barrier 对齐机制对所有 Barrier 下游的数据进行计算，并将 Source、Offset、Result 等数据上报至 State，进行 State 的持久化。一旦 Flink 作业因为故障执行失败，就会重启作业，到 State 中读取所有作业的元数据，重新执行一遍。

Checkpoint 的侧重点是 "容错"，即 Flink 作业意外执行失败并重启之后，能够直接从 Checkpoint 处恢复运行，且不影响作业逻辑的准确性。

Checkpoint 作为一种轻量且快速的机制，它可以利用底层 State Backend 的不同功能尽可能快速地恢复数据，如基于 RocksDBStateBackend 的增量 Checkpoint，可以极大地加速 Checkpoint 执行流程。这种设计使 Checkpoint 机制变得更加轻量，特别是对超大状态的作业而言，可以降低写入成本。

Checkpoint 面向 Flink Runtime 本身，由 Flink 的各个 TaskManager 定时触发快照操作并自动清理数据，一般不需要用户干预。

Checkpoint 执行的频率往往比较高（因为需要尽可能地保证作业恢复的准确性），所以 Checkpoint 的存储格式是轻量级的，但作为 Trade-Off（技术间的权衡），牺牲了一切可移植（Portable）的内容，比如不保证改变并行度和升级的兼容性。

3. Savepoint

Savepoint 是通过 Checkpoint 机制创建的，所以 Savepoint 从本质上来说是特殊的

Checkpoint，与 Checkpoint 的存储格式一致。Savepoint 的目的是在进行 Flink 作业维护时将作业状态写入外部系统，以便在维护结束后重新提交作业时可以恢复到原本的状态。

虽然流应用处理的数据是持续生成的，但是在某些场景下，可能需要重新处理之前已经处理过的数据。例如，以下几种场景就需要使用 Savepoint。

（1）在部署流应用的新版本时，如在添加新功能、修复 Bug 或升级机器学习模型时。

（2）在进行作业 A/B 测试时，要求使用相同的源数据测试程序的不同版本，且从同一时间点开始测试，而不丢失先前的状态。

（3）在进行应用程序资源扩容或缩容时，需要修改并行度。

（4）在进行 Flink 版本切换或集群迁移时，流应用程序需要用到 Savepoint。

Savepoint 的侧重点是维护，即 Flink 作业需要在人工干预下手动重启、升级、迁移或进行 A/B 测试时，可以先将全局状态整体写入可靠存储（HDFS、S3 等）中，待维护完成后再通过 Savepoint 恢复。Savepoint 可以被理解为传统数据库中的备份和恢复功能，它是由用户创建、维护和删除的，是事先规划好的、有计划的手动备份。因为 Savepoint 并不会连续自动触发，所以 Savepoint 没有必要支持增量。

Savepoint 的设计初衷主要是关注应用的可移植性，即允许在对作业进行修改后，状态仍然能够保持兼容。然而，这种设计也带来了更高的恢复成本。与 Checkpoint 相比，Savepoint 在创建和恢复过程中更为复杂和重量级。

Savepoint 以二进制形式来存储所有的状态数据和元数据，这导致其执行过程相对较慢且资源消耗较大。但是这种存储方式确保了卓越的可移植性，即使在并行度发生变化或代码进行升级后，Savepoint 仍然能够确保作业的正常恢复，为流应用提供了可靠性和灵活性。

Flink 状态保存和恢复主要依靠 Checkpoint 机制和 Savepoint 机制，两者的区别如表 12.2 所示。

表 12.2　Checkpoint 机制和 Savepoint 机制的区别

项目	Checkpoint 机制	Savepoint 机制
保存	定时制作分布式快照	用户手动触发备份和停止作业
恢复	将整个作业的所有 Task 都回滚到最后一次成功执行 Checkpoint 时的状态	允许用户修改代码，调整并行度后启动作业

12.6.3　Exactly-Once 语义

在通常情况下，流处理系统会为用户提供指定数据处理的可靠模式，用来说明在实际生产运行中会对数据处理提供哪些保障。数据处理引擎经常被广泛讨论的特征是处理语义，而 Exactly-Once 语义是其中最受欢迎的。很多数据处理引擎都声称它们提供 Exactly-Once 语义。同时，Exactly-Once 语义是 Flink、Spark 等流处理系统的核心特性之一，那么 Exactly-Once 语义究竟是什么呢？

流处理的语义要求系统保证在任务出错时，数据是正确且有效的。

1．流处理的 3 种语义

一般的流处理会有 3 种语义。

（1）At Most Once（最多一次）：表示一条数据不管后续是否被处理成功都只会被处理一

次，所以数据可能会丢失，即存在未被处理的可能性。

（2）At Least Once（最少一次）：表示一条数据从被接收到后续被处理成功至少被发送一次，可能会被发送多次。引入 ACK 确认机制和超时机制来处理数据，能够确保数据不会丢失，至少被处理一次，不足之处在于，同一条数据可能会被重复处理。

（3）Exactly-Once（恰好一次）：也被称为"精确一次"，表示一条数据从被接收到后续被处理成功，只会被正确地处理一次，没有数据丢失，也没有重复的数据处理。

2．Flink 中的 Exactly-Once

在处理程序中，通常要求程序满足 Exactly-Once 语义，即确保数据的准确性，不丢失，不重复，但是实现这样的功能比较复杂。Flink 程序是通过分布式快照与事务机制实现的，Flink 外部系统（必须）支持端到端的 Exactly-Once 语义。

分布式快照是指将读入 Source、处理 Transformation、写出 Sink 等中间结果都保存在 Checkpoint 中。事务机制分为预提交和正式提交（回滚）两个阶段，先预提交到底层的预写文件中，待事务执行成功后再正式提交，如果提交失败了就回滚。

12.7　Flink 的安装、配置和启动

12.7.1　Flink 的安装和部署模式

Flink 的安装和部署模式主要分为本地部署、Standalone Cluster 部署、Flink on YARN 集群部署和 Kubernetes 集群部署。

1．本地部署

本地部署也可以被理解为单机部署，适用于本地开发和测试环境，占用的资源较少，部署方式简单，不用修改任何配置，只需要保证 JDK 安装正常即可。在安装和部署 Flink 后，就可以正常使用它了。本地部署的 Flink 程序运行模式如图 12.25 所示。

图 12.25　本地部署的 Flink 程序运行模式

2．Standalone Cluster 部署

Standalone Cluster（独立集群）是 Flink 自带的集群模式，它不需要依赖外部系统，可以完全独立地进行管理操作。这种集群模式适用于测试环境的功能验证及版本发布时的性能验证。

在搭建 Standalone Cluster 时，需要满足以下条件。

（1）各个节点之间需要实现 SSH 免密码登录，以便进行集群的自动化管理和操作。

（2）安装 JDK 1.8 或更高版本，以确保 Flink 的正常运行。

（3）在安装 Flink 时，使用预编译的二进制包或者基于源码编译。

（4）至少使用 3 台主机，其中一台作为 Master 节点，其余两台作为 Slave 节点。

Standalone Cluster 部署的 Flink 程序运行模式如图 12.26 所示。

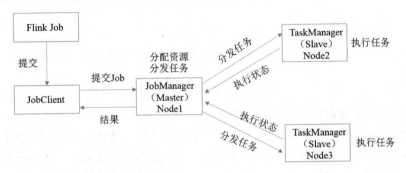

图 12.26　Standalone Cluster 部署的 Flink 程序运行模式

3. Flink on YARN 集群部署

Flink on YARN 集群部署表示使用 YARN 作为 Flink 的运行平台，JobManager、TaskManager 和用户提交的应用程序都运行在 YARN 上。Flink 提供了两种在 YARN 上运行的模式，分别为 Session-Cluster 模式和 Per-Job-Cluster 模式。

（1）Session-Cluster 模式：会话集群模式，是预分配资源的模式。该模式会在 YARN 上根据指定的资源参数提前初始化一个 Flink 集群，并常驻在 YARN 集群中，拥有一个 JobManager，允许 TaskManager 根据需要动态地启动。之后生成的 Flink 任务都会被提交到 Flink 集群中，且提交到 Flink 集群中的作业都可以直接运行。使用这种模式创建的 Flink 集群会独占资源，无论有没有 Flink 任务正在执行，YARN 上面的其他任务都无法使用这些资源。Session-Cluster 模式下的资源总量有限，多个作业之间不是隔离的，所以可能会造成资源的争用，这种模式适用于对延迟敏感但规模小、执行时间短的作业。Session-Cluster 模式如图 12.27 所示。

图 12.27　Session-Cluster 模式

（2）Pre-Job-Cluster 模式：单作业集群模式。在该模式下，Flink 集群不会预先启动，而是会在提交作业时启动新的 JobManager，并且每个被提交到 YARN 上的作业都会各自形成单独的 Flink 集群，同时，每提交一个作业，Flink 都会根据自身的情况，单独向 YARN 申请资源。每个 Flink 任务之间相互独立、互不影响，方便管理。在任务执行完成之后，与它关联的集群会被销毁，资源会被释放，所以资源利用率高，适用于规模大、运行时间长的作业。Pre-Job-Cluster 模式如图 12.28 所示。

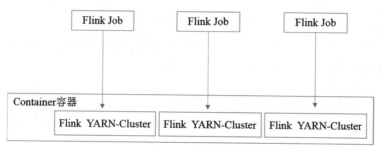

图 12.28　Pre-Job-Cluster 模式

4. Kubernetes 集群部署

Kubernetes 为在线业务提供了很好的发布和管理机制，并且可以保证其稳定运行，同时 Kubernetes 具备很好的生态特点，可以方便地与各类运维工具集成，如 Prometheus 监控、主流的日志采集工具等。此外，Kubernetes 在资源弹性方面提供了很好的扩缩容机制，在很大程度上提升了资源利用率。

Kubernetes 集群部署可以直接基于 Kubernetes 的云原生方案实现，去除 YARN 层，并且可以基于 API 启动任务，动态配置容器资源，目前允许设置 CPU 和内存参数。Kubernetes 可以把 Flink 集群描述为 YAML 文件，这样一来，借助 Kubernetes 的声明式特性和协调控制器，用户可以直接管理 Flink 集群及其作业，而无须关注底层资源，如 Deployment、Service、ConfigMap 的建立及维护。

12.7.2　Flink 安装包的下载和上传

访问 Flink 官网，可以下载并安装与 Scala 版本匹配的 Flink 版本。Flink 官网下载页面（可随时间变化更新）如图 12.29 所示。也可以通过清华大学开源软件镜像站或阿里开源镜像站下载对应的 Flink 安装包。

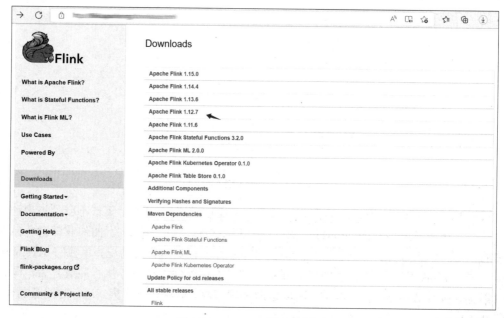

图 12.29　Flink 官网下载页面

根据已经安装和部署好的 Scala 版本选择要下载的 Flink 安装包，Flink 不同版本的安装包页面如图 12.30 所示。

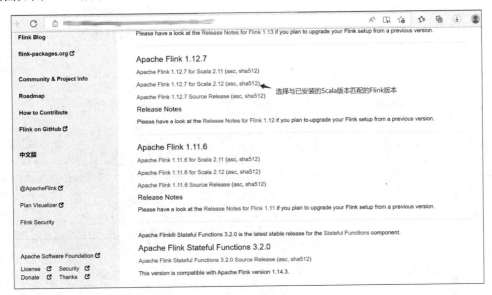

图 12.30　Flink 不同版本的安装包页面

下载 Flink 安装包，Flink 安装包下载页面如图 12.31 所示。

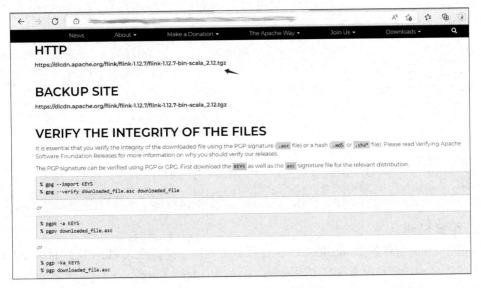

图 12.31　Flink 安装包下载页面

使用上传工具 WinSCP 将 Flink 安装包上传到 CentOS 虚拟机的 opt/software 目录下。

12.7.3　Flink 的配置

在进行 Flink 的代码调试时，可以采用本地模式，也可以采用 Flink 自带的 Standalone Cluster 模式。这些模式的运行不需要依赖外部系统，完全由自己独立管理。Standalone Cluster 模式与

Hadoop 框架的伪分布模式类似，所有进程都运行在一台机器上，但对于 Flink 框架来说，进程分别为 JobManager 和 TaskManager。伪分布模式是指 Flink 对应的 Java 进程都运行在一台物理机器上，Standalone Cluster 模式是指 Flink 对应的 Java 进程运行在多台物理机器上。

下面采用 Flink 自带的 Standalone Cluster 模式进行 Flink 的安装和部署。

1. 解压缩 Flink 安装包

解压缩 Flink 安装包，完成 Flink 的安装，代码如下：

```
#查看Flink安装包是否被正确上传到Linux服务器指定的/opt/software目录下
[hadoop@hadoop01 ~]$ cd /opt/software
[hadoop@hadoop01 software]$ ll
总用量 898700
-rw-rw-r-- 1 hadoop hadoop 278813748 10 月 10 2020  apache-hive-3.1.2-bin.tar.gz
-rw-rw-r-- 1 hadoop hadoop 324186364 6 月  5 2022 'flink-1.12.7-bin-scala_2.12 .tgz'
drwxrwxr-x 2 hadoop hadoop       119 3 月  26 16:10 hadoop3.2.1
-rw-rw-r-- 1 hadoop hadoop 194151339 10 月 10 2020  jdk-8u231-linux-x64.tar.gz
drwxrwxr-x 2 hadoop hadoop       220 3 月  26 15:06 MySQL-8.0.19
-rw-rw-r-- 1 hadoop hadoop  20669259 5 月  30 17:30  scala-2.12.10.tgz
-rw-rw-r-- 1 hadoop hadoop 102436055 12 月 21 2020  sqoop-1.99.7-bin-
hadoop200.tar.gz
#将Flink安装包解压缩到指定目录下，完成Flink的安装
[hadoop@hadoop01 software]$ tar -zxvf flink-1.12.7-bin-scala_2.12\ .tgz  -C
/opt/model/
```

2. 配置 Flink 环境变量

下面完成 Flink 环境变量的配置。使用 vi ~/.bashrc 命令编辑配置文件.bashrc，配置环境变量 FLINK_HOME，代码如下：

```
#查看当前路径
[hadoop@hadoop01 flink-1.12.7]$ pwd
/opt/model/flink-1.12.7
#编辑配置文件.bashrc，进行环境变量配置
[hadoop@hadoop01 flink-1.12.7]$ vi ~/.bashrc
FLINK_HOME=/opt/model/flink-1.12.7  #增加环境变量FLINK_HOME
PATH="$HOME/.local/bin:$HOME/bin:$PATH:$JAVA_HOME/bin:$HADOOP_HOME/bin:$HADOOP_HOM
E/sbin:$HIVE_HOME/bin:$FLINK_HOME/bin"  #追加":$FLINK_HOME/bin"
export PATH
export FLINK_HOME#输出环境变量FLINK_HOME
#执行source命令，刷新环境变量
[hadoop@hadoop01 flink-1.12.7]$ source ~/.bashrc
```

3. 配置 Flink

在进行 Flink 自带的 Standalone Cluster 模式配置时，需要进入 Flink 配置目录 opt/model/flink-1.12.7/conf/，修改配置文件 flink-conf.yaml、master、slaves。

若采用本地部署模式，则可以省略此步骤，直接运行后面的 Flink 程序范例。

修改 Flink 配置目录 opt/model/flink-1.12.7/conf/下的配置文件 flink-conf.yaml、master、slaves，代码如下：

```
#进入Flink配置目录，找到要修改的配置文件flink-conf.yaml、master、slaves
[hadoop@hadoop01 flink-1.12.7]$ cd opt/model/flink-1.12.7/conf/
[hadoop@hadoop01 flink-1.12.7]$ ll
#修改flink-conf.yaml文件
[hadoop@hadoop01 conf]#vi flink-conf.yaml
#在第33行修改主机名
```

```
jobmanager.rpc.address:hadoop01
#修改 master 文件, 修改主机名为 hadoop01
[hadoop@hadoop01 conf]#vi master
hadoop01
#修改 slaves 文件, 因为采用的是 Standalone Cluster 模式, 所以主/从节点的主机名均为 hadoop01
[hadoop@hadoop01 conf]#vi slaves
hadoop01
```

12.7.4　Flink 的启动

通过执行 Flink 安装目录下的 bin\start-cluster.sh 文件来启动 Flink, 代码如下:

```
[hadoop@hadoop01 bin]$ start-cluster.sh
Starting cluster.
Starting standalonesession daemon on host hadoop01.
Starting taskexecutor daemon on host hadoop01.
```

Slot 在 Flink 中被认为是资源组。Flink 通过将任务划分为子任务并将这些子任务分配到 Slot 中来并行执行程序。

1. 查看进程

使用 jps 命令查看进程, 判断 Flink 是否启动成功, 代码如下:

```
#若看到 TaskManagerRunner、StandaloneSessionClusterEntrypoint 两个进程被启动, 则表示
Flink 启动成功
[hadoop@hadoop01 flink-1.12.7]$ jps
10304 Jps
10201 TaskManagerRunner
9919 StandaloneSessionClusterEntrypoint
```

2. 访问 Web 用户页面

访问 Flink 的 Web 用户页面 http://192.168.1.180:8081/。Flink 启动成功后的 Flink Dashboard 总览页面如图 12.32 所示。

图 12.32　Flink Dashboard 总览页面

Task Managers 页面如图 12.33 所示。

图 12.33　Task Managers 页面

Job Manager 页面如图 12.34 所示。

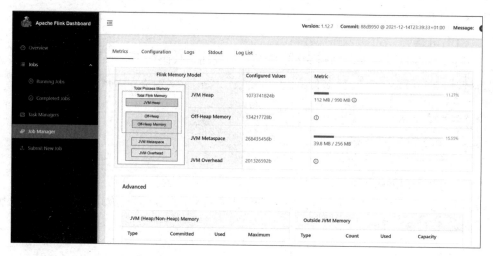

图 12.34　Job Manager 页面

3．Flink 程序范例

Flink 的 WordCount（词频统计）程序主要用于展示通过执行 WordCount.jar 包来加载并读取一个文本文件 test.txt，完成 test.txt 文件（包含多行英文文本）中各英文单词出现频次的统计并输出到指定文件中。

（1）创建一个待读取的文本文件，代码如下：

```
#在指定目录下创建一个文本文件 test.txt
[hadoop@hadoop01 flink-1.12.7]$ touch /opt/flink_data/test.txt
```

（2）编辑 test.txt 文件的内容，使其作为执行 WordCount.jar 包的输入数据源。

```
#使用 vi 命令编辑 test.txt 文件，输入以下多行英文文本
[hadoop@hadoop01 flink-1.12.7]$ vi /opt/flink_data/test.txt
#输入 test.txt 文本中的内容
hello hadoop
hello mapreduce
hello flume
hello sqoop
```

```
hello spark and scala
hello scala and flink
```

（3）运行 WordCount 程序。执行/opt/model/flink-1.12.7/examples/batch/WordCount.jar 包，并将结果输出到指定文件中，代码如下：

```
#执行指定目录下的（/opt/model/flink-1.12.7/examples/batch/）WordCount.jar 包，其中
/opt/flink_data/test.txt 为输入的文件；/opt/flink_data/result 为输出的结果文件
    [hadoop@hadoop01 flink-1.12.7]$ flink run  /opt/model/flink-
1.12.7/examples/batch/WordCount.jar  --input /opt/flink_data/test.txt  --output
/opt/flink_data/result
    Job has been submitted with JobID fe6d8c27bbe3a94485ed1ba8938c85e3
    Program execution finished
    Job with JobID fe6d8c27bbe3a94485ed1ba8938c85e3 has finished.
    Job Runtime: 1524 ms
```

（4）查看执行情况。访问 Flink 的 Web 用户页面 http://192.168.1.180:8081/#/overview，查看 Flink 程序的运行情况，如图 12.35 所示。

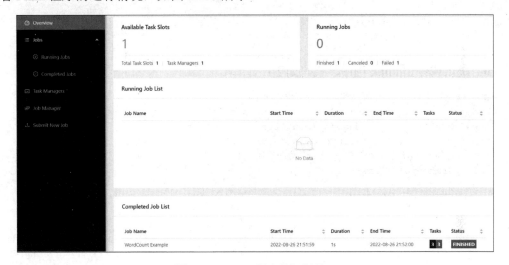

图 12.35　Flink 程序的运行情况

Flink 的 WordCount 程序运行成功后的 Task 详情如图 12.36 所示。

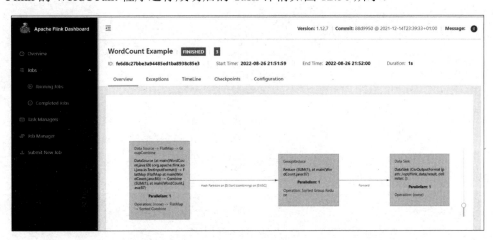

图 12.36　WordCount 程序运行成功后的 Task 详情

（5）查看 WordCount.jar 包的执行结果，找到输出文件并打开，确认词频统计结果，代码如下：

```
#查看 WordCount.jar 包的执行结果，切换到指定目录/opt/flink_data/下，查看文件列表
[hadoop@hadoop01 flink-1.12.7]$ cd /opt/flink_data/
[hadoop@hadoop01 flink_data]$ ll
总用量 12
-rw-rw-r-- 1 hadoop hadoop 122 8 月  26 09:58 flink_sample
-rw-rw-r-- 1 hadoop hadoop  75 8 月  26 21:52 result
-rw-rw-r-- 1 hadoop hadoop  97 8 月  26 20:26 test.txt
#找到输出文件 result，使用 cat 命令查看输出文件的内容
[hadoop@hadoop01 flink_data]$ cat result
and 2
flink 1
flume 1
hadoop 1
hello 6
mapreduce 1
scala 2
spark 1
sqoop 1
```

（6）关闭或停止 Flink 程序，代码如下：

```
#使用 stop-cluster.sh 命令停止 Flink 程序
[hadoop@hadoop01 flink-1.12.7]$ stop-cluster.sh
Stopping taskexecutor daemon (pid: 2552) on host hadoop01.
Stopping standalonesession daemon (pid: 2283) on host hadoop01.
#使用 jps 命令查看运行进程，确认 Flink 程序已经停止
[hadoop@hadoop01 flink-1.12.7]$ jps
3619 Jps
```

第 13 章
NoSQL 数据库

13.1 NoSQL 数据库简介

13.1.1 NoSQL 数据库的产生背景

关系数据库凭借其出色的通用性和高性能，已经成为数据处理领域的中坚力量。它能确保数据的一致性，支持复杂的事务处理和 join 操作。对于许多传统的企业级应用来说，关系数据库无疑是最佳选择。然而，在面临大数据时代的挑战时，关系数据库也暴露出了一些固有的限制。

关系数据库在大量数据的写入、带数据更新的表的索引、表结构变更及字段不固定的应用场景下表现得并不出色。特别是在需要对简单查询进行快速响应的场景中，关系数据库可能显得力不从心。随着大数据时代的到来，非结构化数据已经占据了数据总量的90%以上，而关系数据库的数据类型不灵活、水平扩展能力有限等，已经难以满足非结构化数据的大规模存储需求。

在早期，由于 Web 站点访问量和并发量相对较小，关系数据库足以应对。但在云计算和大数据盛行的今天，情况发生了改变。像社交网络服务（SNS）这样的大型动态网站，不仅要应对超大规模的流量和高并发，还要满足瞬间成千上万次的读写操作需求。在这种情况下，传统的关系数据库（如 MySQL、Oracle、Microsoft SQL Server 等）往往会在磁盘 I/O 上遇到性能瓶颈。

NoSQL（Not Only SQL）数据库的兴起，为我们提供了新的选择。NoSQL 并不意味着"没有 SQL"，而是指非关系数据库。它的核心理念是：在适合使用关系数据库的场景中使用关系数据库，但在不适合使用关系数据库的场景中，可以考虑使用更合适的数据存储方案。NoSQL 数据库没有统一的模型，它们是非关系型的，并且具有多种多样的架构。事实上，两种不同的 NoSQL 数据库之间的差异可能远大于两种关系数据库之间的差异。每个 NoSQL 数据库都有其独特的优势，通常在某些特定的应用或场景中会远远超过关系数据库和其他类型的 NoSQL 数据库。因此，在选择数据库技术时，我们需要根据具体的应用需求和场景做出明智的决策。

13.1.2 NoSQL 数据库的特点

NoSQL 数据库的优点如下。

（1）高可扩展性：NoSQL 数据库种类繁多，共同点是数据之间没有复杂的关系，在架构层面方便实现横向扩展，可以通过给资源池添加服务器实现分布式存储、负载均衡。

（2）大数据量、高性能：NoSQL 数据库都具有较大的数据量，采用分布式计算，无须 SQL 解析，从而提高了读写性能。

（3）灵活的数据模型：NoSQL 数据库采用 Key-Value、列族等非关系模型，可以在一个数据元素中存储不同类型的数据，并且易于存储在内存中，对数据的一致性要求不高。

（4）高可靠、高可用、可伸缩：NoSQL 数据库可以在对性能影响较小的情况下，方便地实现高可靠、高可用、可伸缩的架构，比如 Cassandra、HBase。

（5）低成本：主流的 NoSQL 数据库，比如 Redis、Memcached、Cassandra 等都是开源、免费的。

NoSQL 数据库的缺点如下。

（1）NoSQL 数据库不提供对 SQL 的支持，它没有标准化，其数据查询操作以块为单位，使用的是非结构化查询语言。

（2）NoSQL 数据库现有产品提供的功能有限，支持的特性不够丰富，数据结构相对复杂，对复杂查询的支持有限。

（3）NoSQL 数据库只能满足一致性、可用性、分区容错性中的任意两项，因为在基于节点的分布式系统中，很难全部满足上述 3 个特性，所以 NoSQL 数据库对事务的支持不是很好。

13.1.3 常见的 NoSQL 数据库

常见的 NoSQL 数据库大致可以分为以下几类。

（1）键值数据库：解决关系数据库无法存储数据结构的问题，主要适用于对全局数据进行快速查找的低延迟、高性能场景，以 Redis 为代表。

（2）列式数据库：解决关系数据库在大数据场景下的 I/O 问题，主要适用于数据量比较大或需要对数据进行联机分析处理（OLAP）和聚合统计的场景，以 HBase 为代表。

（3）文档数据库：解决关系数据库强 Schema（表结构）约束的问题，主要适用于动态模式变更和支持敏捷开发的场景，以 MongoDB 为代表。

（4）图数据库：使用图作为存储模型来存储数据，可以高效存储不同顶点之间的关系，比较适用于解决社交网络、模式识别及路径寻找等问题，以 Neo4j 为代表。

13.2 NoSQL 数据库的分类

13.2.1 键值数据库

键值数据库通过 Key-Value 的形式来存储数据，Key 和 Value 可以是简单的对象，也可以是复杂的对象。其主要应用场景包括内容缓存（如会话、配置参数、购物车、游戏、广告、物联网应用等数据的缓存）和频繁读写等。在这些场景下，键值数据库将 Key 作为唯一的标识符是一个很好的选择，可以获得不错的性能及扩展性，其主要产品有 Redis、Memcached、Riak、Amazon's Dynamo、Project Voldemort 等。键值数据库示例如图 13.1 所示。

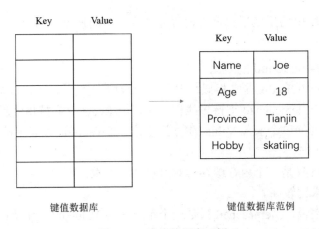

图 13.1 键值数据库示例

键值数据库的数据模型是键-值对<Key,Value>，可以被看作一个简单哈希表（Hash），支持通过 Key 来定位 Value。键值数据库中的所有数据都可以通过主键来访问，通过 Key 来添加、查询或删除数据。其优点是查找速度快，扩展性高，灵活性好，在进行大量数据操作时的性能高；缺点是无法像关系数据库一样使用条件过滤（如 WHERE），如果用户不知道到哪里查找数据，就需要遍历所有的 Key。Value 无结构，通常只被当作字符串或二进制数据，只能通过 Key 来查询。在键值数据库中，不能通过两个或两个以上的 Key 来关联数据，需要存储数据之间的关系。在键值数据库发生故障时，不可以进行回滚。

1. Redis

Redis（Remote Dictionary Server）是一个开源的、使用 C 语言编写的、支持网络交互的、可以基于内存也可以持久化的键值数据库。它可以用作数据库、缓存和消息中间件。

使用 Redis 的互联网企业包括新浪、阿里巴巴、百度、美团、搜狐、Twitter、Instagram 等。最常用的使用 Redis 的场景是会话缓存（Session Cache）、缓存系统（高频读、低频写的"热点"数据）、计数器（视频或广告播放量、商品购买量）、排行榜（游戏排行榜、电商购买排行榜等）、社交网络（抽奖、赞、踩、推送、签到、打卡、下拉刷新等）、消息队列系统和实时系统。例如，一个面向会话的应用程序（Web 应用、游戏应用等）在用户登录时启动会话，并保持活动状态直到用户退出登录或会话超时。在此期间，应用程序将所有与会话相关的数据都存储在主内存或数据库中。会话数据可能包括用户资料、消息、个性化数据和主题、建议、有针对性的促销和折扣等。每个用户会话都具有唯一的标识符。除主键之外，其他键无法查询会话数据，因此快速的键值存储更适用于会话数据。例如，电子商务网站在"双十一"促销活动期间，可能会在几秒内收到数十亿个订单。键值数据库可以处理大量数据和极快的状态变化，同时通过分布式处理和存储为数百万个并发用户提供服务。

Redis 是一种基于内存的数据库，可以支持每秒十几万次的读写操作，性能优越，并且提供一定的持久化功能。

2. Memcached

Memcached 是一个开源的、高性能的分布式内存对象缓存系统。作为分布式的高速缓存系统，它通过在内存中缓存数据和对象来减少读取数据库的次数，被许多动态 Web 应用及网站用来提升自身的访问速度，尤其是一些大型的、需要频繁访问数据库的网站。

Memcached 的应用场景包括数据查询缓存（提高访问速度）、计数器（评论数量、单击次数、操作次数等）。

3．Redis 和 Memcached 的对比

（1）Memcached 和 Redis 非常相似，但是它的数据类型没有 Redis 丰富，无法进行持久化，只能用于缓存。Memcached 支持多线程工作，而 Redis 仅支持单线程工作。

（2）Memcached 的单个 Key-Value 的大小有限，其 Value 最大只支持 1MB，而 Redis 的 Value 最大支持 512MB。

（3）Memcached 只是一个内存缓存，对可靠性无要求；而 Redis 更倾向于内存数据库，因此对可靠性的要求比较高。

（4）从本质上来说，Memcached 只是一个单一 Key-Value 的内存缓存；而 Redis 则是一个数据结构内存数据库，支持 5 种数据类型。因此，Redis 除单纯的缓存作用之外，还可以处理一些简单的逻辑运算。

（5）Redis 3.0 采用集群分布式，集群本身实现读写分离、负载均衡功能，节点之间保持 TCP 通信，便于横向扩展。

13.2.2　列式数据库

列式数据库是按照列族（Column Family）来存储数据的数据库。列族是指经常被一起查询的相关数据。列式数据库最大的特点是方便存储结构化和半结构化数据，方便进行数据压缩，对针对某一列或某几列的数据查询有非常大的 I/O 优势。比如，我们通常会一起查询用户的姓名和年龄而不是薪资。在这种情况下，姓名和年龄的基本信息就会被放入一个列族中，而薪资则会被放入另一个列族中。

面向列的数据库具有高扩展性，即使数据增加也不会降低相应的处理速度，特别是写入速度，所以列式数据库主要应用于需要处理大量数据的场景。列式数据库的主要产品有 BigTable、HBase、Cassandra；应用场景包括分布式数据存储与管理，如日志数据和博客平台的标签、类别、文章数据；优点是可扩展性强，查找速度快，复杂性低；缺点是功能局限，不支持事务的强一致性。

1．HBase

HBase 是一个面向列的 NoSQL 分布式数据库，运行于 HDFS 之上，是 Google BigTable 的开源实现，主要用来存储非结构化和半结构化的松散数据。HBase 的目标是处理数据量庞大的表，可以通过水平扩展的方式，利用廉价计算机集群处理由数十亿甚至数百亿行和数百万列数据组成的数据表。

由于 Hadoop 无法满足大规模数据实时处理应用的需求，且 HDFS 采用面向批量访问模式而不是随机访问模式，所以设计了 HBase，用来进行大数据的实时查询。例如，Facebook 使用 HBase 进行消息的实时分析。而 HBase 的部署需要 ZooKeeper 的帮助，这是因为 HBase 本身只提供 Java 的 API 接口，不直接支持 SQL 的语句查询。此外，若要在 HBase 上使用 SQL，则需要联合使用 Apache Phoenix，或者联合使用 Hive。 HBase 的存储层在默认情况下是 HDFS。HBase 架构如图 13.2 所示。

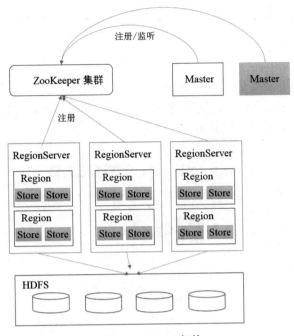

图 13.2　HBase 架构

HDFS 是 HBase 运行的底层文件系统，其中包括以下内容。

RegionServer：数据节点（用于存储数据），Region 的管理者，可实时地向 Master 报告信息。一个 RegionServer 大概包含 1000 个 Region。

Master：所有 RegionServer 的管理者，了解全局 RegionServer 的运行情况，可以控制 RegionServer 的故障转移和 Region 的切分。

ZooKeeper：作为分布式的协调者，RegionServer 会把自己的信息写入 ZooKeeper 中。

在逻辑上，HBase 的数据模型与关系数据库的数据模型类似，都将数据存储在一个表中，包括行和列。但在实际上，逻辑表中的数据是稀疏的，有些单元（Cell）没有值。Person Table 范例如图 13.3 所示。

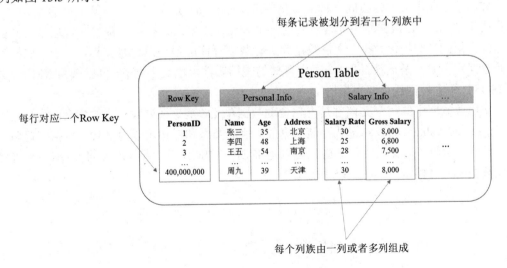

图 13.3　Person Table 范例

每个列族都存储在 HDFS 上的一个单独文件中（实现按列存储），Key 和 Version Number 在每个列族中均有一份，空值不会被保存。

2. Cassandra

Cassandra 是一个开源的分布式 NoSQL 数据库系统，最初由 Facebook 开发，用于提高 Facebook 邮件收件箱的搜索性能。通过使用 Cassandra，用户可以更快地找到自己需要的邮件和内容。Cassandra 的发展过程如图 13.4 所示。

图 13.4　Cassandra 的发展过程

Apple、Instagram、Facebook、Spotify、eBay、Rackspace、GitHub、Netflix 等知名网站都使用了 Cassandra，Cassandra 已成为一种流行的分布式结构化数据存储方案。

13.2.3　文档数据库

文档数据库也被称为面向文档的数据库或文档存储，是在文档中存储信息的数据库。文档数据库是 NoSQL 数据库中非常重要的一个分支，主要用来存储、索引并管理面向文档的数据或类似的半结构化数据。文档数据库进行数据存储的最小单位是文档，一个文档相当于关系数据库中的一条记录。同一个表中存储的文档属性可以是不同的，可以采用 XML、JSON 或 JSONB 等多种格式存储数据。

文档数据库中的每个文档都是自包含的数据单元，是一系列数据项的集合。文档是以字段-值（Field:Value）的成对形式存储数据的。值的类型和结构可以有多种，包括字符串、数字、日期、数组等。文档的存储格式可以是 JSON、BSON（二进制形式的 JSON）和 XML。文档数据库的文档示例如图 13.5 所示。

图 13.5　文档数据库的文档示例

　　集合就是一组文档，且集合中的文档通常都有相似的结构。当然，一个集合中所有文档的字段不需要保持一致。但是，有些文档数据库会提供格式校验功能，因此如果有相应的需求，一个集合中所有文档的字段也可以保持一致。

　　目前，业界比较流行的文档数据库包括 MongoDB、CouchDB、Amazon DynamoDB、Microsoft Azure Cosmos DB、RavenDB、OrientDB、MarkLogic，主要应用场景是 Web 应用，用于存储面向文档的数据或类似的半结构化数据。

1．MongoDB

　　MongoDB 是一个用 C++ 语言编写的，基于分布式文件存储的开源文档数据库，可提供高性能、高可用性和自动扩展功能。在高负载的情况下，采用更多的节点可以保证服务器的性能。MongoDB 可以存储数据结构比较复杂的数据，具有很强的数据描述能力。MongoDB 提供了丰富的操作功能，但是它没有类似 SQL 的操作语言，语法规则比较复杂。MongoDB 旨在为 Web 应用提供可扩展的高性能数据存储解决方案。

　　MongoDB 将数据存储为一个文档，数据结构由字段-值对组成。MongoDB 文档与 JSON 对象类似，其字段值可以包含其他文档、数组及文档数组。MongoDB 文档示例如图 13.6 所示。

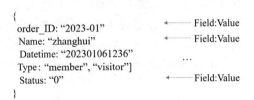

图 13.6　MongoDB 文档示例

　　MongoDB 的特点是高性能、高可用、可伸缩、易部署、易使用，便于存储数据。

　　MongoDB 的主要特性包括面向集合的文档存储，便于存储对象类型的数据，模式自由，支持动态查询，支持完全索引，支持复制和故障恢复，使用高效的二进制数据存储，文件存储格式为 BSON 等。

　　面向集合（Collection-Oriented）是指数据被分组存储在数据集中，被称为一个集合（Collection）。每个集合在数据库中都有一个唯一的标识名，并且可以包含无数个文档。集合类似于关系数据库中的表，不同的是，它不需要定义任何模式。

　　模式自由（Schema-Free）是指数据格式不固定，数据结构发生变更的同时不会影响程序运行。存储在集合中的文档被存储为键-值对的形式。键用于唯一标识一个文档，是字符串类型的，而值则可以是各种复杂的文件类型。

　　MongoDB 的适用场景如下。

　　在敏捷开发中，使用 MongoDB 可以有效地避免增加和修改数据库所带来的沟通成本，以及维护和创建数据库模型的成本，只需要在程序层面严格把关。同时，程序提交的数据结构可以被直接更新到数据库中，并不需要设计繁杂的数据库模型和生成修改语句等过程。

　　在日志系统中，使用 MongoDB 可以很好地存储日志。日志对应到数据库中就是多个文件，而 MongoDB 擅长存储和查询文档，它提供了更简单的存储方式和更方便的查询功能。

　　在游戏中，使用 MongoDB 可以存储游戏用户信息，并且可以直接以内嵌文档的形式存储用户的装备信息、积分信息等，方便进行查询、更新操作。

在物流应用场景中，使用 MongoDB 可以存储订单信息，由于订单状态在运送过程中会不断更新，因此可以直接以 MongoDB 内嵌数组的形式存储，只要查询一次就能将订单所有的变更信息读取出来。

在社交应用中，使用 MongoDB 可以存储用户信息及用户发表的朋友圈信息，并且结合用户的地理位置信息可以实现查询附近的人、地点等功能。

在物联网应用中，使用 MongoDB 可以存储所有接入的智能设备信息，以及设备汇报的日志信息，并对这些信息进行多维度的分析。

在直播应用中，使用 MongoDB 可以存储用户信息、礼物信息等。

2．CouchDB

CouchDB 是一个使用 Erlang 语言开发的文档数据库。它提供以 JSON 作为数据格式的 REST 接口来对其进行操作，并且可以通过视图来控制文档的组织和呈现。

Couch 是 Cluster of Unreliable Commodity Hardware 的首字母缩写，它反映了 CouchDB 的目标，即具有高度可伸缩性，提供高可用性和高可靠性，即使运行在容易出现故障的硬件上也是如此。

CouchDB 是一个单节点数据库，可以像其他数据库一样工作。它通常基于单个节点实例，可以无缝地升级为集群，允许用户在许多服务器或虚拟机上运行单个数据库。与单节点 CouchDB 相比，CouchDB 集群提供了高容量和高可用性。该数据库中的文档还使用了 HTTP 和 JSON，并向它们附加了非 JSON 文件的功能。CouchDB 与任何支持 JSON 格式的应用程序或软件兼容。

CouchDB 提供了基于 MapReduce 编程模型的视图来对文档进行查询，具有类似于关系数据库中 SQL 语句的功能。CouchDB 以文档集合的形式而不是以表的形式存储数据。更新后的 CouchDB 是无锁的，这意味着在写操作期间不需要锁定数据库。

CouchDB 和 MongoDB 都是文档数据库，并且都使用 JSON 文档，但是当涉及查询时，这两个数据库就完全不同了。CouchDB 需要预定义的视图（本质上是 JavaScript 的 MapReduce 函数），MongoDB 支持动态查询（基本上是常规 RDBMS 的特别 SQL 查询）。如果应用程序需要更高的执行效率，那么 MongoDB 是比 CouchDB 更好的选择。如果用户需要在移动设备上运行数据库，并且需要多主机复制，那么 CouchDB 是比 MongoDB 更好的选择。此外，如果数据库的数据量快速增长，那么 MongoDB 会比 CouchDB 更适用。使用 CouchDB 的主要优势就是它在移动设备（Android 和 iOS）上得到了很好的支持。因此，不同的应用程序会根据场景需要选择不同的数据库。

13.2.4 图数据库

随着社交、电商、金融、零售、物联网等行业的快速发展，现实生活中很多数据都是用图来表达的，比如社交网络中人与人的关系、金融行业反欺诈、地图数据或基因信息等。传统关系数据库不适合表达这类数据，很难处理关系运算。而大数据行业需要处理的数据之间的关系运算量随数据量呈几何级数增长，急需一种支持对海量复杂数据进行关系运算的数据库，所以图数据库应运而生。

图数据库是一种存储图形关系的数据库，它利用图这种数据结构存储了实体（对象）之间的关系。图数据库典型的例子就是社交网络中人与人的关系、知识图谱中文档的引用等。数据模型主要是以节点和边（关系）来实现的，其特点在于能高效地解决复杂的关系问题。

与其他关系数据库或 NoSQL 数据库相比，图数据库的模型更简单，也更直观。图数据库更适合用来解决复杂的关系问题，使用图查询语言可以快速进行图的遍历和关系探查，不需要大量的递归查询和多表联合查询。

图数据库的主要产品有 Neo4j、InfoGrid、Amazon Neptune、JanusGraph，以及 Apache TinkerPop 的 Gremlin Server、TigerGraph 等。Adobe、Cisco、T-Mobile 等公司的产品都采用 Neo4j。

Neo4j 是一个使用 Java 实现的高性能 NoSQL 开源图数据库。它是一个嵌入式的、基于磁盘的、具备完全的事务特性的 Java 持久化引擎，但是它将结构化数据存储在网络（从数学的角度称为图）上而不是表中。它分为 3 个版本：社区版（Community）、高级版（Advanced）和企业版（Enterprise）。

Neo4j 是由图数据库（Neo4j Database）、图算法库（GDS Library）、可视化分析组件（Bloom）、各类连接系统（Connector）等组成的技术平台，适合存储"修改较少，查询较多，没有超大节点"的图数据。Cypher 是 Neo4j 的图查询语言，允许用户存储和检索图数据库中的数据。GDS Library 不仅提供了业界最广泛的图算法和各类 API，还定位了一个图数据科学平台。

Neo4j 可以被视为一个高性能的图引擎，该引擎具有成熟数据库的所有特性。此时，程序员会感觉自己工作在一个面向对象的、灵活的网络结构下，而不是严格的、静态的表中，可以感受到具备完全的事务特性、企业级的数据库的所有好处。Neo4j 因其嵌入式、高性能、轻量级等优势，越来越受关注。

关系数据库查询和图数据库查询如图 13.7 所示。

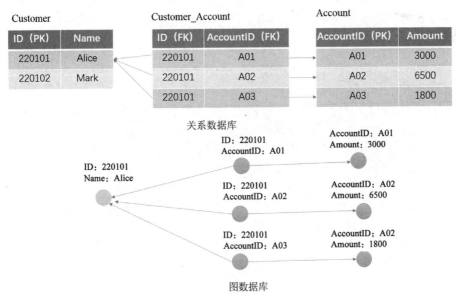

图 13.7　关系数据库查询和图数据库查询

Neo4j 具有丰富的关系表示，完整的事务支持，却没有一个纯正的横向扩展解决方案。

Neo4j 不适合用于记录大量基于事件的数据（如日志或传感器数据）和对大规模分布式数据进行处理，类似于 Hadoop，使用高效的二进制数据存储。

图数据库的应用场景如下。

（1）社交网络领域。例如，微信、微博、抖音、快手、钉钉、Facebook、 Twitter、Linkedin 等使用图数据库来管理好友社交关系，查找共同好友，实现好友推荐、舆情追踪的功能。

（2）电商领域。例如，淘宝、京东等使用图数据库分析产品和客户之间的关系，进行商品实时推荐、精准营销，给买家更好的购物体验等。零售商超公司通过分析商品门店与供应商之间的关系来优化供应链。

（3）金融领域。例如，在线支付、资金流向识别、信用卡反欺诈等都可以使用图数据库进行风控处理。

（4）电信领域。例如，使用图数据库分析不同呼叫方式的网络模型，进行电信防骚扰、电信防诈骗。

（5）网络安全领域。例如，使用图数据库进行攻击溯源和调用链分析。

（6）IT 运维领域。例如，使用图数据库并利用设备之间的关系实现全网络设备的智能监控和管理。

（7）车联网、物联网领域。例如，使用图数据库可以实现车与车、车与人、设备与设备之间的智能监控。

在以上应用场景中，涉及的数据规模大、关联跳数深，实时要求性高，要解决以上应用场景中的问题需要使用专业的图数据库。

第 14 章
Hive 数据仓库与实践

14.1 Hive 数据仓库

14.1.1 Hive 简介

Hive 是 Facebook 为了解决海量数据的统计分析而开发的构建在 Hadoop 之上的一个大数据分析和统计工具。Hive 在某种程度上可以被看作用户编程接口，采用了 SQL 的查询语言 HQL（HiveQL），便于熟悉 SQL 的用户查询数据。

Hive 本身并不能存储和处理数据，它依赖于 HDFS，又不能直接访问 HDFS 数据，需要先把 HQL 语句转换成 MapReduce 任务，然后采用批处理的方式在 Hadoop 上对海量数据进行处理。Hive 操作默认基于 MapReduce 引擎，也可以基于 Spark 计算平台。

Hive 与 Hadoop 生态系统如图 14.1 所示。

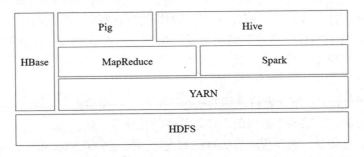

图 14.1　Hive 与 Hadoop 生态系统

14.1.2 Hive 的工作流程

Hive 通过其提供的一系列用户接口接收用户的 SQL 指令。它使用自己的 Driver 程序，结合元数据，将这些指令翻译为 MapReduce 任务。然后，Hive 将这些任务提交到 Hadoop 集群中执行。最后，执行结果会被返回给用户接口，供用户查看和使用。在整个过程中，Hive 充当了用户与 Hadoop 之间的桥梁，使得用户能够通过简单的 SQL 指令对大规模数据进行查询和分析。Hive 的工作流程如图 14.2 所示。

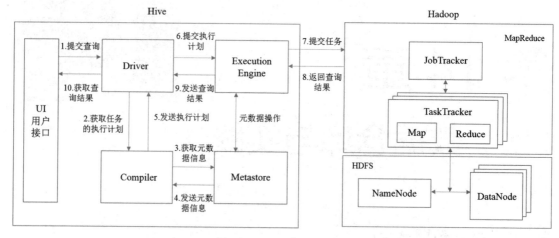

图 14.2　Hive 的工作流程

Hive 的工作流程大致如下。

（1）提交查询：用户通过驱动程序 Driver 的用户接口提交查询任务。这是整个流程的起点，用户将查询需求传递给驱动程序。

（2）获取任务的执行计划：驱动程序为查询创建一个会话句柄，并将查询发送到编译器 Compiler 以生成执行计划。

（3）获取元数据信息：编译器根据用户的查询任务到 Metastore 中获取必要的元数据信息。为了执行查询，编译器需要访问 Metastore 以获取关于数据表、列、分区等元数据的信息。因此，编译器会向 Metastore 发送请求以获取这些元数据信息。

（4）发送元数据信息：在接收到元数据信息后，编译器利用这些信息对查询任务进行编译。首先，将查询任务转换为抽象语法树，然后，将其进一步转换为查询块。在这个阶段，编译器还会对执行计划进行优化和重写，以确保查询的执行效率。最终的执行计划是一个分阶段的有向无环图（DAG），每个阶段可能是一个 MapReduce 作业、元数据操作或 HDFS 操作。编译器通过利用元数据信息，使 Hive 能够更有效地理解数据结构和属性，从而更有效地执行查询操作。

（5）发送执行计划：编译器将最终的执行计划提交给驱动程序。这个执行计划是一个详细的作业执行方案，包括各个阶段的顺序、具体的操作等。

（6）提交执行计划：驱动程序将执行计划发送到执行引擎 Execution Engine 中执行。

（7）提交任务：执行引擎将任务提交给 JobTracker，由 NameNode 负责将任务分配给 TaskTracker。任务随后被分配给 DataNode 中的 NodeManager 进行实际执行。在此过程中，可能会执行 Map 操作、Reduce 操作、元数据操作和 HDFS 操作等。对于每个任务和操作，与表或中间输出关联的反序列化器会从 HDFS 文件中读取行，且这些行通过关联的操作树（Operator Tree）传递。如果不需要执行 Reduce 操作，则直接生成输出并写入临时 HDFS 文件中。对于 DML（Data Manipulation Language）操作，最终的临时文件将被移动到表的位置。

（8）返回查询结果：执行引擎将从 DataNode 处接收返回的查询结果。这是查询操作执行后的关键步骤，它确保了查询结果的返回。

（9）发送查询结果：执行引擎在执行完查询操作后，将查询结果发送给驱动程序。驱动程序不仅负责接收查询结果，还会对它们进行进一步的转换、格式化或处理，以确保查询结果能够满足用户的需求或接口的要求。通过这样的流程，Hive 能够提供高效、准确的查询结果，使用户方便地进行后续的数据分析和处理。

（10）获取查询结果：驱动程序在执行完查询操作后，会将详细且准确的查询结果发送到 Hive 的用户接口（UI）。这些查询结果不仅包含查询的核心数据，还可能包含查询的详细信息、性能指标等，可以为用户提供全面的数据视图。在 Hive 的 UI 中，这些查询结果会以清晰、直观的方式展示，确保用户能够轻松地理解和分析数据，从而做出更明智的决策。

14.1.3　Hive 的数据模型

在 Hive 中，所有的数据都被存储在 HDFS 中，没有专门的数据存储格式（可支持 textfile、avro、ORC、sequencefile、parquetfile、rcfile 等），只需要在创建表时指定 Hive 数据中的列分隔符和行分隔符，Hive 就可以解析数据。

在 Hive 中，创建数据库表的代码如下：

```
create [external] table [IF NOT EXISTS] table_name
[(col_name data_type [comment col_comment], ...)]
[comment table_comment]
[partitioned by (col_name data_type [comment col_comment], ...)]
[clustered by (col_name, col_name, ...)
[sorted by (col_name [ASC|DESC], ...) into num_buckets BUCKETS]
[row format row_format]
[stored as file_format]
[location hdfs_path]
```

关键字解释如下。

- external：指定创建内部表还是外部表，是内部表和外部表的唯一区分关键字。
- comment col_comment：给字段添加注释。
- comment table_comment：给表本身添加注释。
- partitioned by：按哪些字段分区，可以是一个字段，也可以是多个字段。
- sorted by (col_name...) into num_buckets BUCKETS：按哪几个字段进行排序后分桶存储。
- row format：定义 Hive 表中行的格式，特别是字段之间的分隔符。
- stored as：指定存储的文件类型，如 textfile、rcfile 等。
- location：设定该表存储的 hdfs 目录，如果不手动设定，则采用 Hive 默认的存储路径。

创建一个内部表 cityInfo（cityID,cityName,population），代码如下：

```
create table cityInfo(
    > cityID string,
    > cityName string,
    > population int)
    > row format delimited
    > fields terminated by ','
    > stored as textfile;
```

Hive 的数据模型包括数据库（Database）、表（Table）、分区（Partition）和桶（Bucket），它们之间的关系如图 14.3 所示。

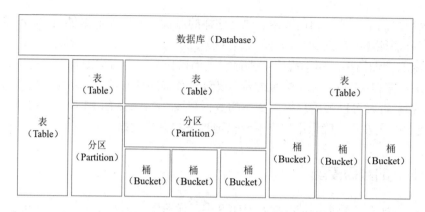

图 14.3 Hive 数据模型之间的关系

（1）数据库（Database）：在 HDFS 中，数据库表现为${hive.metastore.warehouse.dir}目录下的一个文件夹。在创建表时，如果不指定数据库，则默认为 default 数据库。

（2）表（Table）：在 HDFS 中，表表现为所属数据库目录下的一个文件夹。在 Hive 中，默认创建的是内部表，这种表的数据由 Hive 来管理。当删除表时，表的数据和元数据都会被删除。

注意，Hive 还支持外部表（External Table）。外部表是一种特殊类型的表，它不包含实际的数据存储。相反，它指向一个现有的文件系统中的数据集，并允许用户通过 Hive 查询该数据集。与内部表不同，外部表的数据不由 Hive 管理，而是由文件系统管理。当删除外部表时，只会删除表的元数据，不会删除真实数据。外部表的关键字为 EXTERNAL。

（3）分区（Partition）：Hive 的分区是根据库表中某列的值进行粗略划分的，每个分区对应 HDFS 上的一个目录。在 Hive 表查询时，可能只需要扫描表中的某部分数据，不需要扫描表中的全部内容，因此在创建表时引入了分区的概念。在 Hive 表查询时，如果指定了分区字段作为筛选条件，那么只需要到对应的分区目录中检索数据即可，这样减少了处理的数据量，从而有效地提高了效率。所以，在对分区表进行查询时，尽量使用分区字段作为筛选条件。

分区对应所在表的主目录下的一个子目录，这个子目录的名称就是定义的"分区列+值"。Hive 表的数据存储在 HDFS 中对应的目录中，其中，普通表的数据直接存储在该目录中，而分区表的数据需要继续划分子目录来存储（一个分区对应一个子目录）。

分区的主要作用是优化查询性能。比如，互联网上的应用需要存储大量日志文件，文件中的每条记录都带有时间戳。如果根据时间来分区，那么同一天的数据会被划分到同一个分区中。如果需要查询某一天或某几天的数据，则只需扫描对应分区中的文件即可。

下面创建按天分区的单分区表，该表结构中存在 User_ID、Event_Name、dt 三列，分区字段为 dt，由于分区字段不能和表中的字段重复，所以单分区表中不包含 dt 列，代码如下：

```
create table ClickInfo(
  > User_ID string,
  > Event_Name string)
  > partitioned by (dt string)
  > row format delimited
  > fields terminated by ','
  > stored as textfile;
```

注意：ClickInfo 表中的 dt 分区数据，对应 dt=20230126 的子目录为/hive/warehouse/ClickInfo/dt=20230126。

下面创建按天和城市分区的双分区表，该表结构中存在 User_ID、Event_Name、dt、cityName 四列，分区字段为 dt 和 cityName，由于分区字段不能和表中的字段重复，所以双分区表中不包含 dt 和 cityName 列，代码如下：

```
create table ClickInfo(
   > User_ID string,
   > Event_Name string)
   > partitioned by (dt string,cityName string)
   > row format delimited
   > fields terminated by ','
   > stored as textfile;
```

（4）桶（Bucket）：桶可以被理解为将"大表"细分为"小表"的一种数据结构。这种设计主要是为了提高查询效率，使得进行抽样查询时更加便捷。在处理大规模数据集时，如果能够基于数据集的一部分进行查询测试，那么在开发和优化查询过程中会带来很多便利。

桶是 Hive 数据模型中的最小单元。当某条数据被加载到桶中时，首先会根据字段的值对其进行哈希处理，然后用哈希结果除以桶的数量来决定该数据应该存储在哪个桶中。这样就确保了每个桶中都有数据，但每个桶中的数据条数可能并不相等。从物理角度来看，每个桶实际上是表或分区的一个文件。与表或分区相比，桶提供了更为细粒度的数据范围划分。数据加载-哈希处理-分桶示意如图 14.4 所示。

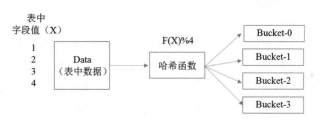

图 14.4　数据加载-哈希取值-分桶

桶是一种技术，用于将数据分解为更小、更易管理的部分。这种技术主要是为了提高数据的处理和查询效率。在 Hive 中，桶可以应用于表或分区。对于表，桶文件会存储在表目录下。而对于分区，桶文件则存储在分区目录下。当选择将分区划分为 n 个桶时，每个分区目录下将会有 n 个文件。这种划分方式使得数据的组织更为精细，从而提高了查询的效率。Hive 的数据模型存储方式如图 14.5 所示。

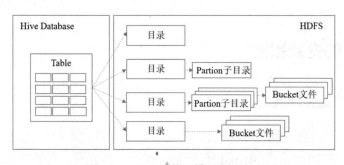

图 14.5　Hive 的数据模型存储方式

在创建桶时，需要指定桶的个数和分桶的依据字段，这样 Hive 就可以自动地将数据分桶存储。在查询时，只需遍历一个桶或部分桶中的数据即可，从而提高查询效率。

创建桶 ClickInfo（op_time,user_id,task_id）的代码如下：

```
create table ClickInfo(
    >op_time STRING,
    >user_id STRING,
    >task_id STRING)
    >clustered by (user_id)
    >sorted by(task_id) into 10 buckets
    > row format delimited
    > fields terminated by ','
    > stored as textfile;
```

关键字解释如下。

- clustered by 表示根据 user_id 的值进行哈希处理后模除桶个数，根据得到的结果确定将这行数据分入哪个桶中。
- sorted by 用于指定桶中的数据以哪个字段进行排序，排序的好处是在 join 操作时能够获得极高的效率。
- into 10 buckets 用于指定一共分多少个桶。

将 user_id 列分散到 10 个桶中，首先对 user_id 列的值进行哈希处理，对应哈希值为 0 的 HDFS 目录为/hive/warehouse/ClickInfo/part-00000；哈希值为 9 的 HDFS 目录为/hive/warehouse/ClickInfo/part-00009。

分区与桶的区别如下。

（1）数据的分割方式不同。分区是一种非随机分割数据库的方式。它会按照某种特定的规则（如日期、地理位置等）对数据进行划分，使得相同或相似数据被归入同一个分区。桶则采取了随机分割的方式。它通过对指定列进行哈希处理，将数据切分到多个桶中。

（2）划分方向不同。分区采用水平划分，意味着它基于表的部分列的集合进行划分。对于经常被查询的数据，可以为其建立分区，这样在查询时，只需扫描相关的分区，而不是整个表。桶采用垂直划分，它通过哈希值将数据切分到不同的桶中，每个桶都对应于某个列名下的一个存储文件。

（3）存储与查询效率不同。分区的数据被存储在文件夹中。在进行查询操作时，如果只涉及某个分区，那么查询效率会非常高，因为只需扫描该分区的数据即可。桶的数据被存储在文件中。由于桶是基于哈希值进行划分的，因此对于某些特定的查询，桶可能会提供更高的查询效率。

14.2 Hive 的安装和部署

14.2.1 Hive 的安装环境

Hive 依赖 HDFS 存储数据，依赖 MapReduce 处理数据，所以在安装 Hive 前需要先安装好 Hadoop 环境，若 Hive 采用 MySQL 存储 Metastore，则需要先安装好 MySQL。

在本书的实践环境中，需要安装以下内容。

（1）操作系统 CentOS 8。

（2）Hadoop 3.1.2：Hive 把 HQL 语句转换成 MapReduce 任务后，采用批处理的方式在 Hadoop 上对海量数据进行处理。

（3）MySQL 8.0.19：Hive 的 Metastore 存储。

（4）Hive 3.1.2：Hive 安装包版本。

14.2.2　Hive 安装包的上传与安装

访问 Hive 官网或提供资源的清华大学镜像网站，下载 Hive 安装包。

清华大学镜像网站下载页面如图 14.6 所示。

图 14.6　清华大学镜像网站下载页面

使用 WinSCP 工具将 apache-hive-3.1.2-bin.tar.gz 安装包上传到 CentOS 服务器的指定目录/opt/software 下，之后解压缩 Hive 安装包以安装 Hive，代码如下：

```
#切换到指定目录下，查看 Hive 安装包
[hadoop@hadoop01 /]$ cd opt/software
[hadoop@hadoop01 software]$ ll
总用量 461884
-rw-rw-r-- 1 hadoop hadoop 278813748 10 月 10 2020 apache-hive-3.1.2-bin.tar.gz
drwxrwxr-x 2 hadoop hadoop       119 3 月  26 16:10 hadoop3.2.1
-rw-rw-r-- 1 hadoop hadoop 194151339 10 月 10 2020 jdk-8u231-linux-x64.tar.gz
drwxrwxr-x 2 hadoop hadoop       220 3 月  26 15:06 MySQL-8.0.19
#解压缩 Hive 安装包到指定目录下
[hadoop@hadoop01 software]$ tar -zxvf apache-hive-3.1.2-bin.tar.gz -C /opt/model/
#查看解压缩情况
[hadoop@hadoop01 opt]$ cd model
[hadoop@hadoop01 model]$ ll
总用量 0
drwxrwxr-x 10 hadoop hadoop 184 4 月  11 20:14 apache-hive-3.1.2-bin
drwxr-xr-x 14 hadoop hadoop 241 3 月  31 16:30 hadoop-3.2.1
drwxr-xr-x  7 hadoop hadoop 245 10 月  5 2019 jdk1.8
#修改 Hive 目录名
[hadoop@hadoop01 model]$ mv apache-hive-3.1.2-bin/  hive-3.1.2
[hadoop@hadoop01 model]$ ll
总用量 0
drwxr-xr-x 14 hadoop hadoop 241 3 月  31 16:30 hadoop-3.2.1
drwxrwxr-x 10 hadoop hadoop 184 4 月  11 20:14 hive-3.1.2
drwxr-xr-x  7 hadoop hadoop 245 10 月  5 2019 jdk1.8
```

14.2.3　配置环境变量

配置环境变量 HIVE_HOME，代码如下：

```
#查看当前路径
[hadoop@hadoop01 hive-3.1.2]$ pwd
/opt/model/hive-3.1.2
#编辑.bashrc 配置文件，进行环境变量配置
[hadoop@hadoop01 hive-3.1.2]$ vi ~/.bashrc
#User specific environment
HIVE_HOME=/opt/model/hive-3.1.2  #增加环境变量 HIVE_HOME
PATH="$HOME/.local/bin:$HOME/bin:$PATH:$JAVA_HOME/bin:$HADOOP_HOME/bin:$HADOOP_HOM
E/sbin:$HIVE_HOME/bin" #追加 ":$HIVE_HOME/bin"
export PATH
export HIVE_HOME#输出环境变量 HIVE_HOME
#执行 source 命令，刷新环境变量
[hadoop@hadoop01 hive-3.1.2]$ source ~/.bashrc
```

14.2.4　在 MySQL 中创建 hive 数据库

Hive 默认将元数据存储在 Derby 数据库中，但该数据库仅支持单线程操作，如果有一个用户正在操作，那么其他用户就无法使用，导致使用效率不高，并且在切换目录后，重新进入 Hive 时会找不到原来已经创建的数据库和表，因此一般使用 MySQL 数据库存储元数据。

在 MySQL 数据库中创建一个名称为 hive 的数据库，代码如下：

```
#启动 MySQL 数据库
[hadoop@hadoop01 hive-3.1.2]$ mysql -uroot -p
Enter password:
Welcome to the MySQL monitor.  Commands end with ; or \g.
Your MySQL connection id is 8
Server version: 8.0.19 MySQL Community Server - GPL
Copyright (c) 2000, 2020, Oracle and/or its affiliates. All rights reserved.
Oracle is a registered trademark of Oracle Corporation and/or its
affiliates. Other names may be trademarks of their respective
owners.
Type 'help;' or '\h' for help. Type '\c' to clear the current input statement.
#创建 hive 数据库
mysql> create database hive;
Query OK, 1 row affected (0.00 sec)
mysql> show databases;
+--------------------+
| Database           |
+--------------------+
| hive               |
| information_schema |
| mysql              |
| performance_schema |
| sys                |
| world              |
+--------------------+
6 rows in set (0.00 sec)
```

14.2.5　配置 Hive

1．配置 hive-site.xml 文件

在部署 Hive 时，需要配置 hive-site.xml 文件，这里面的配置很重要的一部分是针对 Metastore 的。对所有 Hive 表和分区的元数据进行访问时都需要通过 Hive Metastore。

在 hive-3.1.2/conf 目录下复制 hive-default.xml.template 文件，并将复制后的文件名称修改为 hive-site.xml，或者直接修改文件名称。复制 hive-default.xml.template 文件和修改文件名称，代码如下：

```
#在 conf 配置目录下找到配置文件 hive-default.xml.template
[hadoop@hadoop01 hive-3.1.2]$ cd conf
[hadoop@hadoop01 conf]$ ll
总用量 332
-rw-r--r-- 1 hadoop hadoop   1596 8月  23 2019 beeline-log4j2.properties.template
-rw-r--r-- 1 hadoop hadoop 300482 8月  23 2019 hive-default.xml.template
-rw-r--r-- 1 hadoop hadoop   2365 8月  23 2019 hive-env.sh.template
-rw-r--r-- 1 hadoop hadoop   2274 8月  23 2019 hive-exec-log4j2.properties.template
-rw-r--r-- 1 hadoop hadoop   3086 8月  23 2019 hive-log4j2.properties.template
-rw-r--r-- 1 hadoop hadoop   2060 8月  23 2019 ivysettings.xml
-rw-r--r-- 1 hadoop hadoop   3558 8月  23 2019 llap-cli-log4j2.properties.template
-rw-r--r-- 1 hadoop hadoop   7163 8月  23 2019 llap-daemon-
log4j2.properties.template
  -rw-r--r-- 1 hadoop hadoop   2662 8月  23 2019 parquet-logging.properties
#修改 hive-default.xml.template 文件名称为 hive-site.xml
[hadoop@hadoop01 conf]$ mv hive-default.xml.template  hive-site.xml
[hadoop@hadoop01 conf]$ ll
总用量 332
-rw-r--r-- 1 hadoop hadoop   1596 8月  23 2019 beeline-log4j2.properties.template
-rw-r--r-- 1 hadoop hadoop   2365 8月  23 2019 hive-env.sh.template
-rw-r--r-- 1 hadoop hadoop   2274 8月  23 2019 hive-exec-log4j2.properties.template
-rw-r--r-- 1 hadoop hadoop   3086 8月  23 2019 hive-log4j2.properties.template
-rw-r--r-- 1 hadoop hadoop 300482 8月  23 2019 hive-site.xml
-rw-r--r-- 1 hadoop hadoop   2060 8月  23 2019 ivysettings.xml
-rw-r--r-- 1 hadoop hadoop   3558 8月  23 2019 llap-cli-log4j2.properties.template
-rw-r--r-- 1 hadoop hadoop   7163 8月  23 2019 llap-daemon-
log4j2.properties.template
  -rw-r--r-- 1 hadoop hadoop   2662 8月  23 2019 parquet-logging.properties
```

Metastore 的核心配置有 4 个。

（1）javax.jdo.option.ConnectionURL：JDBC 连接信息。比如，使用 Derby 数据库时的值可以为 jdbc:derby:;databaseName=metastore_db;create=true；使用 MySQL 数据库时的值可以为 jdbc:mysql://<主机名>/<数据库名>?createDatabaseIfNotExist=true。

（2）javax.jdo.option.ConnectionDriverName：JDBC 驱动类名。Derby 模式下的值为 org.apache.derby.jdbc.EmbeddedDriver，MySQL 模式下的值为 com.mysql.jdbc.Driver。

（3）hive.metastore.uris：URI，如果为空，则表示为 Local 模式，否则为 Remote 模式。

（4）hive.metastore.warehouse.dir：默认表的位置。

配置 hive-site.xml 文件，代码如下：

```
<?xml version="1.0" encoding="UTF-8" standalone="no"?>
<?xml-stylesheet type="text/xsl" href="configuration.xsl"?>
```

```
        <!--JDBC 连接字符串 -->
            <property>
                <name>javax.jdo.option.ConnectionURL</name>
<value>jdbc:mysql://localhost:3306/hive?serverTimezone=Asia/Shanghai</value>
                <description>JDBC connectstring for a JDBC Metastore. </description>
            </property>
        <!--JDBC 的 Driver，默认为 org.apache.derby.jdbc.EmbeddedDriver； -->
            <property>
                <name>javax.jdo.option.ConnectionDriverName</name>
                <value>com.mysql.cj.jdbc.Driver</value>
                <description>Driverclass name for a JDBC Metastore</description>
            </property>
        <!--MySQL 数据库的登录名-->
            <property>
                <name>javax.jdo.option.ConnectionUserName</name>
                <value>root</value>
            </property>
        <!--MySQL 数据库的登录密码-->
            <property>
                <name>javax.jdo.option.ConnectionPassword</name>
                <value>Rootroot123</value>
            </property>
        <!--Hive 元数据目录存储在 HDFS 中-->
        <!--使用 Hadoop 新建 HDFS 目录/hive/warehouse，因为在 hive-site.xml 文件中默认有如下配
置：-->
            <property>
                <name>hive.metastore.warehouse.dir</name>
                <value>/hive/warehouse</value>
            </property>
        <!--hive.server2 日志操作目录-->
            <property>
                <name>hive.server2.logging.operation.log.location</name>
                <value>/opt/model/hive-3.1.2/hiveserver2_op_logs</value>
            </property>
        <!--Hive 运行时生成结构化日志文件-->
            <property>
                <name>hive.querylog.location</name>
                <value>/opt/model/hive-3.1.2/hive_query_logs</value>
                <description>Location of Hive run time structured
logfile</description>
            </property>
    </configuration>
```

2．配置 hive-log4j2.properties 文件

在配置 Hive 的日志存放位置时，需要配置 hive-log4j2.properties 文件。首先重命名 hive-log4j2.properties.template 文件，将 hive-log4j2.properties.template 文件名称修改为 hive-log4j2.properties，否则无法识别，然后配置 hive-log4j2.properties 文件，代码如下：

```
#修改 hive-log4j2.properties.template 文件名
[hadoop@hadoop01 conf]$ mv hive-log4j2.properties.template hive-log4j2.properties
[hadoop@hadoop01 conf]$ ll
总用量 40
-rw-r--r-- 1 hadoop hadoop 1596 8月  23 2019 beeline-log4j2.properties.template
-rw-r--r-- 1 hadoop hadoop 2365 8月  23 2019 hive-env.sh.template
```

```
-rw-r--r-- 1 hadoop hadoop 2274 8月 23 2019 hive-exec-log4j2.properties.template
-rw-r--r-- 1 hadoop hadoop 3086 8月 23 2019 hive-log4j2.properties
-rw-r--r-- 1 hadoop hadoop 1000 4月 11 21:43 hive-site.xml
-rw-r--r-- 1 hadoop hadoop 2060 8月 23 2019 ivysettings.xml
-rw-r--r-- 1 hadoop hadoop 3558 8月 23 2019 llap-cli-log4j2.properties.template
-rw-r--r-- 1 hadoop hadoop 7163 8月 23 2019 llap-daemon-
log4j2.properties.template
-rw-r--r-- 1 hadoop hadoop 2662 8月 23 2019 parquet-logging.properties
#配置 hive-log4j2.properties 文件
[hadoop@hadoop01 conf]$ vi hive-log4j2.properties
#修改 property.hive.log.dir 配置项的路径
#需要预先创建配置文件需要的目录/opt/model/hive-3.1.2/hive_logs
#配置项列表
property.hive.log.level = INFO
property.hive.root.logger = DRFA
property.hive.log.dir = /opt/model/hive-3.1.2/hive_logs   #修改等号后面的路径
```

3. 配置 core-site.xml 文件

修改 Hadoop 配置文件 core-site.xml，加入如下配置项。

```
#进入 Hadoop 安装目录，找到配置文件 core-site.xml，使用 vi core-site.xml 命令配置 core-
site.xml 文件
[hadoop@hadoop01 model]$ cd hadoop-3.2.1/etc/hadoop
[hadoop@hadoop01 hadoop]$ ll
总用量 172
-rw-r--r-- 1 hadoop hadoop 8260 9月  11 2019 capacity-scheduler.xml
-rw-r--r-- 1 hadoop hadoop 1335 9月  11 2019 configuration.xsl
-rw-r--r-- 1 hadoop hadoop 1940 9月  11 2019 container-executor.cfg
-rw-r--r-- 1 hadoop hadoop  990 3月  26 16:58 core-site.xml
[hadoop@hadoop01 hadoop]$ vi core-site.xml
```

配置完成的 core-site.xml 文件的内容如下：

```
<configuration>
    <property>
            <name>fs.defaultFS</name>
            <value>hdfs://hadoop01:9000</value>
    </property>
    <property>
            <name>hadoop.tmp.dir</name>
            <value>/opt/model/hadoop-3.2.1/tmp </value>
    </property>
<! --以下 3 组属性标签为新增标签 -->
    <property>
            <name>hadoop.proxyuser.hadoop.hosts</name>
            <value>*</value>
    </property>
    <property>
            <name>hadoop.proxyuser.hadoop.groups</name>
            <value>*</value>
    </property>
    <!--Hive 创建文件夹时的 dfs.umask 值-->
    <property>
            <name>fs.permissions.umask.mode</name>
            <value>000</value>
    </property>
```

```
</configuration>
```

Hadoop 从 2.0 版本开始支持 ProxyUser 机制，其含义是使用 User A 的用户认证信息，以 User B 的身份访问 Hadoop 集群。对于服务端来说，此时是 User B 在访问集群，相应地，对访问请求的鉴权（包括 HDFS 文件系统的权限，YARN 提交任务队列的权限）都根据 User B 来进行。User A 被认为是 Super User（这里的 Super User 并不等同于 HDFS 中的超级用户，只是拥有代理某些用户的权限，对于 HDFS 来说只是普通用户），User B 被认为是 Proxy User。

服务端需要在 NameNode 和 ResourceManager 的 core-site.xml 文件中进行代理权限的相关配置，且配置项的值可以使用*来表示支持所有主机/用户组/用户。例如：

```
<name>hadoop.proxyuser.userA.hosts</name>
<value>*</value>
```

表示支持 User A 在任意主机节点创建文件和目录时使用的 umask 权限。

4. 配置 mapred-site.xml 文件

修改 Hadoop 配置文件 mapred-site.xml，代码如下：

```
#使用 hadoop classpath 命令获取环境变量
[hadoop@hadoop01 hadoop]$ hadoop classpath
/opt/model/hadoop-3.2.1/etc/hadoop:/opt/model/hadoop-
3.2.1/share/hadoop/common/lib/*:/opt/model/hadoop-
3.2.1/share/hadoop/common/*:/opt/model/hadoop-
3.2.1/share/hadoop/hdfs:/opt/model/hadoop-
3.2.1/share/hadoop/hdfs/lib/*:/opt/model/hadoop-
3.2.1/share/hadoop/hdfs/*:/opt/model/hadoop-
3.2.1/share/hadoop/mapreduce/lib/*:/opt/model/hadoop-
3.2.1/share/hadoop/mapreduce/*:/opt/model/hadoop-
3.2.1/share/hadoop/yarn:/opt/model/hadoop-
3.2.1/share/hadoop/yarn/lib/*:/opt/model/hadoop-3.2.1/share/hadoop/yarn/*
    #配置 mapred-site.xml 文件,增加一个配置项,属性名为 mapreduce.application.classpath,属性
值为 hadoop classpath,获取环境变量的值
[hadoop@hadoop01 hadoop]$ vi mapred-site.xml
<!--追加一个配置项-->
<property>
        <name>mapreduce.application.classpath</name>
        <value>/opt/model/hadoop-3.2.1/etc/hadoop:/opt/model/hadoop-
3.2.1/share/hadoop/common/lib/*:/opt/model/hadoop-
3.2.1/share/hadoop/common/*:/opt/model/hadoop-
3.2.1/share/hadoop/hdfs:/opt/model/hadoop-
3.2.1/share/hadoop/hdfs/lib/*:/opt/model/hadoop-
3.2.1/share/hadoop/hdfs/*:/opt/model/hadoop-
3.2.1/share/hadoop/mapreduce/lib/*:/opt/model/hadoop-
3.2.1/share/hadoop/mapreduce/*:/opt/model/hadoop-
3.2.1/share/hadoop/yarn:/opt/model/hadoop-
3.2.1/share/hadoop/yarn/lib/*:/opt/model/hadoop-3.2.1/share/hadoop/yarn/*
    </value>
    </property>
```

14.2.6　Jar 包处理

（1）访问指定网站，下载 mysql-connector-java-8.0.18.jar 包。

访问 mvnrepository.com 网站，下载驱动 Jar 包 mysql-connector-java-8.0.18.jar，如图 14.7 所示。

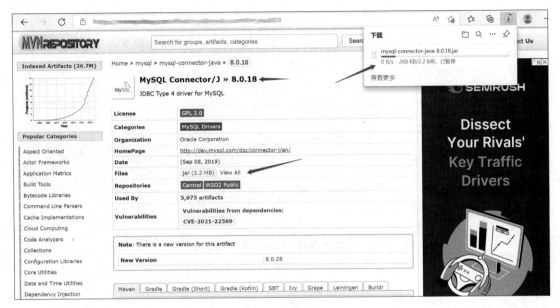

图 14.7　mvnrepository.com 网站

（2）使用 WinSCP 工具上传 mysql-connector-java-8.0.18.jar 包到 Hive 安装目录 $HIVE_HOME/lib 下。

（3）解决 Hive 与 Hadoop 的 Jar 包冲突。

冲突原因为 Hive 对应的 guava.jar、curator.jar 包版本较低。guava-版本号.jar 包是 Google 的开源开发工具，包含多种 Google 核心的 Java 常用库文件，比如哈希工具包、反射工具包、多线程工具包等，方便 Java 主程序的调用。Curator 是 Netflix 公司开源的一套 ZooKeeper 客户端框架，在 ZooKeeper 原生 API 的基础上进行封装，实现一些开发细节，包括连接重连、反复注册 Watcher 和 NodeExistsException 等。

针对 Hive 对应的 guava.jar、curator.jar 包版本较低的问题，可以删除 Hive 对应目录下的 guava.jar、curator.jar 包，使用 Hadoop 对应目录下的 guava.jar、curator.jar 高版本包替换，代码如下：

```
[hadoop@hadoop01 hive-3.1.2]$ pwd
/opt/model/hive-3.1.2
[hadoop@hadoop01 hive-3.1.2]$ cd lib
#进入 Hive 的 lib 目录，查看 Hive 的 guava.jar 和 curator.jar 包版本
[hadoop@hadoop01 lib]$ ll guava*
-rw-r--r-- 1 hadoop hadoop 2308517 9 月  27 2018 guava-19.0.jar
[hadoop@hadoop01 lib]$ ll curator*
-rw-r--r-- 1 hadoop hadoop 2423138 9 月  27 2018 curator-client-2.12.0.jar
-rw-r--r-- 1 hadoop hadoop 201953 9 月  27 2018 curator-framework-2.12.0.jar
-rw-r--r-- 1 hadoop hadoop 283598 9 月  27 2018 curator-recipes-2.12.0.jar
#进入 Hadoop 的 lib 目录，查看 Hadoop 的 guava.jar 和 curator.jar 包版本
[hadoop@hadoop01 lib]$ ll $HADOOP_HOME/share/hadoop/common/lib/guava*
-rw-r--r-- 1 hadoop hadoop 2747878 9 月  10 2019 /opt/model/hadoop-
3.2.1/share/hadoop/common/lib/guava-27.0-jre.jar
```

```
[hadoop@hadoop01 lib]$ ll $HADOOP_HOME/share/hadoop/common/lib/curator*
-rw-r--r-- 1 hadoop hadoop 2423157 9月  10 2019 /opt/model/hadoop-
3.2.1/share/hadoop/common/lib/curator-client-2.13.0.jar
-rw-r--r-- 1 hadoop hadoop 201965 9月  10 2019 /opt/model/hadoop-
3.2.1/share/hadoop/common/lib/curator-framework-2.13.0.jar
-rw-r--r-- 1 hadoop hadoop 283653 9月  10 2019 /opt/model/hadoop-
3.2.1/share/hadoop/common/lib/curator-recipes-2.13.0.jar
#删除 Hive 的 guava.jar、curator.jar 低版本包
[hadoop@hadoop01 lib]$ pwd
/opt/model/hive-3.1.2/lib
[hadoop@hadoop01 lib]$ rm -rf guava*
[hadoop@hadoop01 lib]$ ll guava*
ls: 无法访问'guava*': 没有那个文件或目录
[hadoop@hadoop01 lib]$ rm -rf curator*
[[hadoop@hadoop01 lib]$ ll curator*
ls: 无法访问'curator*': 没有那个文件或目录
#将 Hadoop 的 guava.jar、curator.jar 高版本包复制到 Hive 对应的 Jar 包目录下
[hadoop@hadoop01 lib]$ pwd
/opt/model/hive-3.1.2/lib
[hadoop@hadoop01 lib]$ cp $HADOOP_HOME/share/hadoop/common/lib/guava* ./
#查看 Hive 的高版本 Jar 包是否复制成功
[hadoop@hadoop01 lib]$ ll guava*
-rw-r--r-- 1 hadoop hadoop 2747878 4月  14 15:22 guava-27.0-jre.jar
[hadoop@hadoop01 lib]$ cp $HADOOP_HOME/share/hadoop/common/lib/curator* ./
[hadoop@hadoop01 lib]$ ll curator*
-rw-r--r-- 1 hadoop hadoop 2423157 4月  14 15:23 curator-client-2.13.0.jar
-rw-r--r-- 1 hadoop hadoop 201965 4月  14 15:23 curator-framework-2.13.0.jar
-rw-r--r-- 1 hadoop hadoop 283653 4月  14 15:23 curator-recipes-2.13.0.jar
```

14.2.7　基于 HDFS 创建元数据目录

因为在 hive-site.xml 文件中进行了元数据目录配置，所以需要在 HDFS 集群中创建存储元数据的目录。启动 Hadoop，新建 HDFS 目录/hive/warehouse，并对/hive/warehouse 目录进行授权，用于存储文件，代码如下：

```
#启动 HDFS
[hadoop@hadoop01 hive-3.1.2]$ start-dfs.sh
Starting namenodes on [hadoop01]
Starting datanodes
Starting secondary namenodes [hadoop01]
[hadoop@hadoop01 hive-3.1.2]$ jps
4322 DataNode
4550 SecondaryNameNode
4187 NameNode
4686 Jps
#启动 YARN
[hadoop@hadoop01 hive-3.1.2]$ start-yarn.sh
Starting resourcemanager
Starting nodemanagers
[hadoop@hadoop01 hive-3.1.2]$ jps
4322 DataNode
4933 NodeManager
4550 SecondaryNameNode
4809 ResourceManager
```

```
4187 NameNode
5292 Jps
#使用 Hadoop 新建的 HDFS 目录/hive/warehouse，因为在 hive-site.xml 文件中进行了元数据目录配置
[hadoop@hadoop01 hive-3.1.2]$ hdfs dfs -mkdir -p /hive/warehouse
#对/hive/warehouse 目录进行授权，用于存储文件
[hadoop@hadoop01 hive-3.1.2]$ hdfs dfs -chmod -R 777 /hive/warehouse
#Hive 用于存储不同阶段的 Map/Reduce 执行计划的目录，同时存储中间输出结果
[hadoop@hadoop01 hive-3.1.2]$ hdfs dfs -chmod -R 777 /tmp
```

14.2.8　初始化 Hive 元数据

Hive 与 MySQL 的集成及元数据管理可以使 MySQL 数据库下的 Hive 数据库自动生成 Hive 对应的配置表。

1．Hive 元数据存储

Hive 使用关系数据库（如 MySQL 或 Derby）来存储元数据。这些元数据包括各种信息，如表属性、表名称、列详情、分区的定义及其属性，以及实际表数据所在的 HDFS 目录位置等。

2．Metastore 服务

为了在客户端与 MySQL 数据库之间建立桥梁，Hive 引入了一个叫作 Metastore 的服务组件。当客户端（如 bin/hive 或 bin/beeline）想要访问 Hive 的元数据时，它首先连接到 Metastore 服务，然后由 Metastore 服务与 MySQL 数据库进行交互，以获取或存储所需的元数据。

这种架构允许多个客户端同时与 Hive 交互，而不需要知道背后的 MySQL 数据库细节（如用户名和密码）。这样确保了安全性和简化性。具体交互流程为：bin/hive 或 bin/beeline 客户端工具先连接到 Metastore 服务器，再由 Metastore 服务器与 MySQL 数据库进行交互，执行相应的操作。

在初次设置或使用 Hive 与 MySQL 数据库的集成时，需要手动初始化元数据库。这可以使用 Hive 提供的 schematool 工具来完成。例如，针对 MySQL 数据库进行初始化，命令为 schematool -dbType mysql -initSchema。这条命令可以确保 MySQL 数据库中已经创建了所有必要的表和结构，以支持 Hive 的元数据存储和管理。

注意，初始化元数据库的前提为：在 Hive 的 lib 目录下，需要有 MySQL 数据库的驱动 Jar 包；Hive 的配置文件 hive/conf/hive-site.xml 内容正常。

使用 schematool -dbType mysql -initSchema 命令完成 MySQL 数据库的初始化，代码如下：

```
#对 MySQL 数据库进行初始化，首先确保 MySQL 数据库中已经创建了 hive 数据库
[hadoop@hadoop01 hive-3.1.2]$ schematool -dbType mysql -initSchema
SLF4J: Class path contains multiple SLF4J bindings.
SLF4J: Found binding in [jar:file:/opt/model/hive-3.1.2/lib/log4j-slf4j-impl-
2.10.0.jar!/org/slf4j/impl/StaticLoggerBinder.class]
SLF4J: Found binding in [jar:file:/opt/model/hadoop-
3.2.1/share/hadoop/common/lib/slf4j-log4j12-
1.7.25.jar!/org/slf4j/impl/StaticLoggerBinder.class]
SLF4J: See http://www.slf4j.org/codes.html#multiple_bindings for an explanation.
SLF4J: Actual binding is of type [org.apache.logging.slf4j.Log4jLoggerFactory]
Metastore connection URL:
jdbc:mysql://localhost:3306/hive?serverTimezone=Asia/Shanghai
Metastore Connection Driver :   com.mysql.cj.jdbc.Driver
Metastore connection User: root
```

```
Starting Metastore schema initialization to 3.1.0
Initialization script hive-schema-3.1.0.mysql.sql
#若出现 schemaTool completed,则表示初始化成功
Initialization script completed
schemaTool completed
```

14.3　Hive 客户端连接

14.3.1　启动 Hadoop 服务

Hive 是建立在 Hadoop 环境之上的，由于 Hive 的运行既需要依赖 HDFS 又需要依赖 YARN，所以在安装好 Hadoop 后，需要启动 HDFS 和 YARN。

在 Job 运行完成后，无法通过 Web 浏览器查看 Job 的历史运行情况，这是因为在启动 HDFS 和 YARN 进程之后，并没有启动 JobHistoryServer 进程，所以需要手动启动集群的 JobHistoryServer 进程（启动方法为使用 mr-jobhistory-daemon.sh start historyserver 命令）。

启动集群的 JobHistoryServer 进程，代码如下：

```
#启动 HDFS
[hadoop@hadoop01 ~]$ start-dfs.sh
#启动 YARN
[hadoop@hadoop01 ~]$ start-yarn.sh
#启动 JobHistoryServer 进程
[hadoop@hadoop01 ~]$ mr-jobhistory-daemon.sh start historyserver
WARNING: Use of this script to start the MR JobHistory daemon is deprecated.
WARNING: Attempting to execute replacement "mapred --daemon start" instead.
#查看启动的服务
[hadoop@hadoop01 ~]$ jps
2305 SecondaryNameNode
3138 Jps
3110 JobHistoryServer
2696 NodeManager
2074 DataNode
2557 ResourceManager
1935 NameNode
```

14.3.2　Hive CLI

CLI（Command Line Interface）是 Hive 自带的命令行界面，Hive 2.2 以后版本的 Hive CLI 模式采用了 beeline 链接，可以通过 Hive 客户端操作 Hive 数据。

（1）通过 Shell 的方式启动 Hive。通过 CLI 启动并连接 Hive，代码如下：

```
#通过 CLI 启动并连接 Hive
[hadoop@hadoop01 hive-3.1.2]$ hive
which: no hbase in
(/home/hadoop/.local/bin:/home/hadoop/bin:/usr/local/bin:/usr/bin:/usr/local/sbin:/usr
/sbin:/opt/model/jdk1.8/bin:/opt/model/hadoop-3.2.1/bin:/opt/model/hadoop-
3.2.1/sbin:/opt/model/hive-3.1.2/bin)
SLF4J: Class path contains multiple SLF4J bindings.
```

```
    SLF4J: Found binding in [jar:file:/opt/model/hive-3.1.2/lib/log4j-slf4j-impl-
2.10.0.jar!/org/slf4j/impl/StaticLoggerBinder.class]
    SLF4J: Found binding in [jar:file:/opt/model/hadoop-
3.2.1/share/hadoop/common/lib/slf4j-log4j12-
1.7.25.jar!/org/slf4j/impl/StaticLoggerBinder.class]
    SLF4J: See http://www.slf4j.org/codes.html#multiple_bindings for an explanation.
    SLF4J: Actual binding is of type [org.apache.logging.slf4j.Log4jLoggerFactory]
    Hive Session ID = edd7ea3e-d8bc-4eb5-926c-63dd85df3313
    Logging initialized using configuration in file:/opt/model/hive-3.1.2/conf/hive-
log4j2.properties Async: true
    Hive-on-MR is deprecated in Hive 2 and may not be available in the future
versions. Consider using a different execution engine (i.e. spark, tez) or using Hive
1.x releases.
    Hive Session ID = 4e6c4d9d-2cb0-44ee-9393-c09df82605d9
    hive>
    #出现以"hive> "表示 Hive 启动成功
```

（2）通过 Hive 完成对数据库、表及数据的操作。关于 Hive 操作的具体内容请参考 14.4 节。

（3）通过 Web 浏览器查看创建的数据库表。通过浏览器访问 Hadoop 文件系统，在浏览器地址栏中输入 NameNode 节点服务器的 IP 地址+端口（如 192.168.1.180：9870），并在其后输入文件的路径即可查看文件，如输入“/hive”，可以看到/hive 目录下文件的相关信息；输入“/hive/warehouse”，可以看到创建的数据库、数据库表等相关信息。

14.3.3　启动 HiveServer2

HiveServer2（HS2）是 Hive 的一个服务端接口，它允许远程客户端执行 Hive 的查询操作并接收结果。它是基于 Thrift RPC 的，是对 HiveServer1（或称为 Thrift Server）的改进版本。与 HiveServer1 相比，HiveServer2 支持多客户端并发访问，并提供了更强大的身份验证功能。

一旦 HiveServer2 服务启动，客户端就可以通过多种方式连接并执行查询操作，包括 JDBC、ODBC 及 Thrift。对于 Java 编码的客户端，可以使用 JDBC 或 beeline 来连接。而 Hue 则使用 Thrift 的方式与 Hive 服务进行连接。

使用 nohup 命令启动 HiveServer2。nohup 英文全称为 no hang up（不挂起），用于在系统后台不挂断地执行命令，即使退出终端也不会影响程序的运行。

nohup 命令在默认情况下（非重定向时）会输出一个名称为 nohup.out 的文件到当前目录下，如果当前目录的 nohup.out 文件不可写，则输出重定向到 $HOME/nohup.out 文件中。

nohup 命令的语法格式如下：

```
nohup Command [ Arg … ] [ & ]
```

参数说明如下。

- Command：要执行的命令。
- Arg：一些参数，可以指定输出文件。
- &：让命令在后台执行，退出终端后命令仍旧执行。

使用 nohup 命令启动 HiveServer2，启动进程中出现 RunJar，表示 HiveServer2 启动成功，代码如下：

```
[hadoop@hadoop01 ~]$ nohup hiveserver2 1>>hiveserver2.log 2>>hiveserver2_error.log &
```

```
[1] 3882
[hadoop@hadoop01 ~]$ jps
2049 DataNode
1906 NameNode
4004 Jps
2663 NodeManager
3079 JobHistoryServer
2281 SecondaryNameNode
3882 RunJar    #成功启动 HiveServer2
2523 ResourceManager
#用于在 Linux 环境下显示系统进程的命令为 ps，ps -ef 表示用标准的格式显示进程
#中间的 | 是管道命令，是指 ps 命令与 grep 命令同时执行
#grep 命令用于查找，是一种强大的文本搜索工具，它能搜索文本，并把匹配的行打印出来
[hadoop@hadoop01 ~]$ ps -ef | grep hiveserver2
#以下信息表示 HiveServer2 已经启动
hadoop     3882   1677 25 17:13 pts/0    00:00:16 /opt/model/jdk1.8/bin/java -
Dproc_jar -Dproc_hiveserver2 -Dlog4j.configurationFile=hive-log4j2.properties -
Djava.util.logging.config.file=/opt/model/hive-3.1.2/conf/parquet-logging.properties -
Djline.terminal=jline.UnsupportedTerminal -Dyarn.log.dir=/opt/model/hadoop-3.2.1/logs
-Dyarn.log.file=hadoop.log -Dyarn.home.dir=/opt/model/hadoop-3.2.1 -
Dyarn.root.logger=INFO,console -Djava.library.path=/opt/model/hadoop-3.2.1/lib/native
-Xmx256m -Dhadoop.log.dir=/opt/model/hadoop-3.2.1/logs -Dhadoop.log.file=hadoop.log -
Dhadoop.home.dir=/opt/model/hadoop-3.2.1 -Dhadoop.id.str=hadoop -
Dhadoop.root.logger=INFO,console -Dhadoop.policy.file=hadoop-policy.xml -
Dhadoop.security.logger=INFO,NullAppender org.apache.hadoop.util.RunJar
/opt/model/hive-3.1.2/lib/hive-service-3.1.2.jar
org.apache.hive.service.server.HiveServer2
hadoop     4057   1677 0 17:14 pts/0    00:00:00 grep --color=auto hiveserver2
```

14.3.4 使用 beeline 客户端测试 HiveServer2

Hive 客户端工具比较常用的是 Hive CLI，beeline 是 Hive 0.11 引入的新命令行客户端工具，它是基于 SQL Line CLI 的 JDBC 客户端。

通过 Shell 的方式启动 beeline，使用 beeline 连接 hive2 中的 default 数据库，使用的默认命令为!connect jdbc:hive2://hadoop01:10000/default，代码如下：

```
#通过 Shell 的方式启动 beeline
[hadoop@hadoop01 hive-3.1.2]$ beeline
SLF4J: Class path contains multiple SLF4J bindings.
SLF4J: Found binding in [jar:file:/opt/model/hive-3.1.2/lib/log4j-slf4j-impl-
2.10.0.jar!/org/slf4j/impl/StaticLoggerBinder.class]
SLF4J: Found binding in [jar:file:/opt/model/hadoop-
3.2.1/share/hadoop/common/lib/slf4j-log4j12-
1.7.25.jar!/org/slf4j/impl/StaticLoggerBinder.class]
SLF4J: See http://www.slf4j.org/codes.html#multiple_bindings for an explanation.
SLF4J: Actual binding is of type [org.apache.logging.slf4j.Log4jLoggerFactory]
Beeline version 3.1.2 by Apache Hive
#非 Kerberos 认证环境下的 Hive JDBC 连接串
#!connect jdbc:hive2://${Hive 节点 IP 地址}:${Hive 端口号}/${需要连接的数据库名};
#说明
#${Hive 节点 IP 地址}——Hive 安装节点的 IP 地址或主机名
#${Hive 端口号}——Hive 服务的端口号，默认为 10000
#${需要连接的数据库名}——需要连接的 Hive 数据库名，如 default
```

```
beeline> !connect jdbc:hive2://hadoop01:10000/default
Connecting to jdbc:hive2://hadoop01:10000/default
Enter username for jdbc:hive2://hadoop01:10000/default: hadoop
Enter password for jdbc:hive2://hadoop01:10000/default:
Connected to: Apache Hive (version 3.1.2)
Driver: Hive JDBC (version 3.1.2)
Transaction isolation: TRANSACTION_REPEATABLE_READ
#使用 beeline 成功连接 hive2 中的 default 数据库
0: jdbc:hive2://hadoop01:10000/default> !tables
+-----------+-------------+-------------+-------------+-----------+----------+-
-----------+-----------+-------------------------+-----------------+
| TABLE_CAT | TABLE_SCHEM | TABLE_NAME  | TABLE_TYPE  | REMARKS   | TYPE_CAT |
TYPE_SCHEM | TYPE_NAME | SELF_REFERENCING_COL_NAME | REF_GENERATION |
+-----------+-------------+-------------+-------------+-----------+----------+-
-----------+-----------+-------------------------+-----------------+
|           | studentdb   | studentinfo | TABLE       | NULL      | NULL     | NULL
| NULL      | NULL      | NULL                    |                 |
+-----------+-------------+-------------+-------------+-----------+----------+-
-----------+-----------+-------------------------+-----------------+
```

14.3.5　启动 Metastore 服务

Metastore 服务实际上是一种 Thrift 服务，用户可以通过它获取 Hive 元数据。而通过 Thrift 服务获取元数据的方式可以屏蔽数据库访问需要的驱动、URL、用户名、密码等细节。Metastore 存储了 Hive 的 Databases、Tables、Partition 等信息。使用 HiveQL 语句可以连接 MySQL 数据库，查询元数据信息。

Metastore 服务的作用是管理元数据，对外暴露服务地址，让各种客户端通过先连接 Metastore 服务，再由 Metastore 服务连接 MySQL 数据库来存取元数据。

使用 nohup hive --service Metastore &命令完成 Metastore 服务的启动，代码如下：

```
[hadoop@hadoop01 hive-3.1.2]$ nohup hive --service Metastore &
[2] 5999
[hadoop@hadoop01 hive-3.1.2]$ nohup: 忽略输入并把输出追加到'nohup.out'中
jps
2625 ResourceManager
6130 Jps
3172 JobHistoryServer
2136 DataNode
1995 NameNode
2765 NodeManager
2366 SecondaryNameNode
5503 RunJar
5999 RunJar #成功启动 Metastore 服务
[hadoop@hadoop01 hive-3.1.2]$ ps -ef | grep Metastore  #通过进程查询 Metastore 服务是否
启动成功
hadoop     5999   1758 14 21:33 pts/0    00:00:10 /opt/model/jdk1.8/bin/java -
Dproc_jar -Dproc_Metastore -Dlog4j.configurationFile=hive-log4j2.properties -
Djava.util.logging.config.file=/opt/model/hive-3.1.2/conf/parquet-logging.properties -
Dyarn.log.dir=/opt/model/hadoop-3.2.1/logs -Dyarn.log.file=hadoop.log -
Dyarn.home.dir=/opt/model/hadoop-3.2.1 -Dyarn.root.logger=INFO,console -
Djava.library.path=/opt/model/hadoop-3.2.1/lib/native -Xmx256m
```

```
Dhadoop.log.dir=/opt/model/hadoop-3.2.1/logs -Dhadoop.log.file=hadoop.log -
Dhadoop.home.dir=/opt/model/hadoop-3.2.1 -Dhadoop.id.str=hadoop -
Dhadoop.root.logger=INFO,console -Dhadoop.policy.file=hadoop-policy.xml -
Dhadoop.security.logger=INFO,NullAppender org.apache.hadoop.util.RunJar
/opt/model/hive-3.1.2/lib/hive-Metastore-3.1.2.jar
org.apache.hadoop.hive.metastore.HiveMetastore
    hadoop     6153    1758 0 21:34 pts/0    00:00:00 grep --color=auto Metastore
```

14.4 Hive 操作

14.4.1 数据库操作

数据库操作包括显示数据库、创建数据库、查看数据库、修改数据库、切换数据库、删除数据库等。

显示数据库：

```
hive> show databases;
OK
default
studentdb
Time taken: 0.488 seconds, Fetched: 2 row(s)
```

创建数据库：

```
hive> create database if not exists city_db;
OK
Time taken: 0.349 seconds
```

查看数据库基本信息：

```
hive> desc database city_db;
OK
city_db  hdfs://hadoop01:9000/hive/warehouse/city_db.db  hadoop    USER
Time taken: 0.091 seconds, Fetched: 1 row(s)
```

切换数据库：

```
hive> use city_db;
OK
Time taken: 0.065 seconds
```

使用 select 语句查看当前数据库：

```
hive> select current_database();
OK
city_db
Time taken: 3.79 seconds, Fetched: 1 row(s)
```

在当前数据库中创建数据表：

```
hive> create table cityInfo(
    > cityID string,
    > cityName string,
    > population int)
```

```
    > row format delimited
    > fields terminated by ','
    > stored as textfile;
OK
Time taken: 0.726 seconds
```

查看当前数据库中的所有数据表：

```
hive> show tables;
OK
cityinfo
Time taken: 0.075 seconds, Fetched: 1 row(s)
```

删除数据库，若数据库中存在数据表，则报错：

```
hive> drop database if exists city_db;
    FAILED: Execution Error, return code 1 from
org.apache.hadoop.hive.ql.exec.DDLTask. InvalidOperationException(message:Database
city_db is not empty. One or more tables exist.)
```

级联删除数据库及数据库中的数据表：

```
hive> drop database if exists city_db cascade;
OK
Time taken: 0.747 seconds
```

14.4.2　数据表操作

Hive 中的数据表分为内部表和外部表，两者的区别在于对数据的管理。

- 内部表：Hive 负责管理内部表及内部表中数据的默认形式，并将数据存放在统一的/ hive/ warehouse 目录下。在删除内部表时，会删除内部表的元数据和内部表中的数据，以及对应内部表的数据文件。
- 外部表：Hive 不负责管理外部表中的数据，只负责管理外部表的元数据。外部表中的数据可以被存储在 HDFS 的任意目录下，没有统一约束。在删除外部表时，只会删除元数据，而不会删除实际数据（源数据）。在 Hive 外部依然可以访问实际数据（HDFS），如果发现错误地删除了外部表，则可以重新创建外部表，之后把数据加载到新的外部表中。要创建一个外部表，需要使用 external 关键字。

一般企业内部都是使用外部表的，因为在多人操作数据仓库的环境下，可能会发生数据表被误删除的情况，所以为了保证数据的安全性，通常会使用外部表。

在个人编写测试代码时，可以使用内部表，以便在这些测试代码无用时直接删除。

以下 Hive 代码操作实例主要实现数据库及数据表的创建、数据导入/导出等功能。

创建数据库 city_db：

```
hive> create database if not exists city_db;
OK
Time taken: 0.098 seconds
```

切换数据库为 city_db：

```
hive> use city_db;
OK
```

```
Time taken: 0.07 seconds
```

退出 Hive，在 CentOS 环境下编写数据库脚本 init_city.sql：

```
[hadoop@hadoop01 data]$ vi init_city.sql
```

init_city.sql 的代码如下：

```
create database if not exists city_db;
use city_db;
drop table if exists city_internal;
create table city_internal(
        id int,
        name string,
        countrycode string,
        district string,
        population int
)
row format delimited
fields terminated by ','
stored as textfile;
```

保存脚本，退出 vi 编辑器，执行数据库脚本：

```
[hadoop@hadoop01 data]$ hive -f init_city.sql
```

在集群中创建存储目录/inputData：

```
[hadoop@hadoop01 hadoop-3.2.1]$ hdfs dfs -mkdir -p /inputData
```

查看是否创建成功：

```
[hadoop@hadoop01 hadoop-3.2.1]$ hdfs dfs -ls /
Found 4 items
drwxr-xr-x   - hadoop supergroup          0 2022-03-31 16:33 /hdfsinput
drwxr-xr-x   - hadoop supergroup          0 2022-04-14 15:27 /hive
drwxr-xr-x   - hadoop supergroup          0 2022-04-26 23:14 /inputData
drwxrwxrwx   - hadoop supergroup          0 2022-04-14 16:13 /tmp
```

把本地的数据文件/opt/data/city.csv 上传到集群中：

```
[hadoop@hadoop01 hadoop-3.2.1]$ hdfs dfs -put /opt/data/city.csv /inputData
```

查看是否上传成功：

```
[hadoop@hadoop01 hadoop-3.2.1]$ hdfs dfs -ls /inputData
Found 1 items
-rw-r--r--   1 hadoop supergroup     144859 2022-04-26 23:18 /inputData/city.csv
```

在 Hadoop 的 data 目录下创建一个外部表 city_external，并加载/inputData 目录下数据文件的数据的 SQL 脚本：

```
[hadoop@hadoop01 data]$ vi init_external_city.sql
create database if not exists city_db;
use city_db;
drop table if exists city_external;
create external table city_external(
     id int,
     name string,
```

```
            countrycode string,
            district string,
            population int
            )
            row format delimited
            fields terminated by ','
            stored as textfile
            location '/inputData';
```

保存脚本，退出 vi 编辑器，执行数据库 SQL 脚本 init_external_city.sql：

```
[hadoop@hadoop01 data]$ hive -f init_external_city.sql
```

进入 Hive，查看外部表 city_external 是否创建成功：

```
hive> show tables;
OK
city_external
city_internal
Time taken: 0.088 seconds, Fetched: 2 row(s)
```

查看创建的外部表 city_external 中的数据：

```
hive> select * from city_external limit 8;
OK
1    Kabul     AFG Kabol     1780000
2    Qandahar AFG Qandahar 237500
3    Herat     AFG Herat     186800
4    Mazar-e-Sharif    AFG Balkh     127800
5    Amsterdam     NLD Noord-Holland731200
6    Rotterdam     NLD Zuid-Holland 593321
7    HaagNLD Zuid-Holland 440900
8    Utrecht  NLD Utrecht  234323
Time taken: 1.904 seconds, Fetched: 8 row(s)
```

查看外部表 city_external 的类型：

```
hive> desc formatted city_external;
OK
#Detailed Table Information
Database:           city_db
OwnerType:          USER
Owner:              hadoop
CreateTime:         Wed Apr 27 00:30:55 CST 2022
LastAccessTime:     UNKNOWN
Retention:          0
Location:           hdfs://hadoop01:9000/inputData
Table Type:         EXTERNAL_TABLE
```

删除外部表 city_external：

```
hive> drop table city_external;
OK
Time taken: 0.361 seconds
```

删除内部表 city_internal 中的数据：

```
hive> truncate table city_internal;
```

云计算与大数据技术

从本地的数据文件/opt/data/city.csv 中导入数据到内部表中：

```
hive> load data local inpath '/opt/data/city.csv' into table city_internal;
hive> select * from city_internal limit 5;
OK
1    Kabul     AFG Kabol     1780000
2    Qandahar AFG Qandahar 237500
3    Herat     AFG Herat     186800
4    Mazar-e-Sharif    AFG Balkh    127800
5    Amsterdam     NLD Noord-Holland731200
Time taken: 0.326 seconds, Fetched: 5 row(s)
```

从集群文件/inputData/city.csv 中导入数据到内部表中：

```
hive> load data  inpath '/inputData/city.csv' into table city_internal;
hive> select * from city_internal limit 5;
OK
1    Kabul     AFG Kabol     1780000
2    Qandahar AFG Qandahar 237500
3    Herat     AFG Herat     186800
4    Mazar-e-Sharif    AFG Balkh    127800
5    Amsterdam     NLD Noord-Holland731200
Time taken: 0.326 seconds, Fetched: 5 row(s)
```

删除内部表 city_internal：

```
hive> drop table city_internal;
```

264

第 15 章

数据可视化

15.1 数据可视化简介

如何做好数据分析是每个企业都在关注的问题。目前，数据不仅仅是简单的信息源，它可以借助数据可视化技术，以直观的可视化界面为载体，实时地展示各种变化。这种技术使得复杂的大数据得以直观地展现在决策者面前，从而帮助他们节省决策时间，使工作变得更加高效。

15.1.1 什么是数据可视化

数据可视化就是以图形化手段为基础，将海量的、相对抽象的数据通过可视的、交互的方式进行展示，从而形象又直观地展示出数据蕴含的信息和规律。简单来说，数据可视化就是将复杂无序的数据用直观的图像表示出来，使人们能够直观、快速地洞察数据中潜在的规律和趋势。数据可视化是数据分析的重要工具，分析人员可以借助统计分析方法将数据转换为有价值的信息，并通过可视化方式展示。数据可视化效果如图 15.1 所示。

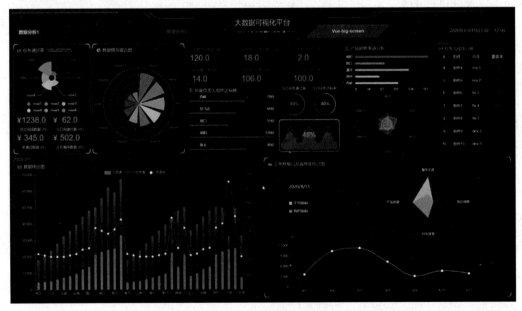

图 15.1　数据可视化效果

数据可视化流程一般分为三步：首先，准备可视化数据，明确分析目标（即确定可视化数据输入源和可视化任务），并了解数据的属性，根据数据的属性选择适当的数据搜集途径并搜集数据；其次，对输入的可视化数据进行加工（即预处理），包括数据清洗、筛选、去噪、降维、聚类等操作，以确保数据质量和准确性；最后，基于视觉原理和任务需求，选择合适的数据可视化工具或技术，将数据转换为可视化图表，并进行布局、配色等优化处理，生成直观易懂的可视化输出。

15.1.2 数据可视化的特点

数据可视化是一种融合了数据分析和可视化展现的技术手段，它具备简洁性、可读性、逻辑性、准确性、一致性的特点。

（1）简洁性。可视化的重点不是好看，而是突出信息重点，其次是界面简单、信息清晰、简洁明了，并且做出的可视化图表一定要易于理解，在显性化的基础上越美观越好，切忌华而不实。图表的各元素，如布局、坐标、单位、图例等适中展示，不要过度设计。

（2）可读性。制作完成的可视化报表及数据可视化分析报告要足够简洁、直观，图形生动且具有自解释性，让不了解数据分析的人也能获取数据信息，明白不同图表所表达的含义。

（3）逻辑性。可视化要符合数据的逻辑。用清晰的逻辑来呈现变化，突出重点，可以使用户获得更好的体验；通过主题、主线、场景、对话来展现数据背后隐含的价值信息，辅助管理人员进行决策。数据可视化要做到逻辑严密、结构清晰。

（4）准确性。可视化应该忠于数据，因为准确性是数据分析的重要特性。在符合美感设计的同时要表达精确，这包括数据的来源、处理和分析的准确性，确保可视化图表所基于的数据是可靠和准确的。

（5）一致性。数据可视化的同一页面应尽量保持一个主题，让其中的每个图表都与主题相关，展现的数据信息也和主题一致。同时，页面中的配色、布局、风格以及视觉元素（如颜色、字体、图标等）都应该尽量保持一致，以确保用户界面的统一和易用性。

15.2 数据可视化的常用工具

数据可视化工具是一种通过简单接口或操作导入需要可视化的数据，并将其转换为图表、图形、表格、仪表板等可视化形式的软件。市场上有许多开源和免费的数据可视化工具软件，这些软件具有操作简便、通过拖曳即可自动生成图表、智能图表推荐功能、实时数据可视化、自定义界面、丰富的可视化图形选项、一站式大屏报告制作能力，以及无需复杂部署即可轻松实现数据展示和敏锐捕捉数据关联等特性。

（1）零编程类：操作简单，无须编程基础，即可进行一些基础性的图表可视化，包括在线网站或软件类，适合制作基础可视化图表的业务人员和新手使用。

（2）开发工具类：专业的可视化工具，需要编写代码，能够实现个性化、定制化的图表，适合专业的开发者或工程师使用。

（3）专业图表类：专门针对不同需求的专业图表制作，如地图、时间轴、金融数据等，适合具有单一需求的人员使用。

15.2.1　零编程类

1．在线网站类

1）图表秀

图表秀是一个国内的简单好用的在线图表制作网站，它允许从资源中选择所需图表，套用模板后导入数据或修改数据（如在线修改图表数据或直接上传 Excel 表格），支持以公开或加密的方式分享图表，支持移动端展现，以及快速制作数据分析图表。图表秀可提供 70 多种可视化图表，除传统图表外，涵盖标签云图、地图、散点图、雷达图、时间轴图表、太阳辐射图、仪表板、3D 图表、箱型图、热力图等，充分满足各类数据的展现需求。

图表秀不仅支持快速制作各种传统图表和高级可视化图表，还支持个性化定制数据分析报告，以及图表的动态播放和社会化分享。它提供了各行业的专业数据分析报告模板、精美的排版样式和多维数据分析图表。

图表秀中有近百种图形，部分图形需要付费使用，而部分图形可以免费使用。图表编辑完成后，可将其导出为 PNG 或 GIF 格式，但是导出是需要付费的。

图表秀在线图表制作网站页面如图 15.2 所示。

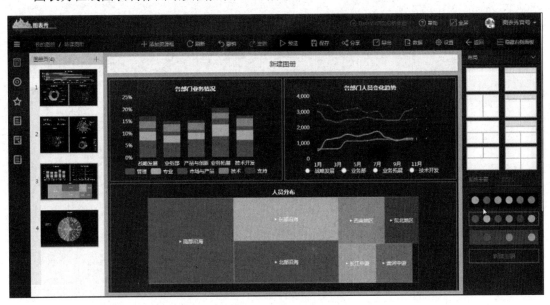

图 15.2　图表秀在线图表制作网站页面

图表秀可视化图表示例如图 15.3 所示。

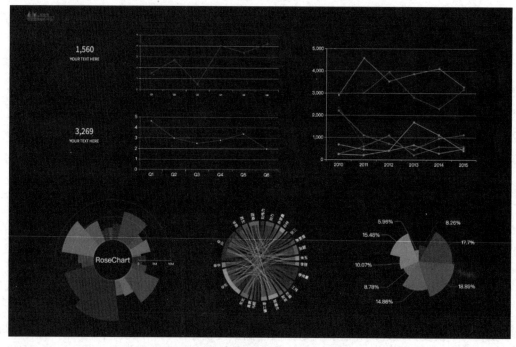

图 15.3　图表秀可视化图表示例

2）Flourish

Flourish 是免费可视化的在线 Flash 网站，提供了非常多的数据可视化模板。用户只需要把数据导入模板中，并设置好相应的速度、颜色、图标等信息，即可完成可视化图表的制作。绘制完成的可视化图表可以被直接发布或者嵌入网页或 PPT 中。免费可视化的在线 Flash 网站 Flourish 如图 15.4 所示。

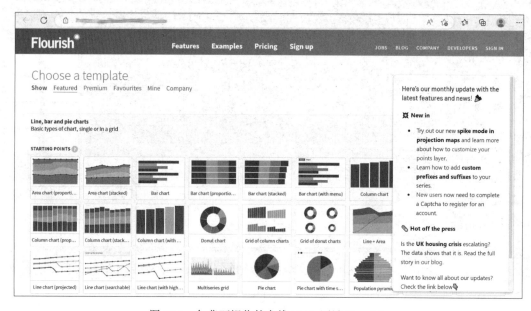

图 15.4　免费可视化的在线 Flash 网站 Flourish

该网站提供了一些可以直接看到图表效果的可视化图表示例，如图 15.5 所示。

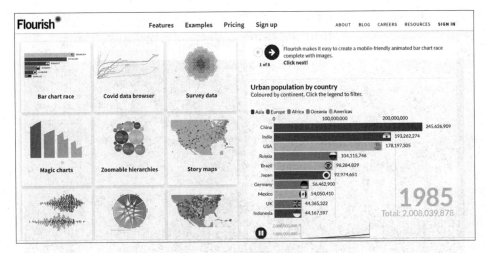

图 15.5　Flourish 可视化图表示例

2. 软件类

1）FineBI

FineBI 是帆软软件有限公司提供的一站式大数据商业智能解决方案，作为一款国产的大数据商业智能分析平台，能够实现报表开发、商业智能分析、数据可视化及数据集成功能。FineBI 用于制作各种复杂报表，搭建数据决策分析系统，其操作简便，只需通过拖曳就能自动生成图表，带有智能图表推荐功能，内置的可视化图表丰富，便于制作可视化仪表板或可视化大屏。FineBI 可以全链路、高时效地处理各种数据，打破"数据孤岛"，轻松制作管理驾驶舱，进行可视化经营决策监控。与 Tableau 相比，FineBI 更偏向企业级应用，侧重业务数据的快速分析及可视化展现。

FineBI 的个人版是免费的，功能与企业版一样，便于个人学习。FineBI 效果图如图 15.6 所示。

图 15.6　FineBI 效果图

FineBI 提供操作简单、交互性强、效果炫酷的数据可视化探索和分析功能。用户只需要进行简单的拖曳操作来选择自己需要分析的字段，就可以即时观察数据的规律。FineBI 的下钻、上卷、旋转、切片、联动等 OLAP 多维分析功能，可以帮助用户迅速地洞察数据背后的问题。FineBI 支持众多图表类型和样式，可以打造出炫酷的可视化效果，让用户的数据以更生动、更有冲击力的方式展示出来。FineBI 可视化功能效果图如图 15.7 所示。

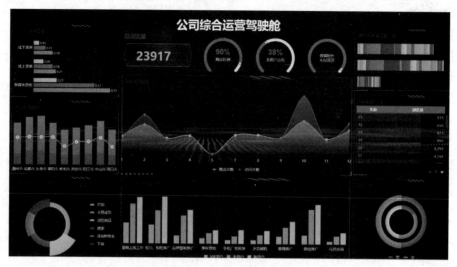

图 15.7　FineBI 可视化功能效果图

2）Tableau

Tableau 是全球知名度很高的数据可视化工具，其功能强大，图表设计简洁明了、个性化程度高，易用性和交互性强。Tableau 强大的数据发现和探索程序，在数分钟内可以完成数据连接和可视化。Tableau 将数据运算与美观的图表完美地结合在一起，可以在软件、网页甚至移动设备上浏览这些图表，也可以将这些图表嵌入报告、网页或软件中，灵活性非常高。Tableau 可以直接连接 Excel、文本、JSON、Access 数据库、PDF、空间文件；也可以连接主流的数据库服务器，如 MySQL、Oracle、Hadoop、MongoDB 等。

Tableau 可以在云端创建、编辑和共享可视化图表，随时随地准备连接和管理数据，可供团队进行合作分析。

Tableau 中文网站页面如图 15.8 所示。

图 15.8　Tableau 中文网站页面

3）Power BI

Power BI 是一套基于云的商业数据分析和共享工具，该工具易于使用，可以把复杂的数据转换为简洁的视图，可以帮助用户获得更深入的数据见解。Power BI 可以连接数百个数据源，简化数据准备工作并提供即时分析功能。Power BI 可以创建可视化交互报告，生成报表并进行发布，供组织机构在 Web 网站和移动设备上使用。用户可以创建个性化仪表板，获得针对其业务的全方位独特见解。

Power BI 适合中小企业的企业级商业智能工具，可以进行自助式敏捷商业智能分析和数据可视化展现，轻松满足大屏可视化与移动应用的要求。

Power BI 中文网站页面如图 15.9 所示。

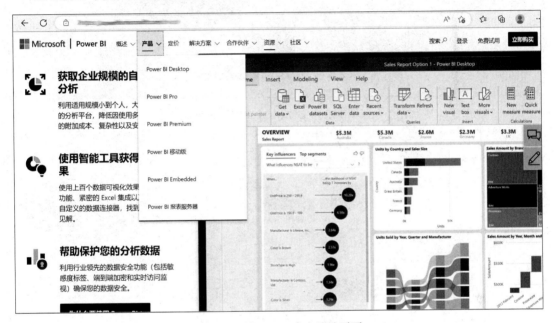

图 15.9　Power BI 中文网站页面

15.2.2　开发工具类

ECharts 是一个基于 JavaScript 的开源可视化图表库，可以流畅地运行在 PC 和移动设备上，兼容当前绝大部分浏览器（如 IE6/7/8/9/10/11、Chrome、Firefox、Safari 等），底层依赖轻量级的 Canvas 类库 ZRender，提供直观、生动、可交互、可高度个性化定制的数据可视化图表。ECharts 最初由百度开发团队制作，2018 年被开源并交给 Apache 基金会管理，成为 ASF 孵化级项目。2021 年 1 月 28 日，ECharts 5 线上发布会举行。

ECharts 中文网站页面如图 15.10 所示。

ECharts 提供了常规的折线图、柱形图、饼图、散点图、地理坐标/地图、K 线图、雷达图，用于统计的盒须图，用于地理数据可视化的地图、热力图、路径图，用于关系数据可视化的关系图、树图、旭日图、矩形树图等，用于多维数据可视化的平行坐标系，用于商业智能分析的漏斗图、仪表板，以及桑基图、象形柱图、主题河流图、日历坐标系等图例，并且支持图与图之间的混合使用。ECharts 图表示例效果图如图 15.11 所示。

图 15.10　ECharts 中文网站页面

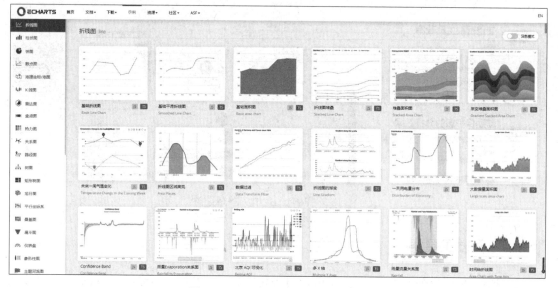

图 15.11　ECharts 图表示例效果图

15.2.3　专业图表类

1. 数据地图

在实际工作中，我们可能会碰到这种情况——数据与地名有关，这时虽然能用 Excel 的图表来表示，但如果能将数据和地图结合起来，将会得到更好的效果。使用地图来分析和展示与位置相关的数据，比在 Excel 中单纯地使用数字更为明确和直观，让人一目了然。

数据地图是解决此类问题的一种地理数据表达方式。制作数据地图的方法有很多，上面介绍的软件类工具 FineBI、Tableau 或开发工具类工具 ECharts 都能用于制作数据地图。用户上传包含位置信息的 Excel 表格后，只需通过简单的操作即可制作专业级的各种数据地图。

大数据可视化工具 FineBI 支持制作各类三维可视化数据图表，配合使用其自主研发的 70 多种图表样式可以提供酷炫的在线数据可视化效果。借助 FineBI 提供的自助式商业智能分析大屏，许多国产数据地图或专业制作公司可以完成数据地图制作，比如，北京优锘科技有限公司的物联网三维可视化开发平台 ThingJS 和 ThingJS 的 CityBuilder 系统可以辅助使用者快速生成地图指定范围内建筑的三维模型。

2．时间轴

时间轴是指通过互联网技术，依据时间顺序，把一方面或多方面的事件串联起来，形成相对完整的记录体系，再使用图文结合的形式呈现给用户。时间轴可以被运用于不同领域，最大的作用是把过去的事物系统化、完整化、精确化。

国产软件亿图工具中有专业的时间轴绘制软件，其中包括海量的模板、符号素材，支持拖曳操作，可以实现零基础快速绘制时间轴，涵盖 280 多种办公绘图类型。亿图时间轴绘制示例如图 15.12 所示。

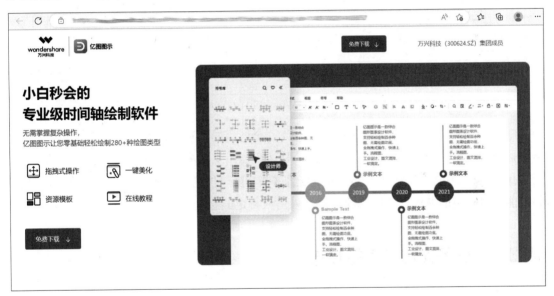

图 15.12　亿图时间轴绘制示例

3．金融图表

如果想要在网页上呈现实时金融数据，如股票 K 线图，则开发人员需要使用支持时间序列和密集型数据的特殊图表库。

WijmoJS 是一款前端开发工具包，由 80 多种基于 HTML5、支持跨平台的高性能 UI 组件（如表格组件、图表组件、数据分析组件、导航组件和金融图表组件等）构成，完美兼容原生 JavaScript，支持 Angular、React、Vue 等前端框架，用于企业级 Web 应用程序的快速开发和构建。

WijmoJS 的金融图表组件能够创建股票趋势可视化界面。金融图表可以通过趋势线、过滤器、范围选择器及注解进行分析，并且只需少量代码就能轻松实现。它是一个纯前端的金融图表，提供了全方位服务的控件，几乎可以满足金融行业图表制作的所有需求。

WijmoJS 属于商业化产品，可以通过其官网了解和学习相关知识。WijmoJS 官网首页如图 15.13 所示。

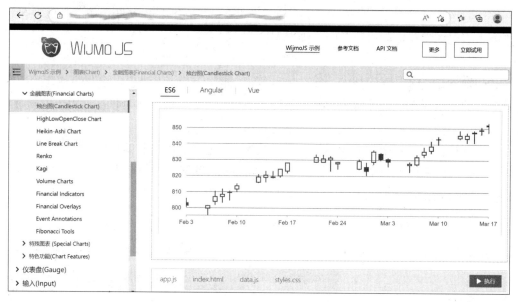

图 15.13　WijmoJS 官网首页

ECharts 确实支持 K 线图的制作，但作为一个通用的可视化图形库，它可能不完全满足金融行业特定的图形需求。例如，ECharts 默认可能不支持多窗口指标、十字光标联动、区间选择、画图工具等高级金融分析功能。虽然这些功能可能通过定制开发或插件的方式实现，但可能需要一定的编程工作和修改代码，以适应特定的金融应用场景。

15.3　数据可视化的常用方式

数据可视化的常用方式有面积及尺寸可视化、颜色可视化、地域空间可视化、图形可视化、概念可视化等。其中，面积及尺寸可视化经常通过柱形图、折线图、饼图、散点图、雷达图、箱型图、桑基图等来展现，颜色可视化可通过热力图来展现。

15.3.1　面积及尺寸可视化

面积及尺寸可视化是指在进行数据可视化的过程中，对同一类图形（如圆环）的长度、高度或面积进行区分，以清晰地表达不同指标所对应的值之间的区别。

面积及尺寸可视化可以让用户或浏览者对数据及数据之间的区别一目了然。在制作这类数据可视化图形时，需要使用数据公式进行计算，并根据计算结果表达准确的尺寸比例。

1. 柱形图

柱形图是由一系列宽度相等的纵向矩形条组成的图表,它使用矩形条的高度来表示数据的大小,并以此反映不同分类数据之间的差异。在实际应用中可以加入颜色进行区分,能够实现很好的对比效果。如图 15.14 所示,柱形图展示了男性和女性网购物品的类别和数量对比,并且通过柱形图数值高度或尺寸比例及颜色区分,增强了用户对可视化数据的理解。

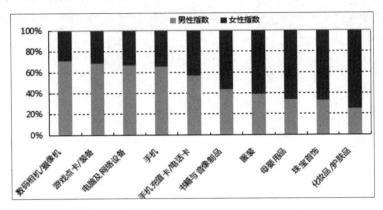

图 15.14　男性和女性网购物品的类别和数量对比

2. 雷达图

雷达图是通过多个离散属性来比较对象的最直观的工具。图 15.15 所示的基金经理业绩评分雷达图,通过 5 个不同的离散属性展示了基金经理的综合能力。

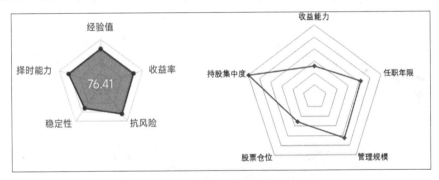

图 15.15　基金经理业绩评分雷达图

3. 桑基图

桑基图主要用来反映信息的变化和流动状态,是一个用来描述某维度值"流动"到其他维度的流动图表,适用于路径和流量分析。桑基图适合的应用场景包括监控用户的跳转去向、货物的外贸出口状况等。桑基图的数值总量通常是不变的,包含起点和终点的维度,而维度的长短则代表其包含的数值总量(权重)。

应用中还有一类与桑基图相关的图表,叫作弦图。弦图是将环形关系图和桑基图结合的图表,表示结构之间的依赖关系和强度,使用的连接线段不再是粗细统一的,而是具有粗细比例标识的,且维度之间的长度也有标识。

不同国家人口的流动桑基图如图 15.16 所示,人以不同的数量比例(数值)移动到不同的国家(维度)。

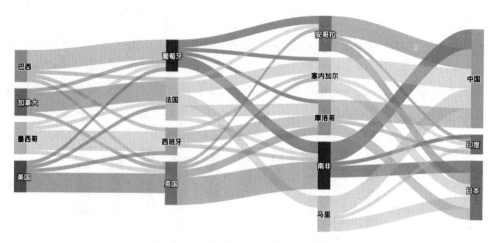

图 15.16　不同国家人口的流动桑基图

15.3.2　颜色可视化

颜色可视化是指用不同的颜色表达不同的指标，或者用颜色的深度表示指标值的强度和大小，是数据可视化设计中常用的方法。配色方案在颜色可视化的过程中也很重要，只要搭配得当，凸显效果和可视化效果就会比较明显，可以让用户清晰地看到哪部分的指标值更加突出，让数据的说服力更强。

颜色可视化的典型示例就是热力图。热力图是以特殊高亮的形式显示访客热衷的页面区域和访客所在的地理区域的图示。热力图主要通过色彩变化来显示数据，适合用来交叉检测多变量的数据。检测方法是先将变量放置到行和列中，再将表格内的不同单元格着色。网页单击热力图的高亮区域即用户单击次数最多的区域，可以直观、清楚地显示页面上每个区域的访客兴趣焦点，如图 15.17 所示。例如，用户在访问网站或 App 时被记录下来的相关数据就是用户行为分析的数据源之一。热力图可以显性、直观地将网页流量数据分布通过不同的颜色区块呈现出来，给网站网页优化、改进与调整提供有力的参考依据，从而提高用户体验。

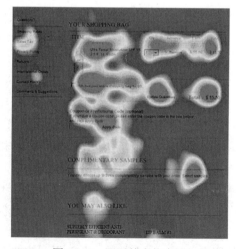

图 15.17　网页单击热力图

15.3.3　地域空间可视化

地域空间可视化主要是指结合地理位置数据（也可以和颜色可视化相结合），当指标数据的主体与区域相关时，一般搭配地图使用或选择地图作为背景。用户可以直观地了解整体的数据情况，也可以根据地理位置快速定位某个区域并查看详细数据，同时，结合商业智能工具实现下钻、上卷、旋转、切片、联动等 OLAP 多维分析功能，可以迅速地洞察数据背后的问题。

地域空间可视化的典型示例之一是招聘数据可视化。这一过程通常涉及对 51Job 或智联招聘等网站的数据进行爬取和统计分析，并将分析结果以直观、易于理解的形式展现出来。这样不仅可以展示不同地域的招聘需求、人才流动趋势，还能为招聘方和求职者提供有价值的参考信息。

15.3.4　图形可视化

在图形可视化的过程中，结合使用具有实际含义的图形与精心设计的指标和数据，可以使数据图表的展示结果更生动且富有表现力。这样做不仅能突出表达的主题，还能增强图表的最终效果，从而使用户更容易理解图表所要传达的信息和主题。因此，为了确保图表的有效性和用户友好性，我们应当注重图形、指标和数据的协同设计，以提供更直观、易懂的视觉效果。

15.3.5　概念可视化

概念可视化通过将抽象的指标数据转换为用户熟悉的、直观的、易于理解的图形或数据，使用户能够更快速地把握和领悟数据所要传达的含义与意义。这种方式有助于将复杂的数据转换为简单明了的视觉形式，提高用户的认知效率。

以环保宣传为例，概念可视化被广泛应用。比如，将一次性筷子的每年使用数量转换为具体的地标性建筑物模型，或者折算为需要砍伐的竹子和树木的数量；将公共洗手间每年使用的擦手纸数量以堆积的形式展现并计算出高度，与地标性建筑物的高度进行对比，或者折算为相应数量的树木。这样的展示方式可以形成生动的视觉对比，使得数据更具冲击力，更容易引起人们的关注和思考。概念可视化通过数据量的对比，可以比较生动地解释概念，使概念更容易理解。

概念可视化通过对比和具象化的方式生动地解释了相关概念，使用户能够更直观地理解数据的规模和影响，从而提高对环保问题的认识和重视程度。这种方法不仅提高了信息的传播效率，也有助于推动公众对于环保问题的关注和行动。

第 16 章

综合实践

为了方便实践和学习，读者可以选择一些公开数据集网站，针对自己感兴趣的领域找到相应的数据集进行分析，并结合实践需求进行下载。基于前面学习的技术，结合下载的公开数据集，读者可以自行拟定实践课题，完成通用的业务需求分析、系统设计、系统编码和系统测试。

16.1 公开数据集网站和数据集

下面提供一些公开的综合类数据集网站和数据集，读者可以从中查找感兴趣的数据集，进行下载、学习和实践。

1. 天行数据

天行数据是一个致力于为个人和企业用户提供更标准、简洁、高效的应用数据解决方案的平台。截至 2021 年 3 月，天行数据平台陆续上线了 230 多种接口，涵盖新闻资讯、生活服务、娱乐应用、金融科技、知识问答、数据智能 6 个类型的服务，以及互联网各个方面的数据。

2. 聚数力

聚数力是一个数据应用的认知体系平台，旨在让每个人拥有数据应用的能力。该平台提供数据科学在各领域（场景）中的应用范式、理论知识和实践工具，其内容源于用户分享，而非平台直接提供。

3. MovieLens 数据集

MovieLens 数据集是由 GroupLens 项目组制作的公开数据集，是推荐系统领域最为经典的数据集之一。

MovieLens 是一系列数据集的统称，可以根据创建时间、数据集大小等划分为若干个子数据集。例如：

- MovieLens 100k Dataset：MovieLens 10 万次电影评分数据集，表示 1000 名用户对 1700 部电影的 10 万次评分。
- MovieLens 1M Dataset：MovieLens 100 万次电影评分数据集，表示 6000 名用户对 4000 部电影的 100 万次评分。
- MovieLens 10M Dataset：MovieLens 1000 万次电影评分数据集，表示 72000 名用户

对 10000 部电影的 1000 万次评分和 10 万个标签。

- MovieLens 20M Dataset：MovieLens 2000 万次电影评分数据集，表示 13.8 万名用户对 2.7 万部电影的 2000 万次评分和 46.5 万个标签，其中包括 1100 个标签的 1200 万个相关性得分的标签电影题材数据。

- MovieLens 25M Dataset：MovieLens 2500 万次电影评分数据集，表示 16.2 万名用户对 6.2 万部电影的 2500 万次评分和 100 万个标签，其中包括 1129 个标签的 1500 万个相关性得分的标签电影题材数据。

- MovieLens Latest Datasets：包含 Small 和 Full 两个类别，其中 Small 类别表示 600 名用户对 9000 部电影的 10 万次评分和 3600 个标签；Full 类别表示 28 万名用户对 5.8 万部电影的 2700 万次评分和 110 万个标签，其中包括 1100 个标签的 1400 万个相关性得分的标签电影题材数据。

除上述数据集网站和数据集外，前面章节提到的北京市公共数据开放平台、中国国家统计局网站等也都是很好的数据集来源渠道。

16.2 MovieLens 数据集介绍

这里选择下载 MovieLens 数据集进行应用实践和学习。下载 ml-1m.zip 文件，将其解压缩之后，可以得到 README、ratings、movies、tags 等文件。

1．README
README 文件描述了数据集的相关信息。

2．ratings
ratings 文件描述了每名用户对每部电影的评分。

- userId：表示用户编号，范围为 1～138 493。
- movieId：表示电影编号，范围为 1～193 886。
- rating：表示用户对电影的评级，范围为 1～5，包括小数。
- timestamp：表示时间戳，以秒为单位。

3．movies
movies 文件描述了电影的详细信息。

- movieId：表示电影编号，范围为 1～193 886。
- title：表示电影名称，由 IMDB（Internet Movie Database，因特网电影数据库）提供，包括发行年份。
- genres：表示电影题材，多种题材之间用 "|" 隔开。

4．tags
tags 文件描述了每名用户为每部电影打的标签。

- userId：表示用户编号。
- movieId：表示电影编号。
- tag：表示用户打的标签。

● timestamp：表示时间戳，以秒为单位。

每部电影都包括电影海报、电影名称、IMDB 网站的超链接及星星评分的内容。

我们需要对下载的数据集进行详细分析和数据理解，比如掌握数据存储类型，如 CSV、dat、TXT 等；了解数据之间的分隔符，如逗号、空格等。由于文本文件、dat 和 JSON 格式的数据不方便分析或者无法分析，这时就需要解决如何转换存入数据库的问题。数据集的数据量比较大，一些无效数据无法用肉眼识别，需要通过工具、编写代码或脚本进行验证和处理。

16.3　业务需求

下面基于 MovieLens 数据集完成一个面向用户的个性化电影推荐系统。该系统需要实现前端展现和服务端管理的功能。前端展现主要包括电影展示、电影分类展示、历史热门和近期热门电影排序显示、收藏电影排序显示、时间排序电影显示、评分排序显示、Top$N$（最热）电影显示、电影检索和管理、电影推荐等功能。根据用户对电影进行的打分、打标签等行为，给用户推荐用户感兴趣的电影。服务端管理主要包括用户信息管理、电影分类管理、电影信息管理、电影评分管理、电影评价管理等功能。

本项目的代码实现部分以基于 Spark 的功能为核心，来完成需求分析和系统设计，所实现的个性化电影推荐系统具有以下功能。

1．用户登录和注册

普通用户可以浏览电影信息，所有用户只有注册并且登录系统之后才能提交对电影的评分。系统注册页面主要包含用户名、电子邮箱和密码。在用户第一次登录时，会弹出电影类别页面，供用户选择感兴趣的电影类别，完成相关类别电影的检索；在用户第二次登录时，会根据用户的兴趣类别进行电影推荐。

2．电影检索功能

系统主页面提供电影检索功能，由电影信息查询服务通过连接数据库实现对电影信息的查询操作。用户在首次登录时，可以选择不同类别的标签进行数据的过滤和提取，并通过 ElasticSearch 实现对电影的模糊检索等个性化的检索。

3．电影详情展示页面

用户根据推荐的电影信息列表单击电影名称，就会链接到 IMDB 网站，可以浏览电影详情展示页面。

4．用户电影评分和打标签

完成注册和登录的用户可以对电影进行评分，也可以为电影打上自己的标签，同时可以看到其他用户为电影打的标签。系统会收集用户对每部电影的评分和打的标签。

5．离线数据统计

结合系统中的电影相关数据进行统计，可以分析出历史热门电影、近期热门电影、电影平均评分和 Top$N$ 电影。

● 历史热门电影：根据历史数据统计评分次数最多和平均分较高的电影，也可以考虑根据用户收藏和评论的次数进行统计。

- 近期热门电影：根据电影上映时间，统计最新上映的评分最高的电影，也可以考虑根据用户收藏和评论的次数进行统计。
- 电影平均评分：统计每部电影的所有评分的平均分。
- Top*N* 电影：按照评分人数大于 100 且评分排名靠前的电影进行排序。可以对新注册的、没有任何观影记录的用户推荐 Top*N* 电影。

6．电影推荐功能

推荐系统是指通过分析用户的历史行为数据，完成用户的个性化建模，从而主动给用户推荐能够满足他们兴趣和需求的信息的软件系统。注册用户在第一次登录时没有历史记录数据，此时系统会弹出电影类别页面，供用户选择其感兴趣的电影类别，并根据用户所选类别筛选出电影列表以供用户浏览。如果用户是老用户（非第一次登录的用户），则系统会根据用户感兴趣的类别和历史的浏览/观看记录进行电影推荐。

- 离线推荐：离线推荐功能是指从数据库中加载数据，通过 ALS 算法对电影评价表的数据进行计算，得出电影特征矩阵，并将用户推荐结果矩阵、影片相似度矩阵回写到数据库中。在提取用户的电影特征时，必须有对应的数据，如电影表、用户表、用户评价表。之后，通过电影特征矩阵计算得出同类型电影中最相似的几个电影，并保存到数据库中。
- 实时推荐：系统根据用户的实时评分动态更新推荐结果来满足用户的近期需求。从运行日志中读取日志更新信息，通过过滤处理的方法获取用户评分日志，将用户评分数据流和存储在数据库中的用户最近评分数据提交给实时推荐算法，并在完成对用户新的推荐结果的计算后，将新的推荐结果和业务数据库中的推荐结果合并。

16.4　技术方案

系统实现架构如图 16.1 所示。

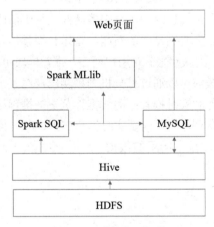

图 16.1　系统实现架构

1．底层数据存储方案

在大数据应用中，处理的数据集通常包含大量数据，特别是在以 CSV 或 TXT 格式存储数据时，数据量可能高达上万甚至上亿条。为了有效管理这些大规模数据集，可以采用 HDFS 作为分布式文件系统，提供高效的数据存储和高并发访问功能。Hive 是一个构建在 Hadoop 上的数据仓库工具，可以方便地对数据进行查询和分析。Hive 提供了 SQL 界面和命令行接口，可以轻松地查询和分析存储在 HDFS 上的数据。MySQL 则是一个关系数据库，用于存储和管理结构化数据。将数据存储在 MySQL 中，可以方便地进行数据挖掘和分析，并与 Hive 进行集成，实现数据的联合查询和分析。结合实际应用需求，本应用使用 HDFS+Hive+MySQL 的组合来管理和处理大规模数据集。这种组合方式能够提供高效的数据存储、查询和分析功能，适用于各种大数据应用的需求。

在处理 MovieLens 数据集时，首先通过网站下载原始数据，然后进行整理和清洗。对于整理后的数据，可以先通过前面章节介绍的工具软件 WinSCP 将其上传到 CentOS 本地，然后通过 HDFS 操作指令将其上传到 HDFS 集群中。若数据量特别大，则可以使用 Sqoop 工具来完成数据的导入和转换。

2．数据处理

数据处理、数据应用和数据展示所用的工具如下。

- 数据处理：Spark SQL（离线）、Spark Streaming（实时）、Hive 数据仓库。
- 数据应用：Spark MLlib。
- 数据展示：Web 页面（Vue）、Tableau 或 ECharts。

3．数据处理流程

数据处理流程包括采集或抽取用户和电影交互数据、进行 ETL 处理、进行模型训练、形成推荐模块、进行推荐展示，如图 16.2 所示。

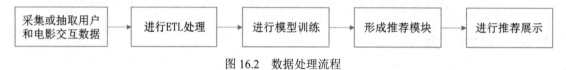

图 16.2　数据处理流程

- 模型训练：负责产生模型，以及寻找最佳的模型。
- 推荐模块：推荐模块已经被广泛应用在很多商业应用中，比如电商网站中的商品推荐，新闻网站、音频网站、视频网站中的新闻、音乐、视频推荐等。推荐模块的核心功能是把用户和信息（电影）关联起来。对用户而言，推荐模块可以帮助自己找到喜欢的电影，进行辅助决策。推荐模块可以通过打分机制预测用户对某个他没有看过的电影的喜爱程度。推荐包括离线推荐和实时推荐：离线推荐负责把推荐结果存储到系统中；实时推荐负责产生实时的消息队列，并且消费实时消息产生推荐结果，最后存储在系统中。
- 推荐展示：负责展示项目中所用的数据。

16.5　系统实现

系统实现主要分为前端网站的实现（Spring+Spring MVC+MyBatis+Vue）、后台管理的实现（Spring+Spring MVC+MyBatis）和推荐系统的实现。下面主要讲解核心功能的实现思路，包括下载数据集、上传数据、导入数据和 Spark 数据分析等功能。

16.5.1　下载数据集

访问数据集下载网站，查看数据集列表，如图 16.3 所示，选择需要的数据集进行下载。

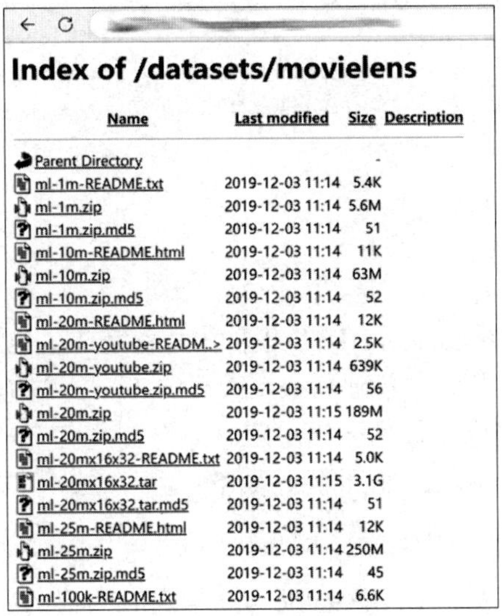

图 16.3　数据集列表

ml-latest 数据集内容如图 16.4 所示。

图 16.4　ml-latest 数据集内容

movies.csv（电影详细信息）文件中包含 movieId（电影编号）、title（电影名称）、genres（电影题材）信息。

ratings.csv（用户打分信息）文件中包含 userId（用户编号）、movieId（电影编号）、rating（用户对电影的评级）、timestamp（时间戳）信息。

16.5.2　上传数据

使用 WinSCP 工具将 movies.csv 和 ratings.csv 两个 CSV 文件上传到虚拟机中，在 HDFS 集群中构建项目空间目录，分别存储不同类别的数据，并使用 put 命令将数据上传到 HDFS 集群中，代码如下：

```
hdfs dfs -mkdir -p /input/moviesPro    #在HDFS集群中构建项目空间目录
hdfs dfs -rm -r /input/moviesPro/movietable    #若已经存在movietable表，则将其删除
```

283

```
hdfs dfs -mkdir -p /input/moviesPro/movietable  #创建 movietable 表
hdfs dfs -rm -r /input/moviesPro/ratingtable  #若已经存在 ratingtable 表，则将其删除
hdfs dfs -mkdir -p /input/moviesPro/ratingtable  #创建 ratingtable 表
#上传电影详细信息
hdfs dfs -put movies.csv  /input/moviesPro/movietable
#上传电影评分信息
hdfs dfs -put ratings.csv  /input/moviesPro/ratingtable
#上传成功后，可以通过浏览器或相关命令查看数据上传是否成功
```

16.5.3　导入数据

1．创建 Hive 外部表

前文使用 put 命令将数据上传到 HDFS 集群中，就完成了电影详细信息和电影评分信息的上传。以下代码将创建电影信息基础表 rawmoviestable，目的是将外部 HDFS 数据映射成 Hive 数据库的外部表，并与原始数据一一对应。

（1）创建 Hive 数据库 movies_db 的代码如下：

```
create database if not exists movies_db;
```

（2）创建电影详细信息表 rawmovietable（外部表）的代码如下：

```
use movies_db
drop table if exists rawmoviestable;
create external table rawmovietable
(
movieId int,
title string,
genres string
)
row format delimited fields terminated by ','
stored as textfile
location ' /input/moviesPro/movietable';
```

location 关键字一般与外部表一起使用，用来指定外部 HDFS 数据的位置，以确保 Hive 能够访问这个位置的数据。在一般情况下，Hive 元数据默认存储在 hive.metastore.warehouse.dir 文件夹中。

使用 location 关键字可以避免移动 HDFS 上的数据文件，直接通过外部表访问原始数据。注意，外部表指向其存储的任何 HDFS 位置，而不是 configuration 属性指定的文件夹 hive.metastore.warehouse.dir。

location 关键字的适用场景：数据已经被存储在 HDFS 上，不能移动位置了，就需要通过这个关键字让表可以直接读取 HDFS 数据。需要注意的是，在创建表时，应该让表变成外部表。

创建电影评分信息表 rawratingtable（外部表）的代码如下：

```
#创建电影评分信息表 rawratingtable，将外部 HDFS 数据映射为 Hive 数据库中的外部表，通过 location
关键字直接读取 HDFS 数据
create external table rawratingtable
(
userId int,
movieId int,
```

```
rating double,
timeDate string
)
row format delimited fields terminated by ','
stored as textfile
location '/input/moviesPro/ratingtable';
```

其中，timestamp 字段是 Hive 的保留字段，在执行时会报错，需要使用反引号将其包裹起来或者修改字段名，这里修改字段名为 timeDate。

2. 将数据导入 Hive 数据库

在配置 Hive 支持事务时，需要修改 hive-site.xml 文件。

Hive 默认不支持事务，即不允许对数据进行增删改查等操作，我们需要进行数据清洗，即修改和删除数据，所以需要配置 Hive 支持事务，方便使用 SQL 脚本完成数据的清洗工作。

（1）创建具有 ACID 功能的 movietable 表，代码如下：

```
drop table if exists movietable;
create table movietable(
 movieId int,
 title string,
 genres string
)
row format delimited
fields terminated by '\t'
stored as ORC
TBLPROPERTIES('transactional'='true');
```

（2）动态加载数据，在加载数据时可以进行数据转换或处理，实现数据清理，代码如下：

```
insert into table movietable
select movieId,title, genres
from rawmovietable ;
```

（3）创建具有 ACID 功能的 ratingtable 表，代码如下：

```
drop table if exists ratingtable;
create table ratingtable(
 userId int,
 movieId int,
 rating double,
 timeDate string
)
row format delimited
fields terminated by '\t'
stored as ORC
TBLPROPERTIES('transactional'='true');
```

（4）动态加载数据，在加载数据时可以进行数据转换或处理，实现数据清理，代码如下：

```
insert into table ratingtable
select userId,movieId,rating, timeDate
from rawratingtable ;
```

（5）获取 70%升序排列数据，形成训练模型，代码如下：

```
drop table if exists trainingData
```

```
create table trainingData (userId int,movieId int,rating double)
row format delimited
fields terminated by '\t'
stored as ORC
TBLPROPERTIES('transactional'='true');
```

（6）动态加载数据，在加载数据时可以进行数据转换或处理，实现数据清理，代码如下：

```
insert into table trainingData
select userId,movieId,rating
from rawratingtable order by timestamp asc ;
```

（7）获取 30%降序排列数据，形成训练模型，代码如下：

```
drop table if exists testData
create table testData (userId int,movieId int,rating double)
row format delimited
fields terminated by '\t'
stored as ORC
TBLPROPERTIES('transactional'='true');
```

（8）动态加载数据，在加载数据时可以进行数据转换或处理，实现数据清理，代码如下：

```
insert into table testData
select userId,movieId,rating
from rawratingtable order by timestamp desc ;
```

（9）创建 behaviortable 表，将电影评分信息和电影详细信息合并，代码如下：

```
create table behaviortable as
select B.userid, A.movieid, B.rating, A.title
from movietable A
join ratingtable B
on A.movieid == B.movieid;
```

16.5.4　Spark 数据分析

1. 构建电影分析类 movieAnalysis.scala

movieAnalysis.scala 类的实现代码如下：

```scala
package com.bigdatatech
import org.apache.log4j.{Level, Logger}
import org.apache.spark.sql.{DataFrame, SparkSession}
object movieAnalysis {
  Logger.getLogger("org").setLevel(Level.ERROR)
  //声明 SparkSession 对象
  val spark = SparkSession.builder()
    .appName("analysis_10_23")
    .config("spark.sql.warehouse.dir", "/hive/warehouse") //使 Spark 与 Hive 集成
    .enableHiveSupport()
    .master("local[2]")
    .getOrCreate()
  var ip = "192.168.1.180" //服务器的 IP 地址
  def main(args: Array[String]): Unit = {
    if (args == null || args.length < 1) {
      println("至少传递 1 个参数 IP 地址")
```

```
        return  //程序终止
    }
    ip = args(0)
    //电影评价最高
    movieAverageAnalysis()
    //历史热门电影统计
    rateMoreAnalysis()
}
```

//离线统计服务从 MySQL 中加载数据，将电影平均评分统计、历史热门电影统计、电影评分个数统计 3 个统计算法进行实现，并将计算结果回写到 MySQL 中；离线推荐服务从 MySQL 中加载数据，通过 ALS 算法分别将用户推荐结果矩阵、影片相似度矩阵回写到 MySQL 中

//电影平均得分统计：根据历史数据中所有用户对电影的评分，周期性地计算每个电影的平均得分

```
def movieAverageAnalysis(): Unit = {
    //1) df 是一个 DataFrame 对象，从 Hive 中加载数据
    val df = spark.table("movies_db.rating_table") //Hive 数据库名.表名
    //2) 创建一个临时视图（Temporary View），AverageMoviesScore 是创建的临时视图的名称
    df.createOrReplaceTempView("AverageMoviesScore")
    //临时视图是 Spark SQL 中的一种机制，它允许用户为 DataFrame 定义一个名称，然后使用这个名称来
执行 SQL 查询。下面代码执行了一个 SQL 查询，用来计算每个电影的平均评分，并将结果存储在一个新的 DataFrame 中
    val resultDF = spark.sql("select movieId, avg(rating) as avg from
rating_table group by movieId")
    //3) 进行结果的写入
    saveToMySQL(resultDF, "AverageMoviesScore", "电影平均得分统计---->写入成功！")
}
```

//历史热门电影统计：根据所有历史评分数据计算历史评分次数最多的电影。读取评分数据集，统计评分次数最多的电影，然后按照从大到小排序，将最终结果写入 MySQL 的 RateMoreMovies 数据集中

```
def rateMoreAnalysis(): Unit = {
    //1) 从 Hive 中加载数据
    val df = spark.table("movies_db.rating_table") //Hive 数据库名.表名
    //2) 进行数据的提取
    df.createOrReplaceTempView("RateMoreMovies")
    val resultDF = spark.sql("select movieId, count(movieId) as count from
rating_table group by movieId")
    //3) 进行结果的写入
    saveToMySQL(resultDF, "RateMoreMovies", "历史热门电影统计---->写入成功！")
}
```

//分析结果的存储，参数 df 是需要存储的 DataFrame，参数 tableName 是存储到 MySQL 的表名
// 参数 msg 是执行完成后输出的消息

```
def saveToMySQL(df: DataFrame, tableName: String, msg: String): Unit = {
    //配置连接 MySQL 的参数
    val url = "jdbc:mysql://" + ip +
":3306/movies_db?characterEncoding=utf8&serverTimezone=Asia/Shanghai&useSSL=false"
    val props = new java.util.Properties()
    props.put("user", "root")
    props.put("password", "Rootroot123") //mySQL 的 root 用户密码
    props.put("driver", "com.mysql.cj.jdbc.Driver")
    //执行写入操作
    df.repartition(1).write.mode("overwrite").jdbc(url, tableName, props)
    //输出消息
    println(msg)
}
```

2．3 个资源配置文件

在 resources 文件夹中引入 3 个资源配置文件，分别是 core-site.xml、hdfs-site.xml 和 hive-site.xml。

（1）core-site.xml 配置文件的代码如下：

```xml
<configuration>
    <!-- 指定集群的访问地址-->
    <property>
        <name>fs.defaultFS</name>
        <value>hdfs://hadoop01:9000</value>
    </property>
    <!-- 指定 Hadoop 在运行时产生的文件的存储位置-->
    <property>
        <name>hadoop.tmp.dir</name>
        <value>/opt/model/hadoop-3.2.1/tmp</value>
    </property>
    <!--配置 Hadoop 用户的权限-->
    <property>
        <name>hadoop.proxyuser.hadoop.hosts</name>
        <value>*</value>
    </property>
    <!--配置 Hadoop 组的权限-->
    <property>
        <name>hadoop.proxyuser.hadoop.groups</name>
        <value>*</value>
    </property>
    <!--fs 的 umask-mode 默认为 022，将其修改为 000-->
    <property>
        <name>fs.permissions.umask-mode</name>
        <value>000</value>
    </property>
</configuration>
```

（2）hdfs-site.xml 配置文件的代码如下：

```xml
<configuration>
    <!--文件存储在 HDFS 上的副本数量-->
    <property>
        <name>dfs.replication</name>
        <value>1</value>
    </property>
    <!--HDFS Web 监听端口的默认端口为 50070-->
    <property>
        <name>dfs.namenode.http-address</name>
        <value>hadoop01:9870</value>
    </property>
    <!--NameNode 数据存储路径-->
    <property>
        <name>dfs.namenode.name.dir</name>
        <value>/opt/model/hadoop-3.2.1/dfs/name</value>
    </property>
    <!--DataNode 数据存储路径-->
    <property>
        <name>dfs.datanode.data.dir</name>
        <value>/opt/model/hadoop-3.2.1/dfs/data</value>
    </property>
</configuration>
```

（3）hive-site.xml 配置文件的代码如下：

```
        <!--在非严格模式下，所有分区都允许是动态的-->
        <name>hive.exec.dynamic.partition.mode</name>
        <value>nonstrict</value>
        </property>
        <property>
            <!--Hive 的锁管理器-->
            <name>hive.txn.manager</name>
            <value>org.apache.hadoop.hive.ql.lockmgr.DbTxnManager</value>
        </property>
        <property>
            <!--是否在 Metastore 实例上运行 initiator 和 cleaner 进程-->
            <name>hive.compactor.initiator.on</name>
            <value>true</value>
        </property>
        <property>
        <!--每个 Metastore 中的 Worker 数量决定了有多少个任务运行在 Metastore 实例中-->
            <name>hive.compactor.worker.threads</name>
            <value>1</value>
        </property>
</configuration>
```

3. 在 Pom.xml 配置文件中引入依赖

在 Pom.xml 配置文件中引入依赖的代码如下：

```
<?xml version="1.0" encoding="UTF-8"?>
<project xmlns="http://maven.apache.org/POM/4.0.0"
        xmlns:xsi="http://www.w3.org/2001/XMLSchema-instance"
        xsi:schemaLocation="http://maven.apache.org/POM/4.0.0
http://maven.apache.org/xsd/maven-4.0.0.xsd">
    <modelVersion>4.0.0</modelVersion>
<groupId>com.bigdatatech</groupId>
<artifactId>moviesAnalysis</artifactId>
<version>1.0-SNAPSHOT</version>
<!--添加依赖-->
    <dependencies>
        <!--scala-lang-->
        <dependency>
            <groupId>org.scala-lang</groupId>
            <artifactId>scala-library</artifactId>
            <version>2.12.8</version>
        </dependency>
        <!--spark-core 核心依赖 -->
        <dependency>
            <groupId>org.apache.spark</groupId>
            <artifactId>spark-core_2.12</artifactId>
            <version>3.0.0</version>
        </dependency>
        <!--spark-sql 依赖-->
        <dependency>
            <groupId>org.apache.spark</groupId>
            <artifactId>spark-sql_2.12</artifactId>
            <version>3.0.0</version>
        </dependency>
        <!--对 spark-hive 的支持-->
```

```xml
        <dependency>
            <groupId>org.apache.spark</groupId>
            <artifactId>spark-hive_2.12</artifactId>
            <version>3.0.0</version>
        </dependency>
        <!--MySQL8 的驱动-->
        <dependency>
            <groupId>mysql</groupId>
            <artifactId>mysql-connector-java</artifactId>
            <version>8.0.18</version>
        </dependency>
        <!--单元测试依赖-->
        <dependency>
            <groupId>junit</groupId>
            <artifactId>junit</artifactId>
            <version>4.13</version>
            <scope>test</scope>
        </dependency>
    </dependencies>
</project>
```

以上为大数据综合实践案例的核心步骤，要想完整地实现该案例，需要结合 IDEA 工具，完成基于 SSM Web 的 Spark 项目构建。

参考文献

[1] 安俊秀，靳思安，黄萍，等. 云计算与大数据技术应用[M]. 2版. 北京：机械工业出版社，2022.

[2] WHITE T. Hadoop 权威指南：大数据的存储与分析[M]. 王海，华东，刘喻，等，译. 4版. 北京：清华大学出版社，2017.

[3] 林子雨. 大数据技术原理与应用——概念、存储、处理、分析与应用[M]. 3版. 北京：人民邮电出版社，2020.

[4] 王良明. 云计算通俗讲义[M]. 4版. 北京：电子工业出版社，2022.

[5] CHAMBERS B，ZAHARIA M. Spark 权威指南[M]. 张岩峰，王方京，陈晶晶，译. 北京：中国电力出版社，2020.

[6] 朱尔斯·S. 达米吉，布鲁克·韦尼希，泰瑟加塔·达斯，等. Spark 快速大数据分析[M]. 王道远，译. 2版. 北京：人民邮电出版社，2021.

[7] 张利兵. Flink 原理、实战与性能优化[M]. 北京：机械工业出版社，2019.

[8] HUESKE F，KALAVRI V. 基于 Apache Flink 的流处理[M]. 崔星灿，译. 北京：中国电力出版社，2020.

[9] 迟殿委. Hadoop+Spark 大数据分析实战[M]. 北京：清华大学出版社，2022.

[10] 张伟洋. Hadoop 3.X 大数据开发实战[M]. 北京：清华大学出版社，2022.

[11] 庄翔翔. 云计算导论[M]. 北京：电子工业出版社，2022.

反侵权盗版声明

  电子工业出版社依法对本作品享有专有出版权。任何未经权利人书面许可，复制、销售或通过信息网络传播本作品的行为；歪曲、篡改、剽窃本作品的行为，均违反《中华人民共和国著作权法》，其行为人应承担相应的民事责任和行政责任，构成犯罪的，将被依法追究刑事责任。

  为了维护市场秩序，保护权利人的合法权益，我社将依法查处和打击侵权盗版的单位和个人。欢迎社会各界人士积极举报侵权盗版行为，本社将奖励举报有功人员，并保证举报人的信息不被泄露。

举报电话：（010）88254396；（010）88258888

传　　真：（010）88254397

E-mail：dbqq@phei.com.cn

通信地址：北京市万寿路 173 信箱

      电子工业出版社总编办公室

邮　　编：100036